2014—2015

测绘科学与技术

学科发展报告

REPORT ON ADVANCES IN SCIENCE AND TECHNOLOGY OF SURVEYING AND MAPPING

中国科学技术协会 主编

中国测绘地理信息学会 编著

中国科学技术出版社

·北 京·

图书在版编目（CIP）数据

2014—2015 测绘科学与技术学科发展报告 / 中国科学技术协会主编；中国测绘地理信息学会编著. —北京：中国科学技术出版社，2016.2

（中国科协学科发展研究系列报告）

ISBN 978-7-5046-7081-6

Ⅰ. ① 2… Ⅱ. ①中… ②中… Ⅲ. ①测绘学－学科发展－研究报告－中国－ 2014—2015 Ⅳ. ① P2-12

中国版本图书馆 CIP 数据核字（2016）第 025854 号

策划编辑	吕建华　许　慧
责任编辑	李双北　许　慧
装帧设计	中文天地
责任校对	刘洪岩
责任印制	张建农

出　　版	中国科学技术出版社
发　　行	科学普及出版社发行部
地　　址	北京市海淀区中关村南大街16号
邮　　编	100081
发行电话	010-62103130
传　　真	010-62179148
网　　址	http：//www.cspbooks.com.cn

开　　本	787mm × 1092mm　1/16
字　　数	320千字
印　　张	13.75
版　　次	2016年4月第1版
印　　次	2016年4月第1次印刷
印　　刷	北京盛通印刷股份有限公司
书　　号	ISBN 978-7-5046-7081-6 / P·187
定　　价	58.00元

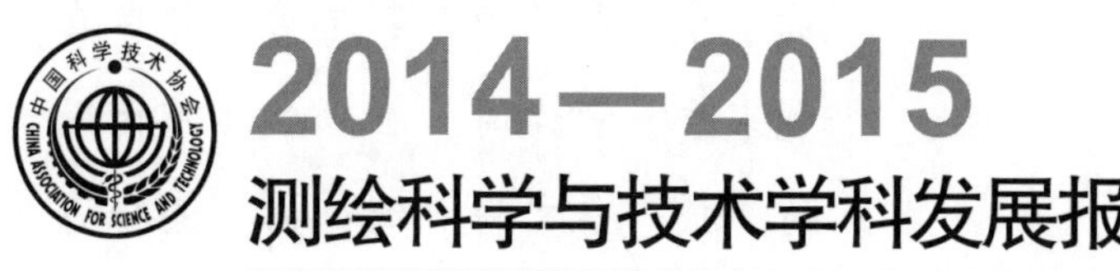

首席科学家　宁津生

专　家　组

组　长　宁津生　李维森

成　员　（按姓氏笔画排序）

丁晓利　马建平　马洪滨　王　权　王　伟
王　虎　王仁礼　王正涛　王东华　王发良
王厚之　王晏明　王瑞幺　文汉江　方剑强
方爱平　甘卫军　龙　毅　付子傲　白贵霞
成英燕　朱建军　刘纪平　刘若梅　刘国祥
刘俊林　齐维君　许才军　孙　群　孙中苗
杜培军　杜清运　李　松　李广云　李宗春
李建成　李海明　杨　敏　杨志强　来丽芳
肖　平　吴　升　吴立新　吴晓平　吴海玲
余　峰　邹峥嵘　汪云甲　张　力　张　锐
张　鹏　张风录　张书毕　张立华　张永生
张永军　张庆涛　张新长　陆　毅　陈品祥
陈新湖　林　鸿　欧阳永忠　周　旭

›››› 序

党的十八届五中全会提出要发挥科技创新在全面创新中的引领作用，推动战略前沿领域创新突破，为经济社会发展提供持久动力。国家“十三五”规划也对科技创新进行了战略部署。

要在科技创新中赢得先机，明确科技发展的重点领域和方向，培育具有竞争新优势的战略支点和突破口十分重要。从 2006 年开始，中国科协所属全国学会发挥自身优势，聚集全国高质量学术资源和优秀人才队伍，持续开展学科发展研究，通过对相关学科在发展态势、学术影响、代表性成果、国际合作、人才队伍建设等方面的最新进展的梳理和分析以及与国外相关学科的比较，总结学科研究热点与重要进展，提出各学科领域的发展趋势和发展策略，引导学科结构优化调整，推动完善学科布局，促进学科交叉融合和均衡发展。至 2013 年，共有 104 个全国学会开展了 186 项学科发展研究，编辑出版系列学科发展报告 186 卷，先后有 1.8 万名专家学者参与了学科发展研讨，有 7000 余位专家执笔撰写学科发展报告。学科发展研究逐步得到国内外科学界的广泛关注，得到国家有关决策部门的高度重视，为国家超前规划科技创新战略布局、抢占科技发展制高点提供了重要参考。

2014 年，中国科协组织 33 个全国学会，分别就其相关学科或领域的发展状况进行系统研究，编写了 33 卷学科发展报告（2014—2015）以及 1 卷学科发展报告综合卷。从本次出版的学科发展报告可以看出，近几年来，我国在基础研究、应用研究和交叉学科研究方面取得了突出性的科研成果，国家科研投入不断增加，科研队伍不断优化和成长，学科结构正在逐步改善，学科的国际合作与交流加强，科技实力和水平不断提升。同时本次学科发展报告也揭示出我国学科发展存在一些问题，包括基础研究薄弱，缺乏重大原创性科研成果；公众理解科学程度不够，给科学决策和学科建设带来负面影响；科研成果转化存在体制机制障碍，创新资源配置碎片化和效率不高；学科制度的设计不能很好地满足学科多样性发展的需求；等等。急切需要从人才、经费、制度、平台、机制等多方面采取措施加以改善，以推动学科建设和科学研究的持续发展。

中国科协所属全国学会是我国科技团体的中坚力量，学科类别齐全，学术资源丰富，汇聚了跨学科、跨行业、跨地域的高层次科技人才。近年来，中国科协通过组织全国学会开展学科发展研究，逐步形成了相对稳定的研究、编撰和服务管理团队，具有开展学科发展研究的组织和人才优势。2014—2015 学科发展研究报告凝聚着 1200 多位专家学者的心血。在这里我衷心感谢各有关学会的大力支持，衷心感谢各学科专家的积极参与，衷心感谢付出辛勤劳动的全体人员！同时希望中国科协及其所属全国学会紧紧围绕科技创新要求和国家经济社会发展需要，坚持不懈地开展学科研究，继续提高学科发展报告的质量，建立起我国学科发展研究的支撑体系，出成果、出思想、出人才，为我国科技创新夯实基础。

2016 年 3 月

›››› 前言

当前测绘与地理信息的内涵开始转型升级，从传统的测绘技术条件下的数据生产型测绘，转型升级到信息服务型测绘与地理信息；从计划经济时代沿袭的传统测绘体制，转型升级到适应社会主义市场经济的测绘与地理信息体制。本报告结合当前测绘学科转型升级的内涵，回顾了传统测绘学演变为包括全球导航卫星系统、航天航空遥感、地理信息系统、网络与通信等多种科技手段的一门新兴学科——地球空间信息科学的历程，阐述了2014—2015年我国测绘与地理信息学科在新理论与技术研究、重大应用与服务两个方面的进展。

新理论与技术研究的进展体现在大地测量与卫星导航定位、重力测量与地球重力场、摄影测量与航天测绘、地图制图与地理信息工程、工程测量与变形监测、海洋与江河湖泊测绘和陆空天地海一体化测绘等领域取得的若干研究成果，特别是北斗全球卫星导航系统的建设与发展、中国似大地水准面精化、高分辨率遥感、三维移动测量、移动地图与网络地图服务、大型特种工程测量、数字海洋地理信息等技术取得重大进展。在测绘学科技术的重大应用与服务方面的进展主要包括地理国情普查与监测、智慧城市的时空信息基础设施建设、地理空间信息数据资源建设与升级、海岛礁测绘、全球30m地表覆盖数据、全球环境变化与自然灾害预测预警、空间科学的应用、位置服务和"天地图"地理信息公共服务平台等。

本报告简要介绍了本学科在学术建制、人才培养等方面取得的进展，并分析比较国际上本学科最新研究热点、前沿和趋势，评析了本学科国内外的发展现状，对比了国内与国际测绘学科技术发展差距，分析了我国测绘与地理信息学科未来5年发展战略，并提出重点发展方向和发展策略。2014—2015年我国测绘与地理信息学科发展迅猛，新观点、新理论、新方法、新技术不断涌现，测绘重大专项若干关键技术取得众多突破。

本研究报告总体上分为两部分：第一部分是综合报告，主要从测绘学科最新理论与技术研究进展、测绘学科的重大应用与服务、测绘学科发展与人才培养、测绘学科国内外发展比较、测绘学科发展趋势及发展策略等几个方面论述测绘学科的进展，由首席科学家宁津生院士牵头组织编写；第二部分是专题报告，由9个专题研究组成，分别论述了测绘学科的9个分支学科在近两年的发展现状和趋势，各专题报告分别由中国测绘地理信息学会大地测量与导航专业委员会、摄影测量与遥感专业委员会、地图学与 GIS 专业委员会、工程测量分会、矿山测量专业委员会、地籍与房产测绘专业委员会、海洋测绘专业委员会、地理国情监测工作委员会、仪器装备专业委员会组织编写。

2014 年 7 月 1 日，中国测绘地理信息学会在武汉大学召开“2014—2015 年测绘科学与技术学科发展研究”项目启动会。会议主要讨论了中国测绘地理信息学会按中国科协要求制订的《项目实施方案》，对项目的任务、分工、时间、编写提出了明确、细致的要求，项目首席科学家对项目实施提出了具体意见和要求。同年 9 月 20 日专门召开研讨会，征求对研究报告初稿的意见和建议。本报告的编写得到我国测绘界相关高等院校、科研院所及企事业单位的专家们的热忱支持，在此一并表示衷心的感谢！

中国测绘地理信息学会

2015 年 12 月 25 日

›››› 目录

综合报告

专题报告

ABSTRACTS IN ENGLISH

综合报告

测绘科学与技术学科发展研究

一、引言

为适应经济社会发展的新形势，满足测绘与地理信息发展的新要求，测绘地理信息科技创新体系不断加快完善，自主创新能力逐渐增强，中国测绘与地理信息学科发展正进入全面构建智慧中国的关键期、测绘产品服务需求的旺盛期、地理信息产业发展的机遇期、加快建设测绘强国的攻坚期。当前，国家明确测绘与地理信息行业为国家战略性生产型服务业和高新技术产业，在国家"加强基础测绘，监测地理国情，强化公共服务，壮大地信产业，维护国家安全，建设测绘强国"总体战略目标的引领下，中国测绘学已由生产型测绘向服务型测绘转变；由事业型测绘向管理型测绘转变；由主要依靠政府推动发展向依靠政府和市场两种力量推动发展转变；由单一地图及地理信息数据服务向网络化综合性的地理信息服务转变。测绘及地理信息工作与政府管理决策、企业生产运营、人民群众生活的联系更加紧密，各方面对测绘与地理信息服务保障的需求更加强烈，测绘地理信息的内涵开始转型升级，从传统的测绘技术条件下的数据生产型测绘，转型升级到信息服务型测绘地理信息；从计划经济时代沿袭的传统测绘体制，转型升级到适应社会主义市场经济的测绘地理信息体制机制。由于将空间数据与其他专业数据进行综合分析，致使测绘学科从单一学科走向多学科的交叉，其应用已扩展到与空间分布信息有关的众多领域，传统的测绘学演变为包括全球导航卫星系统、航天航空遥感、地理信息系统、网络与通信等多种科技手段的一门新兴学科——地球空间信息科学。鉴于测绘与地理信息的战略地位，世界各国纷纷加强地理信息资源建设，加快卫星导航定位、高分辨率遥感卫星等技术的进步升级，推动云计算、物联网、移动互联、大数据等高新技术与测绘地理信息的深度融合，抢占未来发展的制高点。当前测绘学科的发展重点以发射测绘卫星组网为核心，其中包括由高分辨率光学立体测图卫星、干涉雷达卫星、激光测高卫星、重力卫星等组成的，具有长期稳定运行能力的对地观测系统，增强高分辨率遥感卫星影像获取的自主性和时效性，建立起包括空天地海多层次的智能地理信息传感网；对遥感综合监测技术、内外业一体化调查技术、多源数据融合与处理技术、遥感信息提取与解译技术、地理要素变化监测技术、地理统计与分析技术等方面开展攻关研究，加强云计算、物联网、移动互联网等高新技术在测绘与地理信息中的应用，提升地理国情信息处理、分析、提供速度、效率和能力，重点强调以数据获取实时化、处理自动化、服务网络化、产品知识化、应用社会化为主要特征的信息化测绘体系建设，着力构建以现代化装备设施为核心的信息化测绘体系，加快推动测绘与地理信息技术体系尽快由数字化向信息化转型升级。在此背景下，2014—2015 年我国测绘与地理信息相关学科发展迅猛。

本综合报告对 2014—2015 年我国测绘与地理信息学科的发展进行评述和归纳，回顾总结并科学评价我国近几年测绘与地理信息学科的新观点、新理论、新方法、新技术、新成果等；结合 2014—2015 年测绘重大专项，对若干关键技术进展进行凝炼，简要介绍本学科在学术建制、人才培养、研究平台、重要研究团队等方面取得的进展；结合本专业有关国际重大研究计划和重大研究项目，分析比较国际上本学科最新研究热点、前沿和趋势，评析上述专业国内外的发展动态；根据 2014—2015 年测绘与地理信息学科发展现状，对比国内与国际测绘学科技术发展差距，分析我国测绘与地理信息学科未来 5 年发展战略和重点发展方向，提出相关发展趋势和发展策略。

二、本学科近年的最新研究进展

（一）最新理论与技术

1. 大地测量与卫星导航定位

现代大地测量学与地球科学、空间科学和信息科学等多学科交叉，不断拓展了大地测量的学科内涵与外延。随着卫星导航定位技术的迅猛发展，尤其是我国北斗导航系统的广泛应用，极大地推动了大地测量与导航学科的快速发展。

（1）北斗全球卫星导航系统

2004 年我国正式启动北斗全球卫星导航系统工程（北斗二代）建设，2007 年成功发射第一颗中圆地球轨道（MEO）卫星，2012 年底已部署完成由 5 颗地球静止轨道（GEO）卫星、5 颗倾斜地球同步轨道（IGSO）卫星和 4 颗 MEO 卫星组网，并正式提供区域服务。2015 年 3 月 30 日，中国首颗新一代北斗导航卫星发射升空，它是中国发射的第 17 颗北斗导航卫星；7 月 25 日，第 18 颗和第 19 颗北斗导航卫星分别发射成功，并首次实现星间链路，标志着我国成功验证了全球导航卫星星座自主运行核心技术，为建立全球卫星导航系统迈进一大步。目前该系统能够为亚太地区的绝大多数用户提供 10m 左右的单点定位精度，测速精度优于 0.2m/s，精密相对定位精度达厘米级，单向授时精度为 50ns，双向授时精度为 20ns，同时提供 120 个汉字 / 次的短报文通信服务。

我国紧跟国际前沿，在北斗星导航系统（BDS）、BDS与其他全球卫星导航系统（GNSS）组合精密定位的理论、方法研究以及软件研制方面，取得了丰富成果，获得了BDS精密相对定位厘米级精度。系统研究了单频、双频、多频的精密单点定位技术（PPP），实现了基于局域CORS网的PPP-RTK技术，完成了PPP技术与网络RTK技术的统一。研制了具有自主知识产权的网络RTK定位系统。北斗用户终端芯片研制工作全面展开，终端设备投入实际应用，国内正在持续加大北斗二代接收机核心芯片的研发力度，包括北斗终端设备基带芯片、射频芯片、天线、OEM板卡等北斗系统用户终端产品的研制工作已全面展开，国内具有自主知识产权的北斗/GPS双模芯片已经在车载终端中得到了实际应用。

（2）大地基准与参考框架维护

国家现代测绘基准体系基础设施建设自2012年6月启动以来，五个单项工程（国家GNSS连续运行基准站网建设、国家GNSS大地控制网建设、国家高程控制网建设、国家重力基准点建设、国家测绘基准数据系统建设）通过新建、改建和利用的方式，建立了地基稳定、分布合理、利于长期保存的测绘基础设施。截至2014年已完成1135个GNSS大地控制点的观测、32745.1km一等水准观测、10585个水准点上重力观测和40点次绝对重力观测；同时还组织汇交了全国31个省市自建基准站、基准工程站、927基准站、陆态网络基准站的观测数据，并进行了全国联合网解算和整体平差，获取了全国统一空间基准下的高精度、地心坐标成果，解决了各省级基准站网坐标框架不统一和导航定位基准不一致的问题，为最终实现高精度国家动态地心坐标参考框架的建立和维护奠定基础。当前，我国现代大地测量基准体系已逐渐具备涵盖全部陆海国土、高精度、三维、动态的能力。

2000国家大地坐标系（CGS2000）下的国家级测绘成果已于2013年对外发布使用。2013—2014年在CPM-CGCS2000 20个II级块体模型及中国地壳运动观测网1025个站点速度的基础上，综合采用反距离加权法、欧拉矢量法、块体欧拉矢量法、有限元插值法、最小二乘配置法建立了全面、精确、稳定可靠的中国大陆1°×1°格网速度场模型，用格网速度场模型计算网络工程1025个站点速度，并求出差值，建立了中国大陆分布均匀的速度场模型。在此格网速度场数值模型基础上，对已有的SuperCoord1.0软件进行升级，按行政区划将格网速度场模型嵌入到软件中，已免费下发到22个省、市、自治区用于GNSS坐标成果的转换。目前，CGS2000在国土资源部、水利部、中国地质调查局、交通部、中国气象局、住房与城乡建设部等部门得到了推广应用。水利部在2011年12月31日开始的水利普查中，采用的是CGCS2000 1∶5万数据。交通运输部CGS2000应用的新线路图属性采集是通过直接与1∶5万更新数据进行叠加形成。中国气象局对气象服务产品的展现需要对外提供1∶400万、1∶100万、1∶25万和1∶5万数据服务，其中基础地理信息数据均使用了CGS2000测绘成果的数据。CGS2000除用于发布专题数据服务外，还应用于气象局内气象站的标绘工作。国家电网公司利用1∶5万地理信息进行电缆路径和站址定位。电力系统正在建立国家电网空间信息服务平台，将各省不同空间基准数据统一到同一空间基准下，建立“一张网”服务平台下的全国统一空间数据基准。地质调查局计划利用三年的时间完成馆藏地质资料向 CGS2000 的转换。海洋测绘应用中采用七参数转换等方法将现有海图坐标转换到 CGCS2000 下。

（3）大地测量数据处理

大地测量数据处理方面，在基础理论扩展、新方法扩展、先验信息利用、粗差探测、不适定问题及动态测量数据处理等 6 个领域均取得了长足进展，尤其是在复数域测量平差和整体最小二乘等领域。在大地测量数据模型方面，研究了复数域中数据处理的最小二乘方法，将测量平差从实数域推广到复数域；扩展了误差的概念，提出了不确定性平差模型以及平差准则。推导了基于函数模型和随机模型共同约束的参数最小二乘解及其验后精度估计模型。针对系数矩阵和观测值同时含有误差的问题，开展了广泛的整体最小二乘算法研究，提出了附有相对权比的整体最小二乘法、稳健整体最小二乘法、病态整体最小二乘法、基于 PEIV 模型的整体最小二乘法、附不等式约束的整体最小二乘法；在先验信息利用方面，研究了不等式约束平差方法，分析了不等式约束对平差结果的影响，导出了不等式约束下参数估计、残差、观测量平差值的线性表达式、方差协方差矩阵和均方误差矩阵，提出了一种有效的不等式约束平差迭代算法；对于整数约束，提出了基于分枝定界算法的整数最小二乘法；在粗差探测方面，提出了基于后验概率和分类变量的 bayes 粗差探测方法、基于等效残差积探测粗差的方差 – 协方差分量估计法、基于局部分析法的粗差探测方法、基于改进 M 估计的抗差定位解算方法、抗差有偏估计 t– 型 Bayes 方法等；在不适定问题研究方面，提出了基于信噪比的正则化方法、双参数正则化方法、偏差矫正的正则化法、分组修正的正则化解法等新方法；在动态测量数据处理方面，提出了两步自适应 Kalman 滤波方法、自适应抗差滤波算法和附有条件约束的抗差 Kalman 滤波法，并在滤波模型误差补偿、状态噪声和测量噪声的协方差的自适应估计中取得了一些新的进展。

（4）大地测量地球物理反演

在这一学科领域的研究有高频 GNSS 数据、InSAR 时序数据、地表三维形变数据等高精度处理理论及算法，地壳水平运动与地球外部重力场变化的数学模型的建立，其他多种大地测量地球物理反演模型的研究，其中有大地测量与地震数据联合反演破裂过程中顾及先验信息及不等式约束的反演模型，基于断层面自动剖分技术的三角位错反演模型，顾及横向非均匀的位错反演模型，基于粘弹性体的地球物理大地测量反演模型，火山形变的点源模型和竖直椭球体模型，顾及同震和震后效应的形变反演模型，基于重力数据的构造应力应变反演的解析模型等。总结出了基于总体最小二乘法的大地测量反演算法，研究了稳健估计理论在震源参数非线性反演中的应用，并对附约束条件的抗差方差分量估计算法、具有自适应权比的大地测量联合反演序贯算法、基于结构总体最小范数的位错反演算法、复数域最小二乘算法、附有不等式约束的加权整体最小二乘算法等进行了深入研究。基于 InSAR 数据揭示了断层粘滑或蠕滑运动方式，利用 InSAR 数据研究了阿什库勒火山群、长白山火山等的现今活动性，提取了柴达木盆地、龙门山断裂带等区域的粘弹性系数，基于高频 GNSS 数据对大地震震相进行识别并尝试预警，基于垂直重力梯度异常反演了全球海底地形模型，利用重力数据反演了深圳市地下断层参数，基于 PolInSAR 数据反演了地表植被的高度。

2. 重力测量与地球重力场

（1）航空重力测量与卫星重力测量

近年来，我国航空重力测量系统（CHAGS）从测量设备引入、自主研制、试验以及工程应用方面得到了较快发展。2007 年我国有关部门首先引进 2 套加拿大微重力公司 GT-1A 航空重力仪，2012 年引进了加拿大微重力公司的 GT-2A 型航空重力测量系统，该系统为我国目前引进的测量精度最高的一款航空重力测量系统，测量精度可达到 0.6mGal。经过我国有关部门对这些引进的航空重力仪的自行研究，开发形成了航空重力观测系统，原先我国已经研制成功的 CHAGS 系统于 2010 年前后开展了我国部分陆海交界处的航空重力测量生产作业，用于弥补我国陆海交界区域的重力空白。GT-1A 航空重力仪的应用主要集中在基础地质研究和矿产资源勘探服务等。国家测绘地理信息局 GT-2A 航空重力仪已于 2012 年底完成设备的测试与实验工作，将用于填补我国重力空白区的测量。

目前，对航空重力测量相关技术的研究主要集中在载体运动参数确定方法以及航空重力数据去噪技术的研究。前者研究是利用 GPS 确定载体运动加速度、依据载波相位变率直接计算加速度；后者研究目前还处于探索之中，例如在我国台湾地区利用连续小波函数对模拟数据进行了分析。CHAGS 系统使用了级联式 FIR 滤波器和巴特沃斯滤波器，在满足精度要求的前提下，有效减小了边缘效应的影响，使数据得到充分应用。利用连续小波函数对模拟数据进行分析，证实了该方法用于航空重力测量去噪的可行性及有效性。在航空重力矢量测量数据处理方面，INS/GPS 组合数据处理、航空矢量重力测量中的高频误差处理、航空矢量重力测量数据的向下延拓和航空矢量重力测量确定大地水准面的研究取得若干进展。迄今为止，国内发展起来的航空重力测量系统均属于标量重力测量技术，硬件技术主要依靠进口方式，航空矢量重力测量系统仍处在样机实验阶段。

卫星重力测量任务 CHAMP、GRACE 和 GOCE，不仅提供了大量的地球重力观测数据，同时提高了观测的精度，并且将局部地区的重力测量扩展到了全球，促进了重力在地表质量变化、地球动力学等方面的广泛应用。国内多个机构在重力卫星发射后已发布了几十个全球重力场模型，针对不断增加的重力数据，重力场模型构建技术也不断改善。利用 CHAMP 计划验证了卫星重力测量的基本理论，为后续更加复杂的重力任务（GRACE、GOCE）提供了技术支持；基于 GRACE 卫星重力计划连续 13 年观测，计算了阶次 60 和 120 最高时间分辨率为约 10 天的重力场模型、大地水准面时变序列，提供在天气气候变化时间尺度上地球水圈 / 气圈物质交换循环丰富信息，并对研究地球表层水储量分布变化和全球气候变化提供了新型数据支持，在季节性时间尺度上以高于 1cm 的精度揭示陆地水储量变化；研究了 GOCE 无阻尼控制系统和卫星梯度测量系统恢复高精度地球重力场高频信号的算法，在理论模型的改进、更高精度和更完善的卫星重力模型、地面重力数据全球覆盖生成方法、卫星测高观测数据的精密处理新技术，以及超大规模计算技术的开发等方面，都取得了较大的进展。

（2）新一代似大地水准面精化模型

GNSS 测定的大地高结合高精度大地水准面模型可以快速获得精密海拔高程。因此，精密的大地水准面数字模型成为高程测量现代化的关键基础设施，据此将实现传统基于水准测量的地面标石的高程基准，向现代基于 GNSS 测量的数字高程基准转变，从而根本改变高程基准的维持模式和高程测定的作业模式，克服了传统水准测量几乎所有局限性，特别是高投入低效率的缺陷，而且目前可达到国家二等水准精度。为发展新一代似大地水准面模型，需考虑研制适于我国应用的全球重力场模型作参考场。2000 年利用约 40 万个地面重力数据、18.75″ ×28.125″地形数据以及 Geosat ERM/GM、ERS-1 ERM/GM、ERS-2 ERM 和 Topex/Poseidon 等卫星测高海洋重力异常数据研制了新一代陆海统一重力似大地水准面（CNGG2000）和 GPS 水准拟合解的似大地水准面（CQG2000）。新的中国陆地重力似大地水准面 CNGG2011 模型，是利用全国重力数据、7.5″×7.5″ SRTM 数值地面模型资料和卫星测高资料反演的格网海洋重力数据依据 Stokes-Helmert 理论和方法解算得到，目前，2′×2′ 陆地重力似大地水准面 CNGG2013 已初步成型。与 GNSS 水准比较，全国的平均精度由原来的 ±12.6cm 提高到 ±10.9cm，特别是青藏地区的精度显著提高，将 ±21.9cm 提高到 ±15.6cm。在重力似大地水准面构建上，采用“局部地形影响+模型重力场”组合移去恢复法计算，得到的重力似大地水准面经 GNSS 水准外部检核，实现了 13 个省市在厘米级精度上无缝衔接。

3. 摄影测量与航天测绘

近年来，随着航天航空技术、计算机技术、网络通信技术和信息技术的飞速发展，摄影测量与遥感多种传感器和遥感平台出现并逐渐成熟，遥感数据获取的能力不断增强，形成了以多源、高分辨率为特点的高效、多样、快速的空天地一体化数据获取手段，航空航天遥感正在朝“三多”（多传感器、多平台、多角度）和“四高”（高空间分辨率、高光谱分辨率、高时相分辨率、高辐射分辨率）方向发展，遥感的应用分析正在由定性转向定量。近两年摄影测量与遥感专业技术进展体现在以下几方面。

（1）高分辨率遥感

目前，面向对象分析成为高分辨率遥感图像的主流分析方法，研究的热点是图像多尺度分割算法的创新、分割参数优化与分割尺度选择问题，特别是如何从多尺度中自动选择若干个具有地理意义的尺度进行分析，在对象分析阶段，提取有效的对象特征、有效地应用分类器对提高分类结果精度的影响。此外，将“投票”决策或者马尔科夫随机场、条件随机场等方法引入到高分辨率遥感影像分类过程中也是该领域的研究热点。近年来，通过多源遥感数据综合利用高分辨率与中低分辨率遥感图像的多元遥感数据发挥各自的优势，提高信息解译能力。在高分辨率遥感图像场景的机器理解研究方面，图像的场景理解研究需要的标准数据集已集中出现，大规模数据应用的瓶颈，图像数据的管理、检索问题已通过建立多个基于内容的图像检索与信息挖掘系统得到初步解决。

（2）高光谱遥感

高光谱影像处理研究主要集中在特征挖掘、分类、混合像元分解、目标识别、参数反演、高性能计算等方面。影像特征挖掘方面，主要集中在特征提取、特征选择两种策略框架下提出的大量算法，包括从原始波段集中选择若干波段的特征选择方法、对原始波段集进行线性或非线性变换实现降维的特征提取方法等。在分类方面，提出形态学剖面、扩展形态剖面、扩展属性剖面、马尔可夫随机场等特征描述技术，结合特征复合核函数以及支持向量机用于提高影像分类精度。近两年，极限学习机作为一种新的快速分类算法开始得到重视，同时，人工 DNA 计算也在高光谱遥感数据编码、匹配与分类中显示出很好的效果。混合像元分解方面，稀疏表示得到了较多的应用。在端元提取方面，重点探讨了信号处理前沿方法在高光谱混合像元分解中的应用，以及稀疏表达、核学习和非线性模型在高光谱目标识别中的应用，特别是基于核学习的方法能够取得优于线性模型的效果。迁移学习通过在源影像和目标影像中的知识迁移，能够进一步提高目标识别算法的性能。在参数反演方面，高光谱遥感定量参数地表反演的统计模型，除传统线性回归模型外，偏最小二乘回归、支持向量回归、高斯过程回归、人工神经网络等的研究取得明显的进展。

（3）合成孔径雷达（SAR）

鉴于 SAR 影像中包含有振幅、相位、极化、时空变化等多种信息，针对这些信息的处理衍生了相干分析、相位干涉、幅度追踪、极化分析、层析建模和立体摄影测量等多种数据处理技术。其中，多时相 SAR 干涉测量、极化干涉测量和 SAR 层析建模技术是近来 SAR 数据处理和研究的热点。当前差分干涉测量（DInSAR）的研究和应用逐步转向地震、火山、滑坡及冰流和矿产开采等引发的显著地表形变的监测，并出现了分孔径干涉和基于 SAR 强度信息的像素偏移量估计技术及与 DInSAR 进行结合反演地表三维形变的技术。针对常规 DInSAR 在监测缓慢地表形变中所存在的缺陷，提出永久散射体干涉，小基线集干涉为代表的多时相 InSAR 技术（MTInSAR）已成为地表长时间形变序列监测的重要技术手段。干涉点目标分析、时空解缠网络法、半 PS 算法、PS 网络化分析、StaMPS、时域相干点目标分析算法等改进算法不断改进完善。极化 SAR 具有对地表地物空间分布高度敏感的特性，将极化与干涉技术结合形成极化干涉 SAR（Pol-InSAR），Pol-InSAR 已在地形测绘、微地形变化检测、植被生物量估计等众多领域得到应用。特别是双极化或全极化 SAR 与 MTInSAR 技术相结合，利用目标散射极化信息可以选择出更多高相位质量的相干目标点，从而获取高分辨率和高精度的地表形变场。

此外，将合成孔径的原理引入到三维空间的层析 SAR 技术在近年来兴起。随着 Terra SAR-X 和 COSMO-SkyMed 等具有 1m 分辨率的高分辨星载 SAR 系统的投入使用，为城市区域和人造目标的层析三维（3D）成像研究提供了更加有利的条件，促进了复杂地区长时间序列形变的监测，即 4D 甚至 5D（3D 空间 + 时间 + 温度）层析 SAR 技术的发展。

（4）激光雷达（LiDAR）

近年来，主要研究激光雷达的应用领域不断扩展，如在大气探测方面，通过 LiDAR 数据估算空气中球形和非球形粒子的消光系数，之后提取消光系数中非球形和球形气溶胶的贡献，可较好地探测空气污染物；基于 LiDAR 利用聚类分析方法估算大气边界层，根据 LiDAR 数据的反射信号提取气溶胶垂直分布等。在植被提取方面，利用 LiDAR 测量森林结构参数，包括平均冠层高度、高度一致性、水平冠层分布、叶面积密度轮廓的变量系数、森林覆盖、密度等参数，用以反演森林材积、树干蓄积、地上生物量等植被信息；同时研究从 LiDAR 波形数据中计算出波形宽度、样本偏度、波形振幅、波形标准差和第一偏度系数 / 标准差获取生物量密度；根据冠层高度信息准确探测精准的物种分布模型以及栖息地制图信息；生成的高度信息与 MODIS、MISE 数据结合生成高精度叶面积系数；通过对冠层点云数据体元化计算出光穿透系数以及树冠叶面积。在地貌重建方面，通过激光后向散射信号提取自然风化断层陡坡信息，重建断层历史；利用 LiDAR 生成的高精度 DEM 结合斜导数方法生成坡度等信息表征地貌特征，用来分析地形，进行山崩、泥石流制图，改善地表流动模型等。

（5）自动化遥感测绘

自动化遥感数据处理是从多源异构航空航天遥感数据，经过精准几何、辐射处理到空间信息及地学知识转化的关键步骤。目前，针对多源、异构遥感数据的快速自动化处理在以下关键技术有所进展：一是高性能遥感数据集群与协同处理技术，如新一代高性能遥感数据集群处理技术、基于网络的遥感影像处理的远程调用与协作机制等；二是高分辨率航空航天光学遥感数据处理技术，如高精度遥感成像模型及有理函数模型、多线阵 / 多角度多视影像区域网平差技术、稀少或无控制的卫星影像高精度定位技术、多角度多视影像自动匹配及三维信息提取技术、多源异构遥感影像融合处理及信息提取技术等；三是合成孔径雷达数据处理技术，如机载 / 星载 SAR 高精度干涉地形测量技术、自主产权的多模态分布式 SAR 干涉测量数据处理技术、超宽带 SAR 隐形地面目标探测处理技术、激光 SAR 地形测绘数据处理技术及自主产权的自动化、智能化、集成化 SAR 数据处理专业系统；四是激光雷达数据处理技术，如激光点云数据处理、条带平差和拼接方法、DSM 自动 / 自适应滤波和 DEM 生成技术、激光扫描数据与影像数据综合分析及三维地形信息提取技术等；五是智能化遥感数据解译技术，如空间信息认知模型和遥感影像智能解译理论、新型遥感影像信息解译与目标识别智能方法、遥感影像智能解译的尺度模型及多尺度分析方法、基于图斑的遥感影像智能解译与变化提取技术、高分辨率影像解译与自动识别软件系统等。

在高精度影像匹配算法方面，密集匹配已成为获取地表密集 3D 点云的关键步骤，包括采用多层次的双向密集匹配方法以及采用多视密集匹配算法，除了基于像素的匹配外，将不同的基本相关算法、一致性测度、可视性模型、形状知识、约束条件和最优化策略集成到多步流程之中，执行这一集成策略的方式大多通过多分辨率的途径完成。目前影像匹配主要在以下三方面有进展：① GPU、网格计算、FPGA 等加速现有的算法（SGM 等）；

②通过增加多传感器增加额外的信息（如倾斜影像）；③发展影像理解技术。

在三维城市精细建模技术方面，倾斜摄影技术因可在获取顶面纹理的同时获得地物的侧面纹理而发展迅速，其处理技术主要包括区域网平差处理、点云构网以及多视纹理映射等。在倾斜影像的多相机联合平差问题上，提出在光束法平差过程中引入一些额外的约束条件，或者简单地利用已经经过定向的下视影像与GNSS/IMU信息，解算未经定向的倾斜相片。点云的三维构网方面已有大量的解决方案，如基于Delaunay三角网的方法、Ball-Pivoting算法、基于水平集的算法以及基于泊松方程的表面构建算法。自动纹理映射是通过构建最优选片模型，利用计分投票的方式获取最佳纹理候选片，利用多波段色彩融合方法以及泊松融合方法解决色彩过渡问题。

4. 地图制图与地理信息工程

近年来这一学科领域的研究主要集中在现代地图学理论、数字地图制图与地理信息系统、移动地图与互联网地图等五个方面：

（1）现代地图学与地理信息科学

随着信息时代的到来，地图学所面临的变化主要体现在地图内容、形式和传播的现代化，提出了数字地图的新概念，地图与地图学内涵得到了拓展，出现了全息位置地图、智慧地图和新媒体地图等衍生新地图概念，为现代地图学及数字地图技术的发展提供一种新的视角与理论方法框架。在地图学与地理信息相关理论研究方面，空间认知理论、地图传输理论、地图语言学理论研究取得了若干进展，初步建立了一个能够具有解释和预测功能的完备理论和方法论体系，形成地理信息科学。

（2）数字地图制图与制图综合技术

数字地图制图技术目前正朝着以地理空间数据库驱动的制图模式发展，采用先进的数据库驱动制图技术和方法，实现了地理信息数据与制图数据的统一存储、集成管理和同步更新。基础地理信息持续更新促进了动态更新、增量更新、级联更新以及实时更新等技术的发展。在制图综合研究方面，新方法层出不穷，如将传统的尺度变换方法与在线环境相结合，提出一种面向城市设施POI数据的多尺度可视化策略；提出了保持曲线弯曲特征的线要素化简算法和基于剖分思想的谷地弯曲识别及结构化方法；针对多尺度表达与变换中地理要素的不同几何形态和生命期特点，建立了动静态结合的尺度变换模型。空间数据安全与数字水印方面出现了若干新技术，如顾及网络环境中地理空间数据特性，构建了一种面向网络环境的地理空间数据数字水印模型；运用聚类思想，采用硬聚类算法（K-means），对矢量地图线图层进行聚类运算，在此基础上提出了矢量地图的一种非盲数字水印算法；通过研究投影变换和矢量地图数据的特点，设计了一种折线变换方案；分析了瓦片地图的特征，并依据这些特征提出了相应的水印算法要求等。

（3）地理信息系统

在空间数据感知、获取与集成方面，主要在网络空间数据获取、常规空间数据获取方法的完善、DEM空间数据插值、空间数据集成等方面取得进展；对时空数据组织与管理的研究，主要集中在时空模型构建，空间关系查询、索引和处理，空间拓扑构建和拓扑检查。此外还有对数据编码、数据压缩、离散格网及地址信息编码等取得一系列研究成果；地理表达与可视化方面的研究集中于自动制图与矢量数据可视化、三维建模可视化和经济社会事件可视化方面。

（4）地理信息基础框架建设与服务关键技术

地理信息基础框架建设与服务关键技术获得突破，基础地理信息数据库规模化动态更新，制定和形成了一系列的技术方案与标准规范，研发了相应的生产和管理软件系统，建立了一套适用于规模化动态更新工程的技术体系，解决了跨尺度和跨类型数据库之间的基于增量更新技术的工程化应用推广的难题，实现跨数据库联动更新技术工程化应用，构建了基础地理信息的要素级多时态数据库模型，实现不同版本之间同名要素的自动关联，以及自动变化提取和统计分析，基于增量式入库模式，实现了三个尺度、四种类型、多个现势性版本的国家基础地理信息集成建库，以及基于 C/S 架构的动态管理和基于 B/S 架构的在线服务。

（5）移动地图与网络地图服务

随着网络地图应用的普及和新媒体地图的发展，产生了智慧地图（或称智能地图）、公众参与地图、全息地图等地图新概念，提出了混搭地图、众包地图、个性化地图等在线地图服务的新模式，探索了面向地图的多模态人机交互模式，包括语音、手写、手势、表情感知等，也包括对位置、方位、速度的智能感知与服务驱动。在网络地图设计与表达方面，探讨了基于视觉感受的网络多尺度表达模型、基于个性化表达的网络地图符号设计模型和基于认知实验的旅游网络地图符号设计模型。在移动地图设计与表达方面，提出了基于情景体验的移动地图情景模型、基于用户需求的移动地图自适应表达模型和基于邻近区域的移动地图变比例尺表达模型等，构建了适用于用户偏好的移动导航地图主动表达规则。在线地图中多尺度可视化方法是合理显示地图信息的重要手段，能够很好地解决由于显示屏幕不同造成的信息载负量差异问题。导航地图也从单一的导航平台到综合信息服务平台和社交平台转变，使地图适用范围更加广泛。

5. 工程测量与变形监测

空间定位技术、激光技术、无线通信技术和计算机技术等新技术的发展与应用，极大促进了工程测量技术的进步，使工程测量面貌发生了深刻变化，涌现了三维激光扫描仪、智能全站仪、全站扫描仪、磁悬浮陀螺仪、地质雷达、无人机、InSAR 等先进技术和装备。同时针对体量大、结构复杂、空间变化不规则和精度要求高等工程技术难题展开深入研究，在理论、方法和应用上取得了重大进展。近几年，工程测量在理论、方法与技术上的进展主要有以下几个方面。

（1）工程控制测量

将全球导航卫星系统（GNSS）和全站仪相结合，快速建立工程控制网，形成了根据工程特点灵活建网的技术体系，如大比例尺测图控制网、高铁 CPIII 施工控制网和变形监测基准网等，GNSS 已成为布设工程控制网的主要技术方法。在高程控制方面，提出了精密三角高程测量系统、GNSS 和大地水准面精化模型代替高精度水准测量的理论与方法，解决大范围、长距离和跨海精密高程传递问题。

（2）三维测量技术

在特征提取的研究中，针对点云数据散乱的特点，提出了不同的特征线提取方法，如运用优先次序分割的方法提取候选特征点，并连接成线来覆盖尖锐特征线；以可视化为基础，从密集点云数据的离散模型中提取特征；将点云数据划分成片，分步提取各部分数据特征，最后将每一部分所得信息汇总成为全局特征线。在表面重建方面，快速成型技术得到了广泛的应用，通过对 IPCM 算法进行改进，提出了自适应的切片方法，实现模型重建。在建模软件方面，将激光雷达和摄影测量二者有机结合，开展对数据融合技术、精细三维重建算法和海量数据管理方法等关键技术的攻关，研制了多源数据融合的精细三维重建系统。在海量精细空间数据管理方面，设计并实现了点云、数字影像、深度图像、三维线框模型、表面模型、实体模型、CSG 模型、3D-TIN 模型的数据存储，提出了多级混合二三维一体化空间索引技术，发明了点云数据的建模方法和深度图像数据处理系统，利用图形处理器（GPU）硬件加速等技术实现了海量精细空间数据快速绘制。

（3）移动测量技术

已成功研发出多个移动道路测量系统，多传感器集成与同步控制方法、基于惯性补偿的平整度测量算法、时间同步与空间同步等问题得以解决，形成了多传感器一体化、数据一体化、功能一体化的新兴测绘装备。移动测量技术已向多波谱段成像方向发展，红外、高光谱、微波等波谱段的成像传感器逐步得到应用和发展，全景影像制作技术和图像模糊化处理技术已经取得阶段性成果。

（4）变形监测技术

以计算机技术、网络技术、电子测量仪器技术、传感器技术、通信技术为一体的变形监测系统发展迅速，基本取代了传统的变形监测方法，变形监测已进入了自动化、智能化和信息化时代。在几何学、物理学、计算机仿真学等多学科、多领域的融合渗透下，变形监测技术向一体化、自动化、数字化、智能化等方向发展。通过多元传感器及测量设备的数据采集控制管理，实现多种自动化数据采集系统的通用性和兼容性；对多源海量实测数据进行融合处理、实时分析，实现科学可靠的测值预报和安全性评估，这是当前的研究热点。地面雷达遥感成像系统（GBSAR）不断发展，通过 GBSAR 监测信号中静杂波的产生原因、影响及其去除方法的研究，利用 GBSAR 强度图像的配准方法提取变形信息，并在干涉图滤波、时间维相位解缠、空间维相位解、误差特征分析与改正模型等数据处理方面取得若干新成果。

（5）大型特种工程测量技术

提出了适用于月面环境的无高精度控制点的立体图像条带网定位方法，为嫦娥三号月面巡视探测器在月表实施科学探测任务提供了空间定位技术支撑；设计和实现了一种利用固定长度配合深度尺量高的方法，提高了三角高程测量精度，解决了大亚湾中微子实验工程中由于测区地势起伏，核电内路线交通弯曲，高程测量精度低的问题；在港珠澳大桥沉管隧道工程中，综合利用 GNSS、声呐和倾斜仪测量技术，先后研发了深水碎石基床铺设测控系统、外海长距离沉管浮运测控系统和深水测量塔法沉管安装测控系统等沉管施工测控系统；运用全站仪、激光扫描、数字工业摄影测量等多种测量技术，圆满解决了 65m 射电望远镜设计、制造、安装、校准全过程的测量难题，提出了一种无固定观测墩的精密施工控制网布设方法，克服了软土地质结构条件影响。将激光扫描技术引入 65m 背架整体检测。

（6）矿山与地下工程测量技术

矿山测量以空间信息学和系统工程理论为基础，综合运用测绘遥感、地球物理、物联网等手段，观测并感知矿山全生命周期和矿区全方位对象的几何、物性及其空间关系变化，处理并解决矿产资源保护、矿山开发优化、生产环境安全、开采沉陷控制、矿区生态修复等科学与技术难题。当前矿山测量正冲破传统认识，朝着由简单到复杂、由单一向多元化、由手工到半手工作业向数字化、自动化、智慧化方向迅速迈进。近年来的进展主要体现在以下几个方面：

1）矿区地表沉陷监测及控制。利用实时动态控制系统（RTK）与三维激光扫描进行集成，SBAS、永久散射体等时序 InSAR 技术对矿区进行形变监测，判断井下开采位置、方向及速度，对井下开采可能遇到的危险进行预警；采用 DInSAR 技术对老采空区地表残余沉降监测地基稳定性进行评价；基于 logistic 模型估计矿区地表时序形变；提出融合水准监测和 InSAR 监测值反演概率积分法模型与下沉值有关的参数，并以此预计矿区全盆地垂直沉降；基于 InSAR 干涉测量技术，对监测矿区地表三维形变、开采沉陷参数沉陷规律分析、概率积分法参数反演等技术进行研究，实现非法开采监测预警；引入数学形态学算子对多光谱遥感图像进行端元提取，根据煤矿塌陷区域内地物类型实际情况，设定水体、建筑用地、农田和土壤四种端元类型，利用多时相 CBERS CCD 图像对某煤矿塌陷地进行土地利用与土地腹背变化（LUCC）检测与分析。联合国际全球导航卫星系统服务（IGS）跟踪站，开展矿山 CORS 平台及其协同灾害监测、预警系统的关键理论及技术系统研究。

2）数字矿山空间信息集成建模。针对矿山地上地下多源异构空间数据分裂、地层矿体模型与井巷模型不耦合、三维空间模型与采矿安全分析模型不统一、矿山三维模型更新维护极其困难等数字矿山技术难题，研究提出了一批矿山三维空间模型处理方法与分析方法，开发了系列软件。建立了数字矿山体系框架及其关键技术体系；提出适用于煤矿与金属矿山的三维空间分析系列方法，针对复杂地层、地质结构、矿体及井巷工程三维空间进行集成建模，并研制了系列模型；提出适用于煤矿与金属矿山的三维空间分析系列方法；结合我国煤矿与金属矿山储量动态管理、金属矿体采场顶板可视化维护、中东部煤矿“三下”压煤开采优化，以及煤矿安全集成监控与隐患可视化分析需要，基于数字矿山基础平台开发了多个应用系统。

3）地表火灾综合监测。构建煤火区的无人机、遥感、GPS、InSAR、热红外成像仪、三维激光扫描仪等立体监测技术体系，建立了TM/MODIS不同分辨率的热红外波段STARTM融合温度反演模型，以及采用热红外成像仪测量煤层露头、废弃小煤窑及浅部煤火温度场的方法，提出一种温度场监测方案，建立了基于无人机的火灾构造裂隙的精准监测技术，开发了基于灰度值、分形特征、植被覆盖等知识的构造裂隙遥感影像自动提取法，以及同煤火与地裂信息系统及废弃物裂隙充填新技术，并对火区与地裂缝进行了治理。

4）矿地统筹的矿区塌陷地生态修复集成技术。基于CORS系统和Landsat、SPORT多源遥感影像数据，结合现场调研、实地踏勘，探测矿区采煤塌陷地的成因、数量、分布、生态状况、土地利用现状及其演替规律，建立了矿区采煤塌陷地基础数据库及示范区遥感影像库；利用3S技术和开采沉陷预计理论，研发了开采沉陷预计系统，全面定量预测了实验区各矿煤炭开采结束后采煤塌陷地的范围、开采破坏情况、地表移动变形及下沉稳定状况；分析影响采煤塌陷区建设适宜性的各种因素，建立了采煤塌陷区建设适宜性评价体系，采用GIS软件分析对实验区采煤塌陷地的建设适宜性进行评价，针对不同类型的建设区域提出了适宜的结构形式及抗变形措施。

此外，在地下工程测量技术方面，热红外遥感技术和超导量子干涉器SQUID进行管线探测技术得到发展，利用无人机搭载热红外成像仪探测长距离输油管道，研制完成了超导地磁图仪，能够对地下15m以内空洞、PVC和水泥管线进行探测，可应用于地下管线、道路空洞和采空区探测，桥梁、山体和堤坝监测，工程施工前测量和竣工验收测量，以及古文化遗址勘测。

6. 海洋与江河湖泊测绘

近三年来海洋与江河湖泊测绘在海底地形地貌测量、机载海洋测绘、海岛礁陆海一体化测绘、海洋重磁测量、电子海图和数字海洋地理信息等六个技术领域取得较大进展。

（1）海底地形地貌测量

在系统研制方面，突破了多脉冲发射和双条幅检测技术，提出了新的相位差解模糊方法，采用Dolph-Tchebyshev屏蔽、动态聚焦和窄波束设计等技术，提高了多波束测深数据采集的密度和精度，研制了浅水高分辨率多波束硬件和软件软件系统；在测深数据处理方面，开展了基于多波束和侧扫声呐测量信息融合的海底高精度和高分辨率地形地貌信息获取、基于侧扫声呐图像反演高分辨率海底地形、远海航渡水深测量水位改正、声速测定及改正、测深成果质量评定标准、侧扫声呐条带图像处理及拼接等理论和方法研究，提高了海底地形地貌成果的精度和分辨率。在作业模式方面，开展了基于重力梯度的海底地形大尺度反演、基于可见光的水色遥感反演水深技术研究，发展了机载激光水深测量技术，突破了船载高精度一体化测深技术的瓶颈，发展了以AUV/ROV为平台的海底地形地貌测量技术，初步形成了从星载、机载、船载到潜载的“立体”海底地形地貌信息获取态势。

（2）陆海一体化测绘技术

在垂直基准面确定及转换方面，开展了陆海大地水准面拼接、海洋无缝垂直基准面构建、高程基准面与深度基准面转换、基于卫星测高数据提取潮汐参数和构建潮汐模型、基于重力位差实现跨海高程基准传递的理论与方法研究。在海岸带地形测量方面，提出了以潮汐预报和水位推算技术为基础的岸线确定方法以及基于卫星影像的岸线确定方法；解决了 GNSS 无验潮水深测量技术的瓶颈问题，验证了该系统实施高精度水深测量的可行性；研究了无人船测深、低空无人机航空摄影测量、三维激光扫描、机载 LiDAR 等测量技术，研发了船载多传感器水上水下一体化测量系统，建立了较为完整的海岸带水上水下一体化测量方案。

（3）机载海洋测绘技术

在机载重力测量方面，通过引进集成，形成了航空重力测量生产作业能力，完成了我国部分海区的航空重力测量；突破了国产海洋航空重力测量系统研发的瓶颈，研制并验证了工程样机；提出了一种独立于观测数据、基于外部数据源的重力数据向下延拓方法。在空三测量方面，提出了一种海岸带水边线等高约束条件控制下的光束法区域网空三测量方法，提高了控制点稀少情况下的测图精度；突破了海岸带数字高程模型（DEM）和数字正射影像（DOM）的自动化生产瓶颈，研究了 DEM 和 DOM 的高精度自动配准和网络化同步编辑、海岸带纹理稀少及复杂地形条件下 DSM/DEM 的全自动提取、正射影像高效生成及镶嵌等技术，提高了空三数据处理能力。在机载 LiDAR 测量方面，开展了 DEM 数据获取和 4D 产品快速制作，基于 DOM 影像痕迹线和岸线理论高程的岸线变化修测、瞬时水边线的解译和推算等应用研究。

（4）船载海洋重磁测量技术

在船载重力测量方面，形成了引进、吸收和应用多型号国外设备，研发验证国产设备的态势。数据处理方面实现了数据采集与处理自动化与智能化、重力仪性能评价标准化和指标化，数据处理规范化。具体表现为：研发了基于电子海图的导航、数据采集、处理和成图软件；提出了重力仪零点趋势性漂移、有色观测噪声与随机误差的分离方法，形成了稳定性评估的标准化技术流程；推导了均方根误差、系统偏差、标准差等组合新的重复测线内符合精度评估公式，为重力仪动态性能评估提出了更精细的评估指标；提出了一种基于互相关的交叉耦合效应修正方法，对高动态海洋重力测量数据实施了综合补偿和精处理；基于 Tikhonov 正则化方法和移去 – 恢复技术，构建了多源重力数据融合模型，提出了融合多源重力数据的纯解析方法。

磁力测量方面，开展了南海海底地磁日变站布放选址方法研究，解决了远海磁力测量日变改正难题。研究了拖鱼入水深度计算与控制，建立了入水深度与配重、拖缆长度和船速间的影响机制。采用傅立叶谱分析，实现了磁平静日变和磁扰改正的分离，解决了强磁扰期日变改正问题；基于多台海洋磁力仪、测深仪和 GPS，构建了一种阵列式海洋磁力测量系统；在海岛礁地磁测量方面，实现了地磁经纬仪、陀螺经纬仪、天文观测和 GNSS 高精度定位与定向等多系统一体化集成应用，提出了完整的地磁三分量测量技术流程，编制了技术规程，建立了地磁测量数据处理模型。

（5）电子海图技术

基于 IHO 相关标准和规范，采用文本描述法，设计了“所见即所得”的海图符号编辑器；提出一种基于字符颜色扩展的海图水深注记方法，研究了海岛礁符号的概念、特征、功能及分类，形成了完整的分类体系，开发了符号库系统，设计了色彩管理方案，提出了一种英版航海通告信息自动搜集与处理技术，并研制了软件；提出了电子海图云服务概念，并设计了模型，提出了海图集合云存储策略，建立了空间索引模型，提出了全球电子海图的云可视化服务方案。开展了中国海区 e- 航海原型系统技术架构研究，完成了技术架构和工程建设可行性研究。

（6）数字海洋地理信息技术

在时空数据模型上，强调时间维拓展和尺度变化的适应性；在时空场特征分析上，海洋过程被纳入其重点考虑范畴；在海洋信息可视化上，更加面向体验和跨尺度，并更多地将虚拟技术与现实结合起来；在信息服务方面，强调服务智能化的同时，注重海洋信息本体或知识表达，追求主动数据生成和提供。在数字海洋地理信息数据建设中，分析了 ENC_SDE 的功能需求，进行了体系结构设计及系统电子海图空间数据库设计，沿用 S-57 数据结构的部分特性，设计出了满足 ENC_SDE 的系统电子海图空间数据库的数据模型；在数字海洋地理信息应用方面，研发了集成数据管理与查询、处理与分析和可视化于一体的南海海洋信息集成服务系统。提出了“虚拟港湾”的概念，阐述了其建设条件和内容，以天津海岸带仿真平台建设为原型，给出了建设的原理、路线、关键技术和指标；针对海洋环境数据特点，研制了海洋多源异构数据转换系统；模拟了海上溢油现象，实现了风场和流场作用下油粒子扩散、漂移过程的展现；搭建了海洋水文要素可视化系统，实现了中国东海水文数据球面三维体绘制和三维矢量场可视化。

7. 空天地海一体化测绘

空天地海一体化测绘体系是由陆地测量车、海上测量船、中低空遥感测绘平台、航天测绘卫星以及地下测量机器人等共同构成的一体化信息测量技术。目前，这一体系已经有了重要突破，研发了超过三种车载陆地测量系统，该系统是各种高科技传感器在车辆上的大集成，包括各种激光扫描仪、摄像机、数码相机、陀螺仪、北斗卫星接收机等，可以快捷精密准确地在陆地测量建筑设施和树木等，提供立体化的地理信息数据；海洋测量技术配备综合测量船，可以测海岛、测海底，测港口，测河道等；在航空测绘领域，不仅在中高空遥感测绘平台、中低空的无人机和无人飞艇遥感测绘技术很成熟，超高空的平流层飞艇上也建立了遥感测绘平台，形成快速机动的航空遥感测绘手段；在太空有北斗卫星导航系统、资源三号卫星及其他系列的遥感卫星，在高分辨率遥感卫星上已取得突破，形成了系列化的自主测绘卫星体系，航天测绘、航空测绘与地面测绘相结合，构成中国的对地观测体系，实现全球范围的地理空间信息的获取；此外，利用地下测量机器人技术，促进地铁、山洞开挖、矿井安全等地下基础设施的建设快速发展。通过五个方面的整合，形成了空间、空中、地面、海洋、地下五位一体的测绘技术。

（二）重大应用与服务

1. 地理国情普查与监测

地理国情监测，就是综合利用全球导航卫星系统（GNSS）、航空航天遥感技术（RS）、地理信息系统技术（GIS）等现代测绘技术，综合各时期测绘成果档案，对地形、水系、湿地、冰川、沙漠、地表形态、地表覆盖、道路、城镇等要素进行动态和定量化、空间化的监测，并统计分析其变化量、变化频率、分布特征、地域差异、变化趋势等，形成反映各类资源、环境、生态、经济要素的空间分布及其发展变化规律的监测数据、地图图形和研究报告等，从地理空间的角度客观、综合展示国情国力。

（1）第一次全国地理国情普查

地理国情普查是一项重大的国情国力调查，是全面获取地理国情信息的重要手段，是掌握地表自然、生态以及人类活动基本情况的基础性工作。地理国情信息分类对象主要包括地表形态、地表覆盖和重要地理国情监测要素等三个方面。第一次全国地理国情普查包括地形地貌普查和 11 大类地表覆盖情况普查，涉及 12 个一级类、58 个二级类和 135 个三级类，主要利用分辨率优于 1m 的多源航空航天遥感影像数据，部分地区利用我国资源 3 号、天绘系列和高分 1 号等卫星影像数据资料，结合基础地理信息成果数据及多行业专题数据，按照地理国情信息普查内容和指标，针对不同地理要素特点，采用内外业一体化的作业方式和自动与人机交互影像处理、多源信息辅助判读解译、外业调查、空间数据库建模等方法，开展普查信息采集、处理与建库等工作，形成了一整套国家级和省级普查成果，主要包括普查成果数据库、信息系统以及通过对普查成果数据的统计分析形成的系列数据成果和有关分析成果等。

（2）地理国情监测研究试验

在开展第一次全国地理国情普查工作的同时，按照“边普查、边监测、边应用”要求，同步开展了地理国情监测关键技术研究和应用试点，2013—2014 年，开展了京津冀地区重要地理国情信息监测、青海三江源区国家生态保护综合试验区生态环境监测、青海湖流域湖泊面积和草地变化监测、区域总体发展规划实施监测试验、板块运动与区域地壳稳定性监测、毛乌素沙地变化监测、海南岛沿海地表覆盖变化监测等监测项目，取得了生态环境保护、城镇化发展和区域总体发展规划实施等三方面 16 项监测成果。在常态化地理国情监测内容与技术准备方面，开展典型区域基础性和专题性地理国情监测试验，形成一系列成果，指导“十三五”期间地理国情监测工作开展。

2. 不动产测绘

随着国家《不动产统一登记暂行条例》的出台以及现代测绘技术、新型测绘仪器和测绘手段的不断发展，包含在不动产范畴的地籍测量和房产测绘从理论到实践发生了较大的变化，地籍与房产测绘和现代测绘新技术的结合逐渐紧密，极大地促进了地籍与房产测绘专业的发展。下面结合不动产测绘近年来的发展，从土地调查、房产测绘等两个方面总结了研究的进展。

（1）土地调查

当前，3S 现代测绘技术[①]在土地信息获取、处理、评价、可视化、建模及信息系统建设等方面应用日趋广泛。利用 3S 技术提高土地管理工作的效率和精度成为当前研究和应用重点之一。在土地利用现状调查方面，完成了第二次全国土地调查，以土地利用现状调查为基础，以 RS 和 GIS 技术为主要手段，开展了以低效用地调查、标准农田核查、工业用地调查、耕地后备资源调查、土地流转调查等多项土地利用专项调查工作；土地利用动态监测方面，遥感监测技术和方法进一步得到改进，监测分类更加细化，监测内容更加丰富，主要利用分辨率优于 1m 的多源航空航天遥感影像数据，部分地区利用我国资源 3 号、天绘系列和高分 1 号等卫星影像数据资料，结合基础地理信息成果数据及多行业专题数据，按照地理国情信息普查内容和指标，针对不同地理要素特点，采用内外业一体化的作业方式和自动与人机交互影像处理、多源信息辅助判读解译、外业调查、空间数据库建模等方法，开展普查信息采集、处理与建库等工作。地籍调查方面，土地权属调查基本完成农村集体土地所有权确权登记发证，实现了全覆盖，农村宅基地和集体建设用地使用权登记发证工作将加快推进。

（2）房产测绘

房屋面积量算中房产分丘、分幅平面图测量方法，随着 GNSS RTK 技术的成熟以及城市 CORS 系统的建立，技术水平有了很大的提高，房屋面积主要采用实地量距法量测，目前手持测距仪全面替代钢（皮）尺，精度上完全能够满足，针对房产测绘的特殊要求，开发了集“几何面积计算，分摊模型建立，属性数据入库”于一体的专业软件，制定“绘图 – 计算 – 生成报告”一站式解决方案。

3. 智慧城市的时空信息基础设施建设

智慧城市时空信息基础设施建设，包括网络基础设施建设和信息资源基础设施建设。近两年，信息资源基础设施的基础数据资源体系，如基础数据库、政策法规数据库、数据中心、数据更新体系、数据共享与交换体系等得到了快速发展；在测绘地理信息基础设施建设方面，解决了天地空一体化、静动态相结合的空间基准问题，已建立了提供目标定位、数据融合、多传感器集成的城市三维空间基准，实现高精度的天地一体化时间基准体系；基于分布式卫星、航空观测平台、地面传感网的天空地一体化传感网体系，实现多平台相互关联、传感器联合调度、资源优化组织和协同观测，对传感网环境下的空天地数据融合、同化与协同信息处理，构建了传感器观测信息模型与表达、基于任务的多传感器协同观测、多协议传感器观测数据服务、传感器观测信息高效查询、多传感器数据实时融合

① 以遥感（RS）、全球定位系统（GPS）和地理信息系统（GIS）为主体的测绘技术。

与同化、物联网观测服务链体系，统一了信息资源管理与服务平台，实现了提供海量、多源、异构城市数据的集成、管理与网络化服务。智慧城市建设中，类似数字城市中地理空间框架具有时空特点，发展为时空信息框架，其核心内容包括时空信息数据库和时空信息云平台。基础地理信息数据库上升为时空信息数据库，地理信息公共平台上升为时空信息云平台。具体表现为“空间基准”提升为“时空基准”，“二维地理信息 + 三维可视化表达”提升为“统一时空基准的四维地理信息”，“静态数据 + 周期性的更新”提升为“实时获取 + 动态更新”，“有限服务”提升为“泛在服务”，“事后分析 + 辅助决策”提升为“实时分析 + 实时决策”。

4. 地理空间信息数据资源建设与升级

（1）全国 1∶5 万基础地理信息数据库

当前，我国已实现了全国 1∶5 万基础地理信息的全面覆盖和全面更新，形成全国“一张基础图”，从 2012 年开始，国家测绘地理信息局启动了国家基础地理信息数据库动态更新工程，对国家 1∶5 万数据库每年更新 1 次、发布 1 版，然后再利用更新后的 1∶5 万数据库联动更新 1∶25 万、1∶100 万数据库，并生产相应比例尺的地形图数据、印制纸质地形图。

（2）省级 1∶1 万基础地理信息数据库

省级 1∶1 万基础地理信息数据库建设与更新全面开展，到 2014 年底，全国已有近 50% 陆地国土面积实现省级 1∶1 万基础地理信息（含地形图）的覆盖，1∶1 万地形数据（DLG）覆盖全国 43.8% 面积；1∶1 万数字高程模型数据（DEM）覆盖全国 40.1% 面积；1∶1 万数字正射影像数据（DOM）覆盖全国 40.3% 面积。其中，大部分省份全部或基本实现全覆盖，少部分省份覆盖率超过 50%，只有西部个别省份覆盖率不足 50%。2015 年完成数据整合并建库，优化升级数据库管理服务系统，建立起全国规范化的 1∶1 万数据库。

（3）1∶5 万地理信息数据空白区测绘

我国实施了“国家西部 1∶5 万地形图空白区测图工程”，5 年时间里，在我国西部的广大区域内，圆满完成了 1∶5 万地形图空白区测图任务。西部测图工程在我国基础测绘中实现了“四个首创”，即首次采用卫星遥感立体影像实现大规模国家地形图数字化测图；首次采用大范围稀少控制点卫星影像整体区域网平差技术，大幅度减少野外控制点数量；首次采用多波段、多极化干涉 SAR 测图技术，实现多云雾高山区地形图测图；首次借助海事卫星建立测绘外业生产安全监控系统，保障困难地区安全作业，实现零伤亡。这项国家重大基础测绘专项工程填补了西部 1∶5 万地形图的空白，标志着我国陆地国土实现了 1∶5 万基础地理信息数据的全面覆盖。

5. 海岛礁测绘

在陆海基准的统一与海岛礁测绘方面，2013 年年底完成了海域大地水准面精化与陆海拼接，初步建成与我国陆地现行测绘基准一致的高精度海岛（礁）平面、高程 / 深度和重力基准。在全面摸清我国海岛（礁）数量、位置和分布的基础上，主要采用航空航天遥感技术对我国海域面积大于 500m^2 的约 6400 个海岛（礁）进行准确定位，对其中重要海岛进行地形图测绘，编制我国海岛（礁）系列地图，建成国家海岛（礁）测绘数据系统，初步建立海岛（礁）基础地理信息服务系统。主要研究进展集中在陆海基准传递与统一的理论及技术、不易 / 不宜到达海岛（礁）地形特征提取理论与技术以及海岛（礁）符号化特征表达与基础数据管理理论与技术方面，围绕远海岛礁测绘与地理环境变化监测需求，突破远海岛礁稀少（无）地面控制高精度地形测图、海礁精细识别与精确定位、礁盘精细测量、海岛礁地理信息变化定量检测及变化影响评估指标体系等重大技术难题，构建了远海岛礁测绘及地理环境变化监测技术体系。

6. 全球 30m 地表覆盖信息产品

2014 年 4 月，经过 4 年跨学科协同创新，首次研制出了 2000 年和 2010 年两个年份 30m 分辨率的全球地表覆盖数据产品 GlobeLand30，并构建了全球首个高分辨率地表覆盖信息服务平台。以“多源影像最优化处理、参考资料服务化整合、覆盖类型精细化提取、产品质量多元化检核”为主线，解决高质量影像的全球优化覆盖、相同地物具有不同光谱反射曲线或者不同地物具有相同光谱反射曲线的现象、数据产品质量控制等诸多问题；依据全球地表覆盖制图对多源、多分辨率遥感影像的需求，研发几何纠正与配准、缺失数据处理、辐射重建等一组处理模型与方法，用于纠正遥感影像在获取和处理过程中产生的误差；研发专用的网络化检核系统，具有错误信息的空间化标报、发布 / 订阅、时空匹配等功能，用于支持多用户协同的检查信息和修改结果的在线汇聚、有序传递。海量影像优化处理、精细化信息提取、工程化产品质量控制、网络化信息集成服务等科技创新，将 2000 年和 2010 年两个基准年的全球 30m 地表覆盖数据产品空间分辨率提高了 1 个数量级，总体分类精度达到 83%以上。

7. 全球环境变化与自然灾害预测预警

在大地测量与地震研究领域，以 GPS 为代表的“GNSS 空间大地测量技术”的迅速发展和广泛应用，可以对各种规模尺度的构造运动和地壳形变进行高精度、高密度、高效率和全天候的实时化观测，为地震相关领域的地球动力学研究和构造运动学解析提供了革命性的技术手段。

在构造运动学和地球动力学研究方面，目前的静态 GNSS 大地测量，能够通过“每 24 小时”的观测获得全球参考框架下精度高达“毫米级”的站点单日平均坐标。既可进行全球尺度的板块运动监测，也用于区域范围的地壳形变和构造运动监测，更可适用于具体断裂带的细微运动变化监测。

在地震孕育机制和破裂过程的观测研究方面，静态 GNSS 大地测量是同震位移观测、震后迟豫形变观测、断裂蠕滑和慢地震现象观测的有效手段，为地震危险性判定、岩石圈介质的流变参数反演、地震破裂面错动分布状况反演等提供重要约束。在地震的强地面运动监测和地震预警方面，近年来从日臻完善的单历元 GNSS 观测技术拓展出一个新型学科——GNSS 地震学。采用高频（高采样率）的 GNSS 观测，能够以“厘米级”的精度获得每个采样时刻（历元）的三维坐标，从而直接勾画出强震所引起的地面三维运动过程。目前高频 GNSS 大地测量的实际效果和应用潜力受到了传统地震学界的普遍认可和高度重视。

在应急测绘与防灾减灾方面，突破了测绘基准建立和空间信息快速获取关键技术，通过集成似大地水准面精化、精密单点定位、新一代数字摄影测量等技术，建立了不依赖地面控制点的高精度快速摄影测量生产体系，实现了多尺度数字航空影像的快速获取及其高精度的快速处理，并成功推广应用于灾区应急测绘；针对灾区应急测绘时间紧、要求高、实施难的问题，实现了基准建设和测图同步协调作业，建立了应急测绘集成技术体系和测绘信息应急服务系统，为灾区快速重建提供了可靠的测绘技术服务与保障。

8. 空间科学的应用

在天文地球动力学研究领域，国内多个台站是国际 SLR 数据处理分析中心，或是我国陆态网和北斗导航系统全球跟踪站数据处理中心，发表了多份星表。获得了我国地壳运动和变形的高水平监测成果，在国际上首次得到了精度达毫米级的中国大陆及其周边区域地壳运动完整的图像，为地球科学研究中国大陆地壳运动机理提供了最可靠的约束条件；在天球参考系研究方面，首次提出大天区统一平差 CCD 观测的处理方法，大大提高了星的定位精度和参考系维持精度。

空天一体化基准是实现航天器高精度空间定位与导航的基础，其实质在于确定高精度的地球定向参数（EOP），即确定不同参考系之间的联系参数。目前，测定 EOP 的主要技术手段包括甚长基线干涉测量（VLBI）、卫星激光测距（SLR）和全球卫星导航定位（GNSS）等技术。自 2002 年起，我国提出、发展和逐步完善了新一代 VLBI 技术规范，即 VLBI2010 标准，其致力于对 VLBI 测站的毫米级定标与定速、对 EOP 参数的连续、实时和高精度测定，进而确保天、地一体化参照基准的高精度实现。国内迄今具有 VLBI 观测功能的台站包括上海、乌鲁木齐、昆明、北京、喀什和佳木斯 6 个站。这些台站主要用于天体物理研究和深空探测器跟踪，虽能用于测量 EOP 并获得实验性测量结果，但离 VLBI2010 标准相距甚远。为此，国内有关单位正在按 VLBI2010 标准设计和研发我国新一代 VLBI 测地网，并在宽带接收、馈源与接收机整体制冷、天线参考点高精度监测以及观测数据解析等关键技术方面取得系列进展。SLR 是实现地球参考框架的重要技术之一，通过卫星轨道与地心实现固连，用于确定地球参考框架的原点和尺度因子。通过与 VLBI 并置测量，有利于分析和消除不同测量技术之间的系统差异，精化 EOP 激发机制的分析，提高 EOP 的预测精度。GNSS 技术主要用于 EOP 的加密测量，是对上述两种技术的重要补充。国内利用 IGS 跟踪站的连续观测资料估算得到的地球定向参数，与 IGS 发布的地球定向参数结果具有较好的一致性。

在深空探测方面，面向我国载人航天、月球探测、火星计划等国家重大深空探测工程，突破现有的 VLBI、SVLBI、ΔDOR、SBI 和 X 射线脉冲星技术的理论和方法，建立卫星轨道参数、天体着陆卫星定位参数与参考系统连接参数、卫星动力学模型或运动学模型参数以及地面观测网或测控网的关系，形成了从月球探测器到火星探测器、从地面测量到自主定位系统的一整套 VLBI 探测器定位技术和深空大地测量理论体系。设计了最优 SVLBI 卫星轨道方案、卫星有效载荷的技术参数以及 SVLBI 卫星轨道跟踪网，提出 SVLBI 系统的技术理论方法；研究采用地 – 空 / 空 – 空 SVLBI 观测量估计包含章动参数在内的所有大地测量参数的处理方法；深入开展 VLBI、SVLBI、ΔDOR、SBI 和 X 射线脉冲星技术进行深空探测器定轨和深空大地测量的理论、模型和参数序列估计算法研究以及探测器轨道和遥控测控网设计等。

9. 位置服务

目前，我国在位置服务领域，主要是发展北斗二代系统的应用。北斗 CORS 网可提供一定的广域差分、局域差分和网络 RTK 服务，北斗地基增强系统以北斗卫星导航系统为主，兼容其他 GNSS 系统的地基增强系统，可提供厘米级至亚米级精密导航定位和大众终端辅助增强服务。我国国家大地基准现代化建设指标是 360 个 CORS 站都具备北斗信号接收和数据产生的能力，目前已经建成了 100 多个站点，可以实时传输数据流，用于生成实时 / 后处理精密轨道、钟差、电离层等产品，作为国家增强系统的主要基础设施。国内各省也开展了相应的北斗 CORS 站的更新升级工作，如四川省已经建成了约 100 个站的北斗 CORS 站网，逐步开展车道级差分服务和厘米级服务，湖南省建成了约 100 个站，湖北省建成了 30 个站，河北省建成了 20 多个站点的一期网、正在开展二期的建设，江苏和上海也建成了北斗 CORS 站网，广西建成了 6 个站点的北斗 CORS 试验网，正开展相关服务。

自 2012 年北斗二号系统正式投入运行以来，国家设立了 42 个行业和区域重大专项应用示范工程，以此实现以行业示范带动行业应用，以区域示范带动区域应用。在城市应急方面，北斗系统在汶川地震和芦山地震发挥了巨大作用，地震中基础设施和通信设施全部“瘫痪”，救援人员依靠北斗系统及时传递出灾区信息；在精确的地理信息服务方面如城市主要的设施、建筑物的形变等监测，北斗系统的高精度服务也能对其提供支持；北斗系统的应用在智慧城市各个领域不断扩大和深入，并从“天上”逐步飞入寻常百姓家：全国各地驾校考试系统都在升级换代，改用北斗驾考系统；在上海，智慧城市北斗综合应用示范工程已经启动，市民可以便捷地使用“智能呼叫”、“智能交通导航”等服务；在江苏无锡，“4G+ 北斗导航”的车联网等民生应用项目即将进入普通市民的生活；在智能交通方面，交通运输部“重点运输过程监控管理服务示范系统工程”确定在 9 个示范省市（江苏、安徽、河北、陕西、山东、湖南、宁夏、贵州和天津）近 10 万台“两客一危”（大客车、旅游包车和危险品运输车）重点运输车辆上安装北斗系统用户终端设备；在精准农业方面，目前卫星导航技术已用于农场规划、田间测图、土壤取样、农机引导、作物田间监测、产量监测系统等，成功解决了每块土质不同的土地要求准确匹配相应的耕作技术和耕作条件的难题，从而实现了精细高效地利用土地、以更小的代价获取更多的收获；在气象预报和防灾减灾方面，国家气象局“基于北斗导航系统的大气、海洋和空间监测预警示范应用工程”已完成北斗探空仪和地面接收设备样机的研制开发，具备了地面业务应用的基本条件；在公车管理方面，北斗卫星导航系统区域应用示范项目，借助珠三角地区卫星导航产业体系完备的优势，打造基于北斗的公共运营服务平台，开展城市应急管理、智能交通、综合执法、人身安全保障服务、公共用车监管等系统建设；在动物保护方面，为了更多地了解并保护藏羚羊，2013 年 7 月，西藏林业厅、青海林业厅、西北濒危动物研究所和北斗卫星导航系统的专家联合组成科研小组，利用卫星定位技术，对藏羚羊迁徙产仔进行研究；在森林防火方面，天津市蓟县林业局在 2012 年年初建成全国首套基于北斗卫星导航系统的森林防火实战指挥系统，该系统可对野外火情进行自动识别、报警、定位和指挥调度，从而实现全天候、全方位、远距离地监控林区火险动态。

在线地图服务正向服务功能主动组织、数据管理自动调整、地图自适应表达的个性化主动服务发展，开拓了一个崭新的电子地图公众服务时代，在地图服务形式、服务平台、服务模式、服务内容与对象等方面发生了巨大的变化。以实景地图、街景地图、影像地图、真三维地图集成的综合服务形式得到较多应用；地图服务平台从 PC 互联网平台向移动互联网平台转变，由单一服务平台向开放式地图共享服务平台转变；地图服务模式从“找位置”进入“找服务”，正逐渐向以“LBS+SNS”① 模式为特点的社交网络地图服务转变；随着众包地图、志愿者地图的普及，用户不仅是在线地图服务的消费者，也是地图信息的生产者，譬如用户可以使用位置签到、位置微博和 Waze② 社交化交通等方式提供地图信息。

当前室内定位技术的发展是研究新的定位技术以及多种技术结合的混合定位方法，例如，研究基于惯性传感器的辅助定位和地图匹配技术相结合以提高惯性传感器位置推算的精度。研究完整的传感器 /WiFi/BLE 的混合定位方法，以满足各种室内环境和应用场景的需求。未来十年，世界将被人工智能云计算技术改变。基于日益发展的物联网和云计算平台，云计算平台将为各个行业（如能源、电力、医疗、城市、交通、教育等）提供数据采集、分析、处理和报告。而室内定位技术的发展与应用（室内精准导航、大数据分析、个性化营销和社交网络等），已成为人工智能云技术的一个组成部分。

10.“天地图”地理信息公共服务平台

“天地图”地理信息公共服务平台网站经过近两年的建设及省市级节点不断接入，数据资源更加丰富、服务能力明显提高，成为目前中国区域内数据资源最全的地理信息服务网站。“天地图”集成了全球范围的 1 : 100 万矢量地形数据、500m 分辨率卫星遥感影像，全国范围的 1:25 万公众版地图数据、导航电子地图数据、15m 分辨率卫星遥感影像、2.5m 分辨率卫星遥感影像，全国 300 多个地级以上城市的 0.6m 分辨率卫星遥感影像，总数据量约 30TB。天地图 2014 版本正式上线，具有功能更全、技术更优、性能更稳、运行更快等亮点。在原有基础上，完成了国内地图矢量数据的全面更新，国外矢量数据由原来的 2 级至 10 级丰富提升到 14 级，首次发布全球海底地形晕渲地图，更新全球陆地地形晕渲

① 基于位置的服务（Location Based Service，LBS）与社交网络服务（Social Netuork Service，SNS）相结合的服务模式。

② Waze 是一个利用移动设备 GPS 信息获取有关路面交通情况，从而向汽车驾驶员提供更好的行车路线的免费应用。

效果，发布了维吾尔文、蒙古文地名注记图层。截至目前，天地图形成了国家、省、市（县）三级互联互通的架构体系，全国已有30个省、区、市完成省级节点建设，145个市（含县级市）完成市级节点建设，并实现了与主节点的服务聚合。整体服务性能比此前版本提升4～5倍。新版天地图还开通了英文频道、综合信息服务频道和三维城市服务频道，并更新了手机地图。

（三）学科发展与人才培养

传统测绘学是利用测量仪器测定地球表面自然形态的地理要素和地表人工设施的形状、大小、空间位置及其属性等，然后根据观测到的数据通过地图制图的方法将地面的自然形态和人工设施等绘制成地图。传统的测绘技术由于受到观测仪器和方法的限制，只能在地球的某一局部区域进行测量工作，而空间导航定位、航空航天遥感、地理信息系统和数据通信等现代新技术的发展及其相互渗透和集成，则为我们提供了对地球整体进行观察和测绘的工具。

GNSS等空间定位技术的引进，导致大地测量从分维式发展到整体式，从静态发展到动态，从描述地球的几何空间发展到描述地球的物理—几何空间，从地表层测量发展到地球内部结构的反演，从局部参考坐标系中的地区性测量发展到统一地心坐标系中的全球性测量。由于航天技术和计算机技术的发展，当代卫星遥感技术可以提供比光学摄影所获得的黑白照片更加丰富的影像信息，因此在摄影测量中引进了卫星遥感技术，形成了航天测绘。随着数字地图制图和地图数据库技术的飞速发展，作为人们认知地理环境和利用地理条件的根据，地图制图学已进入数字制图和动态制图的阶段，并且成为地理信息系统的支撑技术。地图制图学已发展成为以图形和数字形式传输空间地理环境的学科。现代工程测量学也已远离了单纯为工程建设服务的狭隘概念，正向着所谓“广义工程测量学”发展，即“一切不属于地球测量，不属于国家地图集的陆地测量和不属于公务测量的应用测量，都属于工程测量”。工程测量的发展可以概括为内外业一体化、数据获取与处理自动化、测量工程控制和系统行为的智能化、测量成果和产品的数字化。

从测绘学的现代发展可以看出，测绘学的研究对象已不仅仅是地球表层，还需要将其研究范围扩大到地球外层空间的各种自然和人造实体，而且测绘学不仅研究地球表面的自然形态和人工设施的几何信息的获取和表述问题，同时还要把地球作为一个整体，研究获取和表述其几何信息之外的物理信息，如地球重力场的信息以及这些信息随时间的变化等。因此，现代测绘学是研究实体（包括地球整体、表面以及外层空间各种自然和人造的物体）中与地理空间分布有关的各种几何、物理、人文及其随时间变化的信息的采集、处理、分析、管理、存储、显示、更新和利用的科学与技术。这些空间数据来源于地球卫星、空载和船载的传感器以及地面的各种测量仪器，通过信息技术，利用计算机的硬件和软件对这些空间数据进行处理和使用。这是应现代社会对空间信息有极大需求这一特点形成的一个更全面且综合的学科体系。它的研究内容和科学地位则是确定地球和其他实体的形状和重力场及空间定位，利用各种测量仪器、传感器及其组合系统获取地球及其他实体与时空分布有关的信息，制成各种地形图、专题图和建立地理、土地等空间信息系统，为研究地球的自然和社会现象，解决人口、资源、环境和灾害等社会可持续发展中的重大问题，以及为国民经济和国防建设提供技术支撑和数据保障。

1998 年，教育部正式颁布了我国经过第四次全面修订的“普通高等学校本科专业目录”，在这个专业目录中，0809 测绘类专业设置仅有 080901 测绘工程一个本科专业，它涵盖了旧专业目录中的大地测量、工程测量、摄影测量与遥感、地图学、海洋测绘和土地管理与地籍测量等六个本科专业。在研究生专业目录中，测绘科学与技术为一级学科授权点，下设三个二级学科点，即大地测量与测量工程、摄影测量与遥感、地图制图与地理信息工程，这三个学科在 2002 年全部被选入国家重点学科。

测绘科学技术在近 10 年内已发生了巨大变化。测绘专业从以国家基础测绘为主扩展到地球空间信息获取、处理与应用于相关的资源调查、应急管理、导航、交通、物流、旅游等众多领域。根据测绘科技发展和社会需求，培养创新性基础理论研究和专业化工程技术人才是我国测绘本科专业人才培养的实际要求。现有的高等学校测绘类本科专业目录已不能完全满足要求，需要进行修订和扩充。

国外同类高校的专业设置主要有：大地测量学（Geodesy），测绘信息工程（Geomatics Engineering），卫星导航与定位（Satellite Navigation and Positioning），摄影测量学与遥感（Photogrammetry and Remot Sensing），地图制图与地理信息系统（Mapping and Geographical Information Systems），测量与地球空间信息系统（Surveying and Spatial Information Systems）等。

2010 年 4 月 25 日，测绘学科高等学校教学指导委员会根据“关于征求高等学校本科专业目录修订工作意见和建议的通知（教高司函［2010］50 号）”的要求，总结测绘专业的办学经验，面向国际化本科教育的发展趋势和测绘专业人才需求现状，经过充分讨论，形成如下的关于测绘类本科专业目录的设置：①大地测量学与卫星导航；②工程测量；③遥感科学与学术；④地理空间信息工程。

其中①、②和研究生的“大地测量学与测量工程”专业相对应；③与研究生的“摄影测量学与遥感”专业相对应；④与研究生的“地图制图学与地理信息工程”专业相对应。

测绘学的现代发展促使测绘学中出现了若干新学科，例如卫星大地测量（或空间大地测量）、遥感测绘（或航天测绘）、地理信息工程等。测绘学已完成由传统测绘向数字化测绘的过渡，现在正在向信息化测绘发展。由于将空间数据与其他专业数据进行综合分析，致使测绘学科从单一学科走向多学科的交叉，其应用已扩展到与空间分布信息有关的众多领域，显示出现代测绘学正向着近年来国际上兴起的一门新兴学科——地球空间信息科学（Geo-Spatial Information Science，Geomatics）跨越和融合。地球空间信息学包含了现代测绘学的所有内容，但其研究范围较之现代测绘学更加广泛。

地球空间信息科学是采用现代探测与传感技术、摄影测量与遥感对地观测技术、卫星导航定位技术、卫星通信技术和地理信息系统等为主要手段，研究地球空间目标与环境参数信息的获取、分析、管理、存贮、传输、显示和应用的一门综合和集成的信息科学和技术。地球空间信息科学是以“3S”技术为其代表，包括通信技术和计算机技术的新兴学科。它是地球科学的一个前沿领域，是地球信息科学的重要组成部分。2004年英国《自然》杂志章指出，地球空间信息技术与纳米技术和生物技术并列为当今世界最具发展前途和最有潜力的三大高新技术。

地球空间信息科学不仅包含现代测绘科学的所有内容，而且体现了多学科的交叉与渗透，并特别强调计算机技术的应用。地球空间信息科学不局限于数据的采集，而是强调对地球空间数据和信息从采集、处理、量测、分析、管理、存储到显示和发布的全过程。这些特点标志着测绘学科从单一学科走向多学科的交叉；从利用地面测量仪器进行局部地面数据的采集到利用各种星载、机载和舰载传感器实现对地球表面及其环境的几何、物理等数据的采集；从单纯提供静态测量数据和资料到实时 / 准实地提供随时空变化的地球空间信息。将空间数据和其他专业数据进行综合分析，其应用已扩展到与空间分布有关的诸多方面，如环境监测与分析、资源调查与开发、灾害监测与评估、现代化农业、城市发展、智能交通等。

测绘学科的人才培养应紧密结合国家的经济建设和社会发展需求，在构建测绘学科人才培养体系时应当注重测绘学科专业结构、人才培养模式的科学配置与适时调整，培养适应社会需求的技术应用型、复合型测绘人才，提高测绘学科人才的竞争能力和社会适应性。围绕测绘学科人才培养体系，开展四大子体系的建设，包括学科知识体系、本科教学课程体系、工程能力培养体系和培养质量评估体系。这四个子体系分别针对人才培养的基础知识及基本技能培育，应用实践能力培养进行指导与规范，并提供对培养成果的分析与评价机制，以促成对人才培养机制的不断反思与改进。

随着国家经济建设的快速发展，各行业对测绘专业复合型人才的需求量不断增大，对测绘专业人才培养提出了新的要求。我国已经形成了以高等教育和职业教育相结合的人才培养体系。目前国内从事测绘工程本科人才培养的院校约 150 所，具有测绘学科硕士点的院校约 80 所，具有博士点的院校约 10 所。具有博士后流动工作站的院校约 10 所，另外，国家测绘地理信息局职业技能鉴定部门每年约培养 21000 名测绘职业技术工人。

为加强人才培养，推动“产学研用”系统工程建设，武汉大学、同济大学等高校实施了测绘工程专业“卓越工程师教育培养计划”，武汉大学建立了首个国家级测绘实验教学示范中心。北京、武汉和广州等城市测绘院建立了博士后工作站和专业性的重点实验室，多渠道培养不同层次的工程技术人员。大部分院校保证教学条件的情况下，大力推进政府、行业、学校、企业多方合作办学，建立了校外实践、实习基地 500 多个。

三、本学科国内外研究进展比较

近几年，测绘学科无论是推动学科自身发展的基础与应用基础研究，还是与相关学科的交叉发展及新应用领域的拓展，均获得了显著的成就，对社会和经济发展产生了重要影响。

我国在大地测量、时空基准与导航、大地参考系与数据融合、地球重力场等相关领域的基础与应用基础研究中取得了显著进步，保持与国际同步，甚至某些领域领先国际水平。

截至 2014 年年底，美国全球定位系统（GPS）星座有 32 颗卫星在轨，其中工作星 31 颗，分别是 GPS-2A 卫星 4 颗、GPS-2R 卫星 12 颗、GPS-2RM 卫星 7 颗、GPS-2F 卫星 8 颗。2014 年，美国成功发射 4 颗 GPS-2F 卫星，加快了 GPS 星座的更新步伐。同时，美国也在研究增强 GPS 抗干扰能力的办法。此外，美国在嵌入式全球定位/惯性导航系统（EGI）、天文导航及增强型罗兰系统研究方面也有一定进展。自 2011 年俄罗斯全球导航卫星系统（GLONASS）系统恢复满星座运行以来，俄罗斯每年都持续发射新的 GLONASS 卫星，以保证系统服务和全球覆盖。到 2014 年年底，GLONASS 系统共有 29 颗卫星，其中 24 颗卫星在轨工作，2 颗 GLONASS-K1 卫星仍处于飞行测试阶段。到 2014 年年底，“伽利略”系统仍只有 4 颗试验卫星在轨运行。印度区域导航卫星系统逐渐成形，分布于 2014 年 4 月 4 日和 10 月 13 日，成功发射 2 颗 IRNSS 卫星，这是该系统的第 2 和第 3 颗卫星。日本加紧建造“准天顶卫星系统”，目前该系统已有 1 颗卫星发射升空。中国在 2012 年底完成区域组网后，着力“北斗”系统应用推广，并与多个国家开展卫星导航领域的国际合作。同时，正在建设“北斗”全球系统，2015 年 7 月 25 日，第 18 颗和第 19 颗北斗导航卫星发射成功，并首次实现星间链路，标志着我国成功验证了全球导航卫星星座自主运行核心技术，为建立全球卫星导航系统迈进一大步。

GPS 系统已成功应用于全球大地参考框架建立和维护中，北斗导航卫星系统（BDS）已具备区域导航定位能力，2020 年服务范围将覆盖全球。北斗办正在加紧 iGMAS 建设，促进 BDS 地面及用户部分发展。BDS 与其他 GNSS 系统和技术组合维护 CGCS2000 坐标系的相关研究具有一定的研究基础，但仍需进一步完善 CGCS2000 维持技术，精化相关模型。

IERS 中心局建立的国际地球参考框架（ITRF）通过方差分量估计方法综合处理 VLBI/SLR/GPS/DORIS 等数据，SLR 解和 GPS 解加权平均后获得给出 ITRF 原点，通过定义站点的历元坐标矢量和速度矢量来具体实现地球参考框架。虽然 IERS 不断积累各技术分析中心数据处理及分析策略改进，但是其国际地球参考框架 IRTF 给出的速度矢量都是线性，框架精度，尤其是高程方向，仍无法满足密集高精度地球动态变化监测需求。我国利用全国基准站网、测绘基准工程和 GNSS 大地控制网数据，通过全国联合网解算、整体平差，获取中国大地坐标参考框架（CGCS2000）下点坐标和速度场，为实现高精度国家动态地心坐标参考框架的建立和维护奠定基础。

由于目前国际上仍在使用的地球基本几何物理参数和椭球参数是用 1980 测量参考系统 GRS80 来定义的，加之 30 年来地球动力学环境的改变，因此 GRS80 有必要进行更新精化，国际上针对这一问题进行了广泛研究，包括确定精化 W0、GM、J2 值以及由 IERS 定期发布的 ω 值，还有最佳参考椭球参数的确定研究，目前已取得重要进展。随着卫星重力场模型的分辨率和精度有了突破性进展，平均海面高模型 MSS 和 GNSS 定位精度提高到厘米级或更优，构建高阶和超高阶地球重力场模型的理论、方法和技术日益成熟，全球高程基准的高精度统一也有望解决。

在全国大地水准面数值模型构建方面，我国目前精度最高的 CNGG2013 大地水准面模型精度在 10 ~ 20cm，13 个局部省市在厘米级精度上实现无缝衔接。国际上，USGG2012 是 NGS 为美国研制的最新一代大地水准面模型。美国大地水准面的构建在近 20 年内发展迅速，平均每 3 年更新一次，精度从亚米级提高到 3cm，分辨率从 5′ ×5′提高到 1′ ×1′，实现了高分辨率厘米级大地水准面的构建。2012 年美国政府为美国国家测绘局主持实施的为期 10 年的 GRAV-D 计划斥资 39 亿美元，计划重建全美统一的高程基准，预计高程精度优于 2cm。在细化计算理论与方法的基础上，美国 20 年间进行了大范围 GPS/ 水准加密测量、重力加密测量，这些数据的获得大大提高了重力水准面的精度与分辨率。加拿大采用与美国相同的高程基准系统 NAVD88，先后研发的几代重力大地水准面模型如 GSD91、GSD95、CGG2000、CGG2005、CGG2010 等，均采用第二类 Stokes-Helmert 凝聚理论计算，其精度由最初的 78cm 提高至现在的 13cm。欧洲大地水准面计算开始于 20 世纪 80 年代初期，与中国相同，欧洲也采用正常高系统。第一代似大地水准面 EGG1 精度几分米。欧洲不断补充和扩展重力数据库，建立了高分辨率地形和重力异常格网模型，先后推出 EGG94、EGG95、EGG96、EGG97 等似大地水准面模型。

重力测量的范围由局部近地空间，扩展到全球和深空。对于重力场的观测也由静态发展到了动态。重力梯度仪研制方面，Bell Aerospace Textron 公司 2010 年采用 BT67 飞机验证航空重力梯度仪精度 2 ~ 3E/200m，澳大利亚 BHP Billion 公司与 Bell Aerospace Textron 公司合作基于 GGI 技术开发了地质勘探的部分张量航空重力梯度测量系统 FALCON AGG，另外三维重力梯度测量是 Bell Aerospace 公司为美国海军 Trident 潜艇计划研究的一项秘密技术，梯度测量精度估计为每 1km 范围内 0.5E。国内还没有用于测量重力梯度空间张量的仪器设备，但是高精度加速度计样机已达到 0.2μg 的水平，在高精度多级温控条件下加速度计的精度达到了 2.3μg。超导重力仪方面，目前全球范围内唯一商业化的超导重力仪由美国 GWR 仪器公司研制，GWR 型重力仪也被国际同行公认为是精度最高、连续性和稳定性最好的仪器。目前，GWR 的台站式超导重力仪提供了前所未有的宽频段分辨率和低于几个 μGal/ 年的稳定性。目前国内在超导重力仪研究领域还是基本空白。我国于 1998 年开始研究自己的航空重力测量系统 CHAGS，并于 2003 年在山西大同进行了测量实验，测量精度优于 5mGal，与国际水平相当。近年来才制造出我国第一套航空矢量重力测量系统样机，并在 2007—2010 年在江苏和山东等地进行飞行试验。

随着 CHAMP、GRACE 和 GOCE 卫星重力技术的发展，可以获取高精度的重力场和重力场时变信息，促进了重力的研究和应用发展。由于目前在运行的仅剩 GRACE 双星，但这并不意味着卫星重力研究的热度将会降低。目前美国国家航空航天局 NASA 已经开始着手下一代重力卫星任务 GRACE Follow-On，在测量地球中、短静态地球重力场的同时能够更加精确的测量地球重力场的时变信息。同时欧空局 ESA 也展开了下一代卫星重力计划 E.MOTION（Earth System Mass Transport Mission）的需求论证，我们国家下一代 Post-GRACE 卫星重力测量任务也在论证研究中，计划 2020—2030 年发射。

在数据处理与地球动力学方面，国外研究机构（如德国地学研究中心、德国斯图加特大学、德国波恩大学、美国俄亥俄州立大学、美国斯坦福大学、美国加州大学伯克利分校、美国加州理工大学、美国阿拉斯加大学、美国科罗拉多大学、英国牛津大学、英国伦敦大学学院、英国纽卡斯尔大学、英国利兹大学等）近些年来取得的领先研究成果主要涉及大地测量数据处理理论、大地测量新技术开发、大地测量数据新应用等。在地球动力学方面，我国以大地测量与导航技术为手段，以数据处理为核心，以地球科学服务为宗旨，开展了固体潮、地球转动、地壳形变、冰川与海平面变化、地球构造和地震等相关领域的数据处理研究。在大地测量与反演方向，数据获取、模型构建、反演算法设计及地球物理解释等 4 个领域保持国际同步，尤其是在高频 GNSS 数据在自然灾害预警中的应用及 InSAR 技术在活动断层识别和监测等领域处于领先地位；大地测量在地震方面的应用领域，在垂直向和水平向地壳形变监测、构造运动学和地球动力学、地震孕育机制和破裂过程、强地面运动监测和地震预警、地震孕育和发生等 5 个方面进展明显，尤其是在 GNSS 和 InSAR 技术结合提取垂向运动和重力监测地震异常等。目前，数据处理与地球动力学领域在国内外的研究十分充分，且在全球环境变化、经济发展、人类进步等领域发挥的作用越来越大。将国内外进行比较，我们与国际一流水平仍有一定差距，但在不断缩小。近年来，随着国家对该领域的基础研究及其长远的学科应用价值越来越重视，相信在近些年内我国有望在该学科领域整体达到国际水平。

在高分辨率遥感卫星研制方面，2014 年 8 月 19 日，高分二号卫星在太原卫星发射中心成功发射升空，该星是迄今为止中国空间分辨率最高的遥感卫星，它成功实现了全色 0.8m、多光谱 3.2m 的空间分辨率以及优于 45km 的观测幅宽。该卫星的发射，一举将民用遥感卫星的分辨率提升至 1m。同时，近几年通过“天绘一号”与“资源三号”的研制，国内工业部门对测绘卫星的要求和研制也有了更深的认识，在传感器设计、制造与标定方面的技术水平大幅提高。目前，国产更高分辨率以及更高精度的遥感测绘卫星，正处在设计研制过程中。而国外高分卫星的发展呈现以下特征：一是光学遥感测绘卫星的分辨率和精度不断提高，代表者当属 2014 年 8 月 14 日发射的 WorldView-3 卫星，该卫星的分辨率代表全球商业遥感卫星的最高水平 0.31m。二是通过提高卫星机动性能以及构建卫星星座，显著缩短遥感卫星的重访周期，如法国的 SPOT 6、SPOT 7 卫星，两颗卫星均具有 1.5/6m（全色 / 多光谱）的高分辨率，60km 的幅宽。而且，SPOT 6、SPOT 7 卫星和两颗 Pleiades 卫星一起构成卫星星座，可以实现一天之内同一目标的重复观测。三是微呐卫星在遥感领域发展引人关注，美国 Skybox Imaging 公司于 2013 年 11 月从俄罗斯发射首颗微小成像卫星 SkySat-1，卫星重约 100kg，不但可以采集 1m 分辨率的影像，而且可以提供运动视频。该公司计划于 5 年内实现 24 星组网，具备全球 3 ~ 5 次 / 天的重访能力，且整个卫星星座成本不高于目前数字地球公司商业运行的最新大型成像卫星。

在高光谱遥感传感器研制方面，机载成像光谱仪商业化水平不断推进，应用领域继续拓展。近年来无人机高光谱遥感受到了业界人员的高度重视，体现了良好的技术优势和发展潜力。而 EO-1 Hyperion 仍然是目前空间和光谱分辨率最高的星载成像光谱仪。以德国 EnMAP（Environmental Mapping and Analysis Program）、加拿大 HERO（Hyperspectral Environment and Resource Observer）、美国 HyspIRI（Hyperspectral Infrared Imager）、日本 HISUI（Hyperspectral Imager Suite）等为代表的星载成像光谱仪研发工作持续推进，预计近几年内将会开始发射。我国在 HJ-1A、嫦娥一号和天宫一号等探测系统中都安装了成像光谱仪，目前正在研制中的高光谱遥感卫星高分五号将在近两年发射。

在 SAR 成像系统方面，德国宇航中心（DLR）发射的 TanDEM-X 双星编队系统，具有无时间干损及实现获取 InSAR 测高的最优基线长度的双重技术优势，其 DEM 质量达到相对高程精度优于 2m，绝对测高精度为 10m 的 DTED-3 标准，其产品成为至今为止精度最高的全球 DEM 数据。同时，欧空局（ESA）和日本宇航局（JAXA）分别于 2014 年 4 月和 5 月发射的 Sentinel-1a 和 ALOS-2 SAR 卫星，具有最高分辨率 1m，最大宽幅 400km 的观测能力，这将进一步拓展卫星 SAR 对地观测的研究和应用。此外，机载 SAR 系统因具有良好的机动性，可以在很大程度上弥补星载 SAR 系统的不足，又可以作为星载 SAR 的试验平台，其研制和应用也备受青睐。目前，国际上较为著名的机载 SAR 系统有德国宇航中心开发的 E-SAR 和美国 JPL 的 UAVSAR 系统，这些 SAR 系统在地形获取、地震应急测绘等领域得到了成功的应用。美国、加拿大和欧洲的多个国家已将多种型号的空基干涉合成孔径雷达应用于实际的地形测量，显示其具有精度高、效率高和成本低等优势。目前美国、德国、法国的实验室均已实现了 0.1m 分辨率的 InSAR 试验系统。我国首套机载多波段多极化干涉 SAR 测图系统（CASMSAR），实现了 1∶5000 ~ 1∶50000 比例尺测绘。另外，地基 SAR 成像系统也逐渐成为一种弥补星载和机载 SAR 缺陷的观测手段。当前，国际上较为先进的地基 SAR 系统有意大利 IDS 公司研发的 IBIS-L 雷达干涉仪、瑞士 GAMMA 遥感公司研发的 GPRI 便携式雷达干涉仪等，国内外众多单位和学者已经利用这些系统对滑坡、露天矿边坡、冰川运动等展开监测和研究。

激光雷达（LiDAR）技术作为一种主动的遥感探测技术，按照应用目的不同，LiDAR 系统有不同的区分，用于水深探测和浅海测绘的机载双色激光测深系统（双色激光雷达），国际上主要有加拿大的 CZMIL 系统、SHOALS 系统、瑞典的 HAWK EYE 系统等，我国暂时还没有自主研发的设备可替代。而用于地表三维信息采集的 LiDAR 系统相对丰富，如加拿大 Optech 产品，瑞士 Leica 产品、德国 TopoSys 产品以及奥地利 Riegl 产品等，目前，国内已经有 20 余套机载 LiDAR 设备。此外，用于其他目的的新型激光遥感仪器也发展迅速，如 MABEL（Multiple Altimeter Beam Experimental LiDAR）可用来探测海冰厚度；Fluorescence（LIF）LiDAR 用来探测大范围空气中粒子；SPML（Scanning Polarization Mie LiDAR）在 532nm 波长处有探测平行和垂直极化的频道，可以指出气溶胶和云颗粒的非球形；具有创新性的双视场的 Raman LiDAR 技术可用于反演云微光物理特性参数，同时通过后向散射系数还可以反演云底部高度。

在碳卫星发射方面，美国“轨道碳观测者 2 号”（OCO-2）卫星于 2014 年 7 月发射升空，该星主要任务是帮助确定 CO_2 在地球表面的哪些关键地点被排放和吸收，以帮助了解人类活动对气候的影响。我国在“十二五”期间也启动了“全球 CO_2 监测科学试验卫星与应用示范”国家“863”重大项目，该项目以全球气候变化最重要因子 CO_2 遥感监测为切入点，研制并发射以高光谱 CO_2 探测仪 / 多通道云与气溶胶探测仪为主要载荷的全球 CO_2 监测科学实验卫星，该星计划于 2016 年发射，可以实现全球覆盖和高精度热点探测的互补。此外，其他国家也逐渐加强碳卫星的研制和发射，如日本计划发射的 GOSAT2 卫星以及德国计划发射的 CarbonSat 卫星等。

随着 CCD、CMOS 相机，激光扫描仪，360°全景相机的发展，移动测量系统近来发展迅猛。现在各主流移动测量系统都已经将这些新型传感器集成到各自的平台上，包括美国 Trimble、加拿大 Optech 都推出类似的系统。新型的 Google 街景也加入到移动测量技术行列，将传感器装载到人力车上，形成了一种新型的移动测量系统。国内陆基移动道路测量系统与国外几乎同时起步，多家单位均推出了集成相机、激光雷达以及 POS 系统的车载移动测量装备。目前国内在移动测量技术领域的研发实力和技术水平与发达国家相比还存在一定差距，主要硬件需要进口，软件的商用化亟待突破。

近年来，国内外学者都加强了对地图学与地理信息理论的研究，国内开展了地图哲学和地图文化的研究，注重地图学科的理论总结和对实践的指导，国外学者对个性化地图特点和地图学发展新的驱动力则予以了更多的研究和关注。有关中西方古地图的研究，2015 年 6 月在北京召开了“一带一路中西方古地图文化交流研讨会”，会议就利玛窦古地图及对中国明代制图技术的影响、一带一路国家地图文化交流等进行了深入探讨。在数字地图制图方面，各国地图制图界都在采用先进的数据库驱动制图技术和方法，进行地理信息的更新和地图符号化出版工作，多比例尺地图数据库动态更新、增量更新、级联更新、要素更新以及实体化数据模型建立正在实现，地理信息更新和地图符号化出版一体化已经实现。我国研究构建了一整套基于空间数据库驱动的快速制图技术，研制了一套基于 1∶5 万、1∶25 万、1∶100 万数据库的地形图制图数据生产系统。近年来实施的 1∶5 万基础地理信息数据库更新工程大幅度提高了地理信息的现势性，在此基础上联动更新 1∶25 万和 1∶100 万数据库，初步形成了国家基础地理信息数据库动态更新技术框架，创建了基于数据库的增量更新生产技术方法与流程，使我国基础地理信息的质量和现势性居世界先进水平。其他国家也在制订计划，定期更新各自国家的基础地理信息，不断开展地理信息的深化应用，更加关注地理信息与相关领域专题信息的联合应用。近年来随着传感网、互联网、移动通信技术的发展，“互联网 +”产品已成为现代信息技术服务社会的主流形式。由于新媒体地图越来越多地依赖于移动网络和智能手机、平板电脑、穿戴式设备提供服务并为大众所喜爱，全球都在大力推进互联网和移动互联网环境下的地理信息应用，国外谷歌等大型公司不断进行地理信息更新、不断提高地理信息服务水平。国内阿里巴巴、百度、腾讯等公司纷纷采用收购、入股地图生产与服务企业的方式发展自己的在线地图服务，移动地图、网络地图因此成为现代地图学领域表现最为活跃、发展最为迅速、应用最为广泛的地图产品形式。

工程测量理论、技术与方法的发展与创新，同大型工程的新需求和硬件设备的进步有着密不可分的关系。随着信息技术的发展和国际交流的频繁，加上近 30 年我国社会经济的高速发展，为我国工程测量的发展提供了极好的发展机遇，促进了工程测量的快速发展。因此，我国的工程测量理论、方法的研究与应用与国外相比，整体上并不落后，在有些方面甚至处于国际领先水平。但在智能测量装备与商业化系统软件研制方面，与国外仍存在明显差距。

在我国高铁、大型桥梁、超长隧道、超高建筑、异形结构等（超）大型工程的陆续建设与建成，在控制网建立理论、放样技术、设备安装方面，积累了丰富的经验，整体上处于国际先进水平。例如在高铁测量中，通过对德国控制网技术的引进，结合我国实际，研究了一些新的方法，如 CPIII 中间法三角高程测量、CPIII 三维网平差。

在国外，变形监测与数据处理主要采用智能全站仪、GPS 进行各种工程的表面几何变形的自动化监测，对地面三维激光扫描技术进行变形研究也逐步升温，如德国每年一次的地面三维激光扫描专题研讨会，就有较多的变形监测方面的研究。在 SAR，特别是地基 SAR 方面，在国际性的学术会议中都会有大量论文涉猎。但由于硬件和底层数据由国外控制，总体而言，我们与国外研究还有较大差距。国内目前利用智能全站仪和数据通信技术，在北京、上海、广州等多个大城市的地铁施工和运营过程中出现的结构形变实现了全天候的自动监测与预警，并在利用 GPS 和智能全站仪进行很多大坝和滑坡的自动化监测预警上取得了很多成果。基于 SAR 技术的变形监测等方面，由于该技术引进时间不长，没有核心硬件支撑，目前国内的研究主要集中在大坝、滑坡、建筑物、桥梁等工程的变形监测试验，通过试验中出现的问题并加以解决。

由于硬件制造的落后，地面三维激光扫描仪几乎来自于国外厂家，如 Leica、Optech、Riegl 等，相应的，对激光点云数据和处理关键技术的研究、随机软件研制以及第三方的商业化处理软件，我们都存在较大差距，在本领域主要是跟踪国际研究前沿。国内主要利用已有国外商业化软件进行实际产品制作，包括建模和成图。利用激光雷达的实际工程中，在点云配准、去噪、分割、特征提取、建模和与影像融合等一些关键问题上，我国学者提出了有价值的理论、方法与策略，如基于剖面特征和表面特征的建模策略、基于图像法的边界特征的提取方法等。另外，一些具有自主知识产权的专用点云处理软件建设也初具规模，有待于完善。

我国在高端数据采集传感器的研发与制造方面，与国外还有很大的差距，如高精度、高性能的测量机器人、工业全站仪、数字水准仪、GNSS 接收机、IMU、数码相机、激光雷达、陀螺仪、激光跟踪仪等都出自国外公司。我国所研发的新产品，大部分都是以集成为主，而其核心传感器，绝大部分都还是依赖于进口。针对我国实际工程中的特殊问题，如变形自动化监测、设备几何检测等方面，国内研发了不少产品，如 GJ-5 型准高速动态轨检车和新型轨道几何状态测量仪——轨检小车，基本达到国外同类产品的技术要求，而且价格低廉；利用 CCD 相机和数字影像处理技术实现大坝引张线和垂线变化自动监测的引张线坐标测量仪和垂线坐标测量仪，精度在 0.1mm，应用于丹江口大坝变形监测中。

目前的一些高精度的工业测量硬件和软件系统，如 V-STAR 工业摄影测量系统、激光跟踪系统、iGPS 测量系统以及亚毫米级的高精度工业全站仪，主要来自于国外，其性能和精度较国内产品有明显的优势。近年来，国内相关单位研制了一些工业测量系统、软件和一些理论与方法，解决了我国工业测量中（如大型天线的质量控制、大型机组的安装调试、粒子加速器、武器装备的定位、工业零件的质量检测与安装等）的技术难题，最新的研究主要是利用已有的工业测量技术针对具体工程，对理论和算法加以改进和创新。

四、本学科发展趋势及展望

当前测绘与地理信息的科技手段与应用已从传统的测量制图转变为包含 3S 技术、信息与网络、通信等多种手段的空间地理信息科学。近年来，与移动互联网、云计算、大数据物联网、人工智能等高新技术加速融合的趋势继续加强，新应用、新业务继续加速出现，“大众化”趋势更为明显。

从国际上看，以美国为首的发达国家继续在测绘地理信息技术创新及应用中处于领先地位，并以其技术、资本等方面的优势继续加紧抢占我国市场，并对我国国家安全构成威胁。从国内来看，以企业为主体的创新体系加速构建。北斗卫星系统，卫星对地观测体系，现代化测绘基准体系，测绘地理信息处理、管理及服务等基础设施加速完善，不同领域地理信息数据共享、集成应用以及产业化开发日趋活跃。传统的测绘技术条件下的数据生产型测绘，转型升级到适应社会主义市场经济的测绘地理信息体制机制。在测绘地信保障服务方面，以地理国情监测为突破口，在生态建设、环境保护、新型城镇化、城乡规划、国土资源、抢险救灾应急保障等方面提供充分的测绘地信服务；在市场化测绘地信方面，依托地信产业，以企业为中心，在互联网地图，智慧城市、旅游、道路导航方面提供准确、及时、有效的测绘地信服务。与此同时，考虑到国际社会高度重视测绘信息的战略地位，世界各国纷纷加强地理信息资源建设，加快卫星导航定位、高分遥感卫星等技术的进步升级，推动云计算、物联网、移动互联、大数据等高新技术与测绘地信技术深度融合，抢占未来发展制高点。

因此，测绘地理信息未来发展的主要趋势体现在以下几个方面：测绘地信结构调整。从计划生产型转型到按需测绘。从静态测绘转型升级到动态测绘。从单一数据生产转型升级多功能信息分析。全面升级测绘地理信息科技，包括升级获取技术，以发射测绘卫星组网为核心，建立空天地海多层次智能地信传输网；升级快速处理分析技术，快速处理、迅速挖掘、深入分析地理信息；升级关键技术攻关水平，对遥感综合监测技术、内外业一体化调查技术、多源数据融合与处理技术、遥感信息提取与解译技术、地理要素变化监测技术、地理分析与统计技术开展攻关；提升装备水平，重点加强以数据获取实时化、处理自动化、服务网络化、产品知识化、应用社会化，其中包括建设由高分光谱立体测图卫星、干涉雷达卫星、激光测量卫星、重力卫星等组成的，具有长期稳定运行能力的对地观测系统，增强高分遥感卫星影像获取的自主性和时效性，加强云计算、物联网、移动互联网等高新技术在测绘地信中的应用，提升地理国情信息处理、分析，提供速度、动力和能力。

随着“互联网 +”战略的加速实施，地理信息作为基础数据，在各种“互联网 +”领域发挥关键作用，为智慧城市、位置服务、商业智能、大数据、移动互联网等众多行业提供技术支撑。目前，依托国家地理信息公共服务平台“天地图”，通过建设全国测绘基准服务，打造“中国地理信息云”，推进“地理信息 +”，产生出新的地理信息能源，催生新的地理信息产品和新的服务。我国测绘与地理信息学科发展未来将大力促进基础测绘转型，将工作重点由以测绘基准的现代化建设、基础地理信息采集生产为主，向以测绘基准管理服务、基础地理信息管理更新和提供使用为主转变。进一步强化基础测绘服务的政府公共属性、权威性，使其成为我国位置服务业和地理信息应用的国家强制标准和基本法定依据。深化各级测绘地理信息部门之间共建共享和标准化工作，形成全国统一的测绘基准框架和数字地理空间框架，逐步实现全国基础测绘服务标准统一、运行机制科学、资源互联互通、管理应用政策协调一致。在全国统一的测绘基准框架维护服务方面，继续完善现代化测绘基准框架基础设施。进一步优化国家卫星导航连续运行基准站、国家卫星大地控制网、国家重力基准网、国家测绘基准管理服务管理系统等的布局。创新测绘基准框架建设和维护服务模式。统筹规划国家和地方卫星定位连续运行基准站网的建设和运营，强化资源共享、合作和整合，加强测绘基准服务机构和管理应用制度建设，形成定位精准、功能完备、服务高效、分级管理的现代化测绘基准框架综合服务体系。数字地理空间框架建设将打破现有分级管理体制，从国家和地方基础地理信息数据库中提取应用频次高、应用领域广的地理要素数据，推动其融合整合，模糊比例尺和分级分类，形成综合性强、应用面广、标准化程度高的数字地理空间框架。数字地理空间框架体现政府权威公共服务特征，满足用户最基本的服务需求，涵盖地形、地名、境界、水系、交通等矢量地理要素数据库，以及综合地名地址数据库、多尺度正射影像数据库、数字高程模型数据库等。合理调整国家、地方基础地理信息采集处理分工及组织模式。地理信息资源开发建设将完成海岛（礁）测绘工程建设任务，同时开展我国边境地区地理信息资源开发建设和我国近海海域海底地形及滩涂测绘调查工作，推动我国陆地水下地形测绘和监测工作，实施全球地理空间信息基础设施建设工程，并开展海洋地理信息资源开发建设战略研究。地理国情监测将完成第一次全国地理国情普查任务。全面总结地理国情普查技术成果，着力形成地理国情普查监测规范技术流程、技术标准、成果体系和相关管理制度，形成规范化地理国情监测业务能力。研究地理国情监测规划计划管理和投入政策，合理划分国家和地方职责分工，形成地理国情监测业务体系。继续推进地理国情监测与区域发展总体战略、主体功能区战略的融合，形成稳定机制。在应急测绘方面，建立应急测绘保障服务体制机制，完善反应迅速、运转高效、协调有序的应急测绘保障体系。健全部门间应急协作共享机制，强化信息互联互通，实现应急业务联网协同，最终形成国家应急测绘业务体系。加快实现数字城市由以建设为主向以全面应用为主转变，建立健全数字城市长效运行机制，加快开展智慧城市地理空间框架和时空信息云平台建设，加快推动测绘成果社会化应用。

未来 5 年注重对现有技术体系进行网络化、信息化、智能化改造，满足地理国情监测、应急测绘等业务生产服务的需要，强化生产与服务的协同能力。加强地理信息获取体系建设，深入开展“北斗”系统的应用，加紧研究测绘地理信息领域北斗卫星导航系统应用业务类型、规范化产品和服务，建设北斗卫星导航系统测绘应用专门机构，制定急需的卫星导航定位基准站系列标准，加速“北斗”系统与测绘地理信息生产服务的融合。整合国内国外、军队地方资源，强化卫星遥感资源的综合利用。建立卫星遥感应用产品对全国测绘生产服务一线的分发服务机制，理顺卫星测绘应用与卫星运营单位、各类卫星主用户以及各地测绘地理信息部门之间的业务关系，提高航空遥感能力，完善地理国情监测地面网络基础设施。进一步加强部门间信息共享，强化与百度、搜狐等各类企业的合作，充分利用大数据等新技术提高地理信息获取水平。不断提高信息处理能力，大幅度提高卫星遥感、卫星定位、航空遥感以及地面测绘等多源数据的综合处理分析能力。研究探索基于大数据技术，利用志愿者信息、互联网数据等进行地理信息数据更新的方法和机制，并形成相应的业务平台。完成国家应急测绘保障能力建设项目，形成主要由现场快速航空应急测绘、应急快速处理、应急测绘成果快速共享、应急前线快速保障服务等组成的规范化应急测绘业务流程及多类型服务产品体系。加快推进测绘地理信息部门信息化。进一步加强“天地图”服务能力建设，以“天地图”为基础打造地理信息网络化服务体系，实现测绘与地理信息部门服务方式的根本转变。坚持“天地图”公益性服务导向，全面整合各类地理信息资源，以线上、线下、定制等多种方式提供综合地理信息服务。加大“天地图”应用推广力度，推动有关部门和社会各界以“天地图”为基础地理信息平台，开发专题应用，共享和交换专题信息。结合国家陆路、海上丝绸之路的建设，率先在相关国家推广“天地图”服务。与此同时，切实转变观念，将测绘地理信息工作的关注点从以生产为主转变为以服务为主，扭转目前重视地理信息采集处理，不重视地理信息资源开发利用的局面。搭建服务新格局，认真梳理、统筹规划测绘地理信息公共服务，着力形成由基本比例尺地图服务、基础地理信息标准数据服务、地理国情监测服务、应急测绘服务、测绘基准服务和高精度定位导航服务等为主要内容的公益性服务。充分发挥市场在资源配置中的决定性作用，大力发展地理信息产业，引导市场主体为大众生活提供更加丰富的服务，形成以按需、多样、丰富为特征的地理信息综合服务格局。深入开展需求分析，适时调整服务内容，持续改善服务质量。提供多元化地图服务，完成国家大地图集研究编制。丰富公益性标准地图种类，编制小语种和少数民族语言地图。开展新型地图产品和服务的研究与应用。建设古地图资源目录库和图库。编制新中国成立 70 周年等展示国家历史性变化和辉煌成就的地图产品。

未来 5 年，对基础测绘的技术、业务、管理等方面的变革基本完成，形成新型基础测绘；地理国情监测、应急测绘实现业务化运行服务，并实现与经济社会其他领域的高度融合；地理信息产业高度发达，自主创新能力、应用服务能力大幅提高，成为我国经济结构的重要组成和人民群众日常生活必需的服务。测绘地理信息生产服务实现高度网络化、信息化、智能化和社会化。科学合理的测绘地理信息事业总体布局基本形成，按需、灵活、泛在的测绘地理信息服务全面实现。

— 参考文献 —

[1] Alipour S，Tiampo K F，Samsonov S，et al. Multibaseline PolInSAR Using RADARSAT-2 Quad-Pol Data: Improvements in Interferometric Phase Analysis[J]. IEEE Geoscience and Remote Sensing Letters，2013，10(6)：1280-1284.

[2] Kim B O，Yun K H，Lee C K. The use of elevation adjusted ground control points for aerial triangulation in coastal areas[J]. KSCE Journal of Civil Engineering，2014，18(6)：1825-1830.

[3] Cheng H Q，Chen Q，Liu G X，et al. Two-sided Long Baseline Radargrammetry from Ascending-Descending Orbits with Application to Mapping Post-seismic Topography in the West Sichuan Foreland Basin[J]. Journal of Mountain Science，2014，11(5)：1298-1307.

[4] Lunga D，Prasad S，Crawford M M，et al. Manifold-Learning-Based Feature Extraction for Classification of Hyperspectral Data[J]. IEEE Signal Processing Magazine，2014，31(1)：55-66.

[5] Gorman D，Bajjouk T，Populus J，et al. Modeling kelp forest distribution and biomass along temperate rocky coastlines[J]. Marine Biology，2013，160(6)：309-325.

[6] Marks E D，Teizer J. Method for testing proximity detection and alert technology for safe construction equipment operation，Construction Management and Economics[J]. Special Issue: Occupational Health and Safety in the Construction Industry，2013，31(6)：636-646.

[7] Eling C，Klingbeil L，Wieland M，et al. A Precise Position and Attitude Determination System for Lightweight Unmanned Aerial Vehicles[J]. ISPRS，2013，XL-1/W2：113-118.

[8] Fornaro G，Pauciullo A，Reale D，et al. Multilook SAR Tomography for 3-D Reconstruction and Monitoring of Single Structures Applied to COSMO-SKYMED Data[J]. IEEE Journal of Selected Topics in Applied Earth Observations and Remote Sensing，2014，7(7)：2776-2785.

[9] Casal G，Sánchez-Carnero N，Domínguez-Gómez J A，et al. Assessment of AHS (Airborne Hyperspectral Scanner) sensor to map macroalgal communities on the Ría de vigo and Ría de Aldán coast (NW Spain)[J]. Marine Biology，2012，159(9)：1997-2013.

[10] Goetz M，Zipf A. The evolution of geo-crowdsourcing: bringing volunteered geographic information to the third dimension[M]. Berlin: Springer Netherlands，2013：139-159.

[11] Bioucas-Dias J M，Plaza A，Camps-Valls G，et al. Hyperspectral Remote Sensing Data Analysis and Future Challenges[J]. IEEE Geoscience and Remote Sensing Magazine，2013，1(2)：6-36.

[12] Jiao H，Zhong Y，Zhang L. An Unsupervised Spectral Matching Classifier Based on Artificial DNA Computing for

Hyperspectral Remote Sensing Imagery [J]. IEEE Transactions on Geoscience & Remote Sensing, 2014, 52 (8): 4524-4538.

[13] Xia J, Du P, He X, et al. Hyperspectral Remote Sensing Image Classification Based on Rotation Forest [J]. IEEE Geoscience and Remote Sensing Letters, 2014, 11 (1): 239-243.

[14] Li X, Ge M, Zhang X, et al. Real-time high-rate co-seismic displacement from ambiguity-fixed precise point positioning: Application to earthquake early warning [J]. Geophysical Research Letters, 2013, 40 (2): 295-300.

[15] Mankoff K, Russo T. The Kinect: A low-cost, high-resolution, short-range, 3D camera [J]. Earth Surface Processes and Landforms, 2013, 38 (9): 926-936.

[16] Wadey M P, Nicholls R J, Haigh I. Understanding a coastal flood event: the 10th March 2008 storm surge event in the Solent, UK [J]. Natural Hazards, 2013, 67 (2): 829-854.

[17] Mullen W F, Jackson S P, Croitoru A, et al. Assessing the impact of demographic characteristics on spatial error in volunteered geographic information features [J]. Geojournal, 2014, 80 (4): 1-19.

[18] Biribo N, Woodroffe C D. Historical area and shoreline change of reef islands around Tarawa Atoll, Kiribati [J]. Sustainability Science, 2013, 8 (3): 345-362.

[19] Navarro-Sanchez V D, Lopez-Sanchez J M, Ferro-Famil L. Polarimetric Approaches for Persistent Scatterers Interferometry [J]. IEEE Transactions on Geoscience and Remote Sensing, 2014, 52 (3): 1667-1676.

[20] NY/T 2537-2014，农村土地承包经营权调查规程 [S]. 北京：中国农业出版社，2014.

[21] Paulus S, Dupuis J, Mahlein A, et al. Surface feature based classification of plant organs from 3D laserscanned point clouds for plant phenotyping [J]. Bmc Bioinformatics, 2013, 14 (1): 1-12.

[22] Huang S J, Jin R, Zhou Z H. Active Learning by Querying Informative and Representative Examples [J]. IEEE Transactions on Pattern Analysis and Machine Intelligence, 2014, 36 (10): 1936-1949.

[23] Samat A, Du P, Liu S, et al. (ELMs) -L-2: Ensemble Extreme Learning Machines for Hyperspectral Image Classification [J]. IEEE Journal of Selected Topics in Applied Earth Observations and Remote Sensing, 2014, 7 (4): 1060-1069.

[24] Kim S, Choi S, Lee B G. A Joint Algorithm for Base Station Operation and User Association in Heterogeneous Networks [J]. IEEE Communications Letters, 2013, 17 (8): 1552-1555.

[25] Kloiber S M, Macleod R D, Smith A J, et al. A Semi-Automated, Multi-Source Data Fusion Update of a Wetland Inventory for East-Central Minnesota, USA [J]. Wetlands, 2015, 35 (2): 335-348.

[26] Tapete D, Casagli N, Luzi G, et al. Integrating radar and laser-based remote sensing techniques for monitoring structural deformation of archaeological monuments [J]. Journal of Archaeological Science, 2013, 40 (1): 176-189.

[27] Toch E. Crowdsourcing privacy preferences in context-aware applications [J]. Personal and ubiquitous computing, 2014, 18 (1): 129-141.

[28] Tran-Thanh L, Venanzi M, Rogers A, et al. Efficient budget allocation with accuracy guarantees for crowdsourcing classification tasks [A]. Proceedings of the Proceedings of the 2013 international conference on Autonomous agents and multi-agent systems [C]. International Foundation for Autonomous Agents and Multiagent Systems, 2013, 901-908.

[29] Wang H, Elliott J R, Craig T J, et al. Normal faulting sequence in the Pumqu-Xainza Rift constrained by InSAR and teleseismic body-wave seismology [J]. Geochemistry Geophysics Geosystems, 2014, 15 (7): 2947-2963.

[30] Sun X, Qu Q, Nasrabadi N M, et al. Structured Priors for Sparse-Representation-Based Hyperspectral Image Classification [J]. IEEE Geoscience and Remote Sensing Letters, 2014, 11 (7): 1235-1239.

[31] Yao Y B, Yu C, Hu Y. A new method to accelerate PPP convergence time by using a global zenith troposphere delay estimate model [J]. Journal of Navigation, 2014, l67 (5): 899-910.

[32] 库热西·买合苏提. 测绘地理信息转型升级研究报告（2014）[M]. 北京：社会科学文献出版社，2014.

[33] 暴景阳，许军，于彩霞. 航空摄影测量模式下的海岸线综合推算技术［J］. 海洋测绘，2013，33（6）：1-4.

[34] 曾文宪，方兴，刘经南，等. 附有不等式约束的加权整体最小二乘算法［J］. 测绘学报，2014，43（10）：1013-1018.

[35] 陈超，刘灿由，张威，等. 基于 Silverlight 和 WCF 服务的标准电子海图发布研究［J］. 海洋测绘，2012，32（5）：35-38.

[36] 陈义兰，刘乐军，李西双. 深海油气勘探中的海底地形勘测技术［A］. 第 26 届海洋测绘综合性学术研讨会论文集［C］. 宁夏银川：中国测绘地理信息学会海洋测绘专业委员会，2014.

[37] 单杰，秦昆，黄长青，等. 众源地理数据处理与分析方法探讨［J］. 武汉大学学报：信息科学版，2014，39（4）：390-396.

[38] 邸向红，侯西勇，吴莉. 中国海岸带土地利用遥感分类系统研究［J］. 资源科学，2014，36（3）：463-472.

[39] 丁继胜，杨龙，李杰，等. 综合多波束测深系统和三维激光扫描的一体化测绘技术［A］. 第 26 届海洋测绘综合性学术研讨会论文集［C］. 宁夏银川：中国测绘地理信息学会海洋测绘专业委员会，2014.

[40] 丁远，孙在宏，吴长彬，等. 基于 LADM 的三维地籍管理模型构建及应用［J］. 地球信息科学学报，2013，15（1）：106-114.

[41] 方明，杨天克，王鑫，等. 基于 ADS40 的海岛航空摄影空中三角测量精度分析［J］. 海洋测绘，2013，33（1）：66-68.

[42] 付馨，赵艳玲，李建华，等. 高光谱遥感土壤重金属污染研究综述［J］. 中国矿业，2013，22（1）：65-68.

[43] 葛婷婷. 机载 LiDAR 技术在滩涂地形图生产中的应用［J］. 数字技术与应用，2014（2）：48-49.

[44] 顾勇为，归庆明，韩松辉，等. 航空重力向下延拓分组修正的正则化方法［J］. 武汉大学学报：信息科学版，2013，38（6）：720-724.

[45] 郭谁琼，黄贤金，白晓飞，等. 土地利用变更调查数据的应用研究现状与前景［J］. 中国土地科学，2013，27（12）：18-24.

[46] 郭忠磊，滕惠忠，张靓，等. 海岛区域低空无人机航测外业的质量控制［J］. 测绘与空间地理信息，2013，36（11）：27-30.

[47] 郭忠磊，滕惠忠，赵俊生，等. 一种远海岛礁区域高程基准转换的新方法［J］. 测绘通报，2014（4）：18-21.

[48] 郭忠磊，翟京生，滕惠忠，等. 基于 ADS40 无控条件的海岛礁地形测量方法研究［J］. 海洋测绘，2014，34（2）：31-34.

[49] 郭忠磊，翟京生，张靓，等. 无人机航测系统的海岛礁测绘应用研究［J］. 海洋测绘，2014，34（4）：55-57.

[50] 侯树兵，李伟. 农村集体土地使用权地籍调查探讨［J］. 测绘工程，2014，23（5）：46-50.

[51] 胡敏章，李建成，邢乐林. 由垂直重力梯度异常反演全球海底地形模型［J］. 测绘学报，2014，43（6）：558-565.

[52] 黄谟涛，刘敏，孙岚，等. 海洋重力测量动态环境效应分析与补偿［J］. 海洋测绘，2015，35（1）：1-6.

[53] 黄谟涛，刘敏，孙岚，等. 海洋重力仪稳定性测试与零点漂移问题［J］. 海洋测绘，2014，34（1）：1-7.

[54] 黄谟涛，欧阳永忠，刘敏，等. 海域航空重力测量数据向下延拓的实用方法［J］. 武汉大学学报：信息科学版，2014，39（10）：1147-1152.

[55] 黄谟涛，欧阳永忠，翟国君，等. 海面与航空重力测量重复测线精度评估公式注记［J］. 武汉大学学报：信息科学版，2013，38（10）：1175-1177.

[56] 黄谟涛，欧阳永忠，翟国君，等. 海域多源重力数据融合处理的解析方法［J］. 武汉大学学报：信息科学版，2013，38（11）：1261-1265.

[57] 黄谟涛，欧阳永忠，翟国君，等. 融合海域多源重力数据的 Tikhonov 正则化配置法［J］. 海洋测绘，

2013，33（3）：7-12.
［58］姜友谊. 基于遥感影像的农村宅基地地籍测量方法研究［J］. 测绘通报，2013（2）：31-33.
［59］蒋涛，党亚民，章传银. 利用航空重力测量数据确定区域大地水准面［J］. 测绘学报，2013，42（1）：152-152.
［60］蒋新华，廖律超，邹复民. 基于浮动车移动轨迹的新增道路自动发现算法［J］. 计算机应用，2013，33（2）：579-582.
［61］来丽芳，王炼刚. 土地监察移动数据库技术及其应用［J］. 浙江大学学报（理学版），2013，40（3）：362-366.
［62］李超，潘明阳，李邵喜，等. 基于 Android 的电子海图显示系统研究与实现［J］. 大连海事大学学报，2013，39（4）：55-58.
［63］李大炜. 多源卫星测高数据确定海洋潮汐模型的研究［D］. 武汉：武汉大学，2013.
［64］李东明. 捷联式移动平台重力仪地面测试结果［A］. 惯性技术发展动态发展方向研讨会论文集［C］. 重庆：中国惯性技术学会，2014：9-13.
［65］李汉荣，牛红光，贾俊涛，等. 数字海洋三维地球框架下的通视分析技术［J］. 海洋测绘，2013，33（4）：42-44.
［66］李建成. 最新中国陆地数字高程基准模型：重力似大地水准面 CNGG2011［J］. 测绘学报，2012，41（5）：651-660，669.
［67］李婧怡，林坚，刘松雪，等. 2014 年土地科学研究重点进展评述及 2015 年展望——土地利用与规划分报告［J］. 中国土地科学，2015，29（3）：3-12.
［68］李铭，沈陈华，朱欣焰，等. 城乡一体化地籍联动变更规则及模型研究［J］. 武汉大学学报：信息科学版，2013，38（10）：1253-1256.
［69］李娜，李咏洁，赵慧洁，等. 基于光谱与空间特征结合的改进高光谱数据分类算法［J］. 光谱学与光谱分析，2014，34（2）：526-531.
［70］李培成. 时态地籍信息系统的建立［J］. 测绘与空间地理信息，2013，36（11）：135-137.
［71］刘爱丽，宋伟东，孙贵博. 一种自发地理信息采集方法研究［J］. 测绘科学，2013，38（2）：163-165.
［72］刘灿由，翟京生，陆毅，等. 一种构建标准电子海图网络服务的新方法［J］. 测绘通报，2013（4）：101-104.
［73］刘刚，聂兆生，方荣新，等. 高频 GNSS 形变波的震相识别：模拟实验与实例分析［J］. 地球物理学报，2014，57（9）：2813-2825.
［74］刘汉湖，杨武年，杨容浩. 高光谱遥感岩矿识别方法对比研究［J］. 地质与勘探，2013，49（2）：359-366.
［75］刘经南，邓辰龙，唐卫明. GNSS 整周模糊度确认理论方法研究进展［J］. 武汉大学学报：信息科学版，2014，39（9）：1009-1016.
［76］刘丽娟，庞勇，范文义，等. 机载 LiDAR 和高光谱融合实现温带天然林树种识别［J］. 遥感学报，2013，17（3）：679-695.
［77］刘顺喜，王忠武，尤淑撑. 中国民用陆地资源卫星在土地资源调查监测中的应用现状与发展建议［J］. 中国土地科学，2013，27（4）：91-96.
［78］楼燕敏，吴迪. 机载 LiDAR 技术在浙江省滩涂海岸测量中的应用研究［J］. 测绘通报，2012（12）：47-50，58.
［79］陆毅，庞云，陈长林. ECDIS 中海图数据更新机制与技术研究［J］. 海洋测绘，2013，33（2）：57-60.
［80］陆育卉，赵海，张翼翔，等. 绥中县数字海洋综合地理信息系统设计与实现［J］. 测绘科学，2014，39（5）：54-56.
［81］毛卫华，徐胜攀，左志权，等. LidarStation 在浙江省海岸带区域的 DEM 生产应用试验［J］. 测绘通报，2014（4）：132-133.

[82] 缪峰，许春艳，任来平. 海洋磁力仪拖体入水深度试验与分析［J］. 海洋测绘，2012，32（4）：41–43.
[83] 穆敬，赵俊生，刘强. 依托太阳的磁偏角测量方法［J］. 海洋测绘，2014，34（3）：25–27.
[84] 倪绍起，张杰，马毅，等. 基于机载 LiDAR 与潮汐推算的海岸带自然岸线遥感提取方法研究［J］. 海洋学研究，2013，31（3）：55–61.
[85] 宁津生，黄谟涛，欧阳永忠，等. 海空重力测量技术进展［J］. 海洋测绘，2014，34（3）：67–72.
[86] 宁津生，王华，程鹏飞，等. 2000 国家大地坐标系框架体系建设及其进展［J］. 武汉大学学报：信息科学版，2015，40（5）：569–573.
[87] 宁津生，姚宜斌，张小红. 全球导航卫星系统发展综述［J］. 导航定位学报，2013，1（1）：3–8.
[88] 欧阳永忠，邓凯亮，陆秀平，等. 多型航空重力仪同机测试及数据分析［J］. 海洋测绘，2013，33（4）：6–11.
[89] 欧阳永忠. 海空重力测量数据处理关键技术研究［D］. 武汉：武汉大学，2013.
[90] 欧阳永忠. 海空重力测量数据处理关键技术研究［J］. 测绘学报，2014，43（4）：435.
[91] 潘明阳，高进，李超，等. 基于 MapFile 的电子海图数据访问和制图表达［J］. 大连海事大学学报，2014，40（2）：63–68.
[92] 庞礴，代大海，邢世其，等. SAR 层析成像技术的发展和展望［J］. 系统工程与电子技术，2013，35（7）：1421–1429.
[93] 屈春燕，单新建，张国宏，等. 时序 InSAR 断层活动性观测研究进展及若干问题探讨［J］. 地震地质，2014，36（3）：731–748.
[94] 任来平，范龙，李凯锋. 海岛礁磁偏角测量原理与方法［J］. 海洋测绘，2013，33（5）：15–17.
[95] 任来平，范龙，林勇，等. 海洋磁力仪拖鱼入水深度控制方法［J］. 海洋测绘，2013，33（2）：6–8.
[96] 邵关，穆敬. 南海海底地磁日变站布放选址方法［J］. 海洋测绘，2014，34（1）：47–49.
[97] 史云飞，郭仁忠，李霖，等. 四维地籍的建立与分析［J］. 武汉大学学报：信息科学版，2014，29（3）：322–326.
[98] 史云飞，贺彪. 三维地籍空间拓扑数据模型研究与实现［J］. 测绘科学，2013，38（2）：12–14.
[99] 史云飞，张玲玲，李霖. 混合 3 维地籍空间数据模型［J］. 遥感学报，2013，17（2）：327–334.
[100] 舒怀. 从“百度迁徙”看位置服务与大数据融合［J］. 卫星应用，2014，（05）：39–40.
[101] 宋义刚，吴泽彬，韦志辉，等. 稀疏性高光谱解混方法研究［J］. 南京理工大学学报，2013，04：486–492.
[102] 孙同贺，闫国庆. 基于遥感技术的土地利用分类方法［J］. 测绘与空间地理信息，2013，36（1）：5–8.
[103] 孙文，吴晓平，王庆宾，等. 航空重力数据向下延拓的波数域迭代 Tikhonov 正则化方法［J］. 测绘学报，2014，43（6）：566–574.
[104] 孙中苗，翟振和，肖云，等. 航空重力测量的系统误差补偿［J］. 地球物理学报，2013，56（1）：47–52.
[105] 田文文，朱欣焰，呙维. 一种 VGI 矢量数据增量变化发现的多层次蔓延匹配算法［J］. 武汉大学学报：信息科学版，2014，（8）：963–967，973.
[106] 汪海. 多元数字海图通用调显平台设计［J］. 海洋测绘，2013，33（2）：34–37.
[107] 汪洋，唐华. 基于 GIS 的南京地籍楼幢数据库设计与实现［J］. 测绘与空间地理信息，2014，37（5）：88–90.
[108] 王建强，钟春惺，江丽钧，等. 基于多视航空影像的城市三维建模方法［J］. 测绘科学，2014，39（3）：70–74.
[109] 王可. 基于出租车行车记录的公路交通出行信息系统的设计与实现［D］. 南京：南京大学，2013.
[110] 王乐洋，许才军，温扬茂. 利用 STLN 和 InSAR 数据反演 2008 年青海大柴旦 Mw 6.3 级地震断层参数［J］. 测绘学报，2013，42（2）：168–176.
[111] 王丽云，李艳，汪禹芹. 基于对象变化矢量分析的土地利用变化检测方法研究［J］. 地球信息科学学报，

2014，16（2）：307-313.
［112］王守成，郭风华，傅学庆，等. 基于自发地理信息的旅游地景观关注度研究——以九寨沟为例［J］. 旅游学刊，2014（2）：84-92.
［113］王亚琴，王正兴，刁慧娟. 多源遥感数据在土地覆盖变化监测中的应用［J］. 地理研究，2014，33（6）：1085-1096.
［114］王昭. 新一代电子航海图标准 S-101 的研究进展［J］. 海洋测绘，2013，33（1）：72-75.
［115］王志雄，赵朝方，刘元廷，等. 遥感溢油识别的电子海图设计与功能实现［J］. 海洋测绘，2013，33（5）：38-41.
［116］吴莉，侯西勇，徐新良，等. 山东沿海地区土地利用和景观格局变化［J］. 农业工程学报，2013，29（5）：207-216.
［117］吴缌，王振兴，周文斌，等. 地籍变更空间要素自动重构研究［J］. 测绘科学，2013，38（2）：152-155.
［118］奚歌，邢喆，曲辉，等. 基于机载 LiDAR 的 DEM 数据处理及高程基准换算——以上海海岸带区域为例［J］. 测绘通报，2013（9）：59-61.
［119］许才军，尹智. 利用大地测量资料反演构造应力应变场研究进展［J］. 武汉大学学报：信息科学版，2014，39（10）：1135-1146.
［120］许闯，罗志才，汪海洪，等. 利用剖面重力测量数据反演深圳市地下断层参数［J］. 武汉大学学报：信息科学版，2014，39（4）：435-440.
［121］薛树强，党亚民，秘金钟，等. 顾及非线性地形因子的地表面积计算［J］. 测绘学报，2015，44（3）：330-337.
［122］杨元喜，曾安敏，景一帆. 函数模型和随机模型双约束的 GNSS 数据融合及其性质［J］. 武汉大学学报：信息科学版，2014，39（2）：127-131.
［123］姚宜斌，余琛，胡羽丰，等. 利用非气象参数对流层延迟估计模型加速 PPP 收敛［J］. 武汉大学学报：信息科学版，2015，40（2）：188-192.
［124］应申，郭仁忠. 三维地籍［M］. 北京：科学出版社，2014.
［125］于士凯，姚艳敏，王德营，等. 基于高光谱的土壤有机质含量反演研究［J］. 中国农学通报. 2013，29（23）：146-152.
［126］宇林军，孙丹峰，彭仲仁，等. 基于局部化转换规则的元胞自动机土地利用模型［J］. 地理研究，2013，32（4）：671-682.
［127］岳龙. GPS RTK 技术在地籍测量中的应用研究［J］. 测绘与空间地理信息，2014，37（3）：158-160.
［128］臧妻斌，傅建春. 地籍测量相关技术标准的比较研究［J］. 测绘标准化，2013，29（2）：5-8.
［129］张岳，张大萍. 水深表面产品规范 S-102 分析［J］. 海洋测绘，2014，32（1）：80-82.
［130］张靓，滕惠忠，欧阳永忠. 南海岛礁航空摄影常见问题及对策［J］. 海洋测绘，2014，34（6）：63-66.
［131］张树凯，史国友，刘正江. 基于 S63 标准的电子海图数据保护方案的研究与应用［J］. 大连海事大学学报，2014，40（2）：59-68.
［132］张亚彪，张子良，于波. 海洋磁力测量地磁日变改正中的时差计算方法［J］. 海洋测绘，2013，33（4）：19-21.
［133］张园玉. 基于工作流和 ARCSDE 技术的地籍管理信息系统设计与实现［J］. 中国土地科学，2013，28（1）：67-71.
［134］张正禄. 工程测量学［M］. 武汉：武汉大学出版社，2014.
［135］周子勇. 高光谱遥感油气勘探进展［J］. 遥感技术与应用，2014，29（2）：352-361.
［136］朱建军，解清华，左廷英，等. 复数域最小二乘平差及其在 PolInSAR 植被高反演中的应用［J］. 测绘学报，2014，43（1）：45-51.

撰稿人：宁津生

专题报告

大地测量与导航专业发展研究

一、引言

大地测量学是地学领域的基础学科，主要研究地球表面及其外部空间点位的精密测定、地球的形状和大小、地球重力场及其随时间变化的理论和方法等。现代大地测量学与地球科学、空间科学和信息科学等多学科交叉，拓展了大地测量学学科的内涵与外延。随着卫星导航定位技术的迅猛发展，尤其我国北斗导航系统的广泛应用，推动了大地测量与导航领域的快速发展。

大地测量与导航作为前沿性、创新性、引领性极强的战略科技领域，在国家创新驱动发展的进程中发挥越来越重要的作用。大地测量学利用各种大地测量手段获取地球空间信息和重力场信息，监测和研究地壳运动与形变、地质环境变化、地震火山灾害等现象和规律以及相关的地球动力学运动过程和机制，在合理利用空间资源、制定社会经济发展战略、防灾减灾等方面发挥着重要作用。

二、本专业国内发展现状

（一）大地基准与参考框架维护

1. 国家现代测绘基准建设顺利推进

国家"十二五"重大项目国家现代测绘基准体系基础设施建设一期工程（简称"测绘基准工程"）是我国迄今为止最大规模的、以维持国家大地坐标框架为主要目标的国家地理空间基础设施重大工程。测绘基准工程自 2012 年 6 月启动以来，5 个单项工程（国家 GNSS 连续运行基准站网建设、国家 GNSS 大地控制网建设、国家高程控制网建设、国家重力基准点、国家测绘基准数据系统建设）通过新建、改建和利用的方式，建立了地基稳定、分布合理、利于长期保存的测绘基础设施，整个工程已按时间节点顺利推进。同时随着测绘基准工程的顺利实施，我国现代大地测量基准体系已逐渐涵盖全部陆海国土，具备高精度、三维、动态的测量能力，最终将建立以几何基准和垂直基准为一体的高精度、三维、动态的现代大地基准体系，为我国现代化经济建设、国防建设和科学研究提供服务保障能力。

（1）测绘基准工程建设。“测绘基准工程”建设是将大地基准基础设施、高程基准基础设施和重力基准基础设施作为一个整体进行综合考虑，工程利用卫星定位技术、水准测量、重力测量、信息系统等技术手段，建设密度合理、分布均匀的现代大地基准、高程基准和重力基准基础设施，以及国家测绘基准管理服务系统，建立并维持相互补充、互为依存的测绘基准设施，形成国家现代测绘基准数据、成果的管理与综合服务的能力。

通过将基础设施的更新和完善，初步实现国家现代测绘基准体系建设目标。具体包括：

1）全国范围内设计建设 360 个国家 GNSS 连续运行基准站，作为我国国家坐标系统框架的骨干网。其中新建基准站 150 个，改造站 60 个。

2）全国范围内设计建设 4500 点规模的国家 GNSS 大地控制网，实现相对均匀覆盖整个陆地国土，密度合理，具有更广泛的服务对象，是国家大地基准的重要组成部分。其中新建 2500 点。

3）全面更新我国一等水准网，其中新建基本水准点 725 座、普通水准点 7030 座、水准基岩点 110 座；完成高程属性测定 12.2 万 km、重力属性测定 27400 点。

4）全国范围选定 50 个设在 GNSS 连续运行基准站的重力点，进行 100 点次绝对重力属性测定，拓展国家重力基准分布与服务范围。

5）完成机房改造、网络通信、计算机与存储备份、安全系统等运行支持物理环境建设，以及数据管理系统、数据处理分析系统和共享服务系统等功能建设，更新国家测绘基准管理服务系统。

（2）测绘基准工程建设进展情况。2012 年 6 月项目工程建设正式启动实施，截至 2014 年 11 月底总体进展顺利，任务完成高效。其中：

GNSS 连续运行基准站新建和改造工作基本完成。完成 144 个新建基准站的施工土建建设，97 个新建站设备集成和安装调试，94 个新建站的资料归档检查，组织人员完成了 143 个新建站的现场质量检查验收。完成改造站的实施方案评审和改造建设工作。

2014 年按计划完成 756 个 GNSS 大地控制点的选建。选建点位位于东北测区，其中黑龙江境内 246 点、吉林境内 120 点、辽宁境内 84 点以及内蒙古东北部 306 点，截至 2014 年 11 月底，已全部按计划完成上述点位选建工作。

2014 年已经按计划完成 19897.1km 一等水准路线的踏勘补埋。完成 5 个深层基岩点选埋。一等水准路线踏勘补埋任务中，黑龙江测区 6666km、吉林测区 3695km、辽宁测区 3007km、内蒙古东北部测区 6529.1km。完成国家高程控制网阿克苏、张掖、威宁、林口、三道通共 5 个深层基岩点的选建工作。

2014 年按计划完成 1135 个 GNSS 大地控制点的观测。其中，完成内蒙古中部、甘肃东部、宁夏区域 210 点；云南、贵州、四川、重庆区域 415 点；浙江、福建、江西区域 187 点；广东、广西、海南岛区域 323 点。截至 2014 年 11 月底，已全部按计划完成上述点位观测工作。

2014 年完成 32745.1km 一等水准观测。其中，西藏境内 8565km，新疆境内 10561km，青海境内 5804km，甘肃、内蒙古中部境内 7815.1km。

2014 年完成 10585 个水准点上重力观测和 40 点次绝对重力观测。其中，完成西藏、新疆、青海、甘肃等西部测区的 10585 个一等水准路线点上的相对重力观测工作。截至 11 月底已完成全国选定的部分国家 GNSS 连续运行基准站上 40 点次的绝对重力观测。

（3）动态地心坐标参考框架维护。全国卫星导航定位连续运行基准站是建立和维持国家和省市级区域高精度、动态、地心、三维坐标参考框架的现代化基础设施，是测绘基准体系和地理空间基础框架的核心，全国基准站网统筹建设是实现新一代国家高精度空间基准的重要步骤。

为统一全国坐标框架，提供更加科学准确的基准数据，进一步提升测绘地理信息服务经济社会发展能力和水平，国家测绘地理信息局组织开展了全国基准站网整体平差计算工作，并组织汇交了全国范围内 31 个省市自建基准站、基准工程站、927 基准站、陆态网络基准站观测数据，国家基础地理信息中心和中国测绘科学研究院对此进行了全国联合网解算、整体平差，获取了全国统一空间基准下的高精度、地心坐标成果，解决了各省级基准站网坐标框架不统一、各省区域导航定位基准不一致的问题，为最终实现高精度国家动态地心坐标参考框的建立和维护奠定基础。

2. 2000 国家大地坐标系在各部委部门进一步推广

2000 国家大地坐标系下的国家级测绘成果已于 2013 年对外发布使用。依照已发布的国家级成果可以保证 2000 国家坐标系的顺利实施。进展主要包括两方面：一是国家级成果或产品的外延和提升，二是行业的推广应用。

（1）中国大陆 1° ×1°格网速度场模型建立。高精度、高稳定性的中国大陆速度场是维持 CGCS2000 稳定性、动态性和精确性的保障。中国 CGCS2000 坐标系的速度场仍不完善，无法全面反映中国地壳水平运动年变化量，完整表述中国地心坐标参考框架的动态性和现势性。2013—2014 年在 CPM-CGCS2000 的 20 个 II 级块体模型及已获得的中国地壳运动观测网 1025 个站点速度的基础上，综合采用反距离加权法、欧拉矢量法、块体欧拉矢量法、有限元插值法、最小二乘配置法建立了获得全面、精确、稳定可靠的中国大陆 1° ×1°格网速度场模型，并评定及分析，探讨各模型的适用条件，反距离加权模型和局域欧拉矢量模型的精度受 II 级块体划分的影响较小；有限元模型精度有所提高，但幅度不大；块体欧拉矢量模型及最小二乘配置模型精度提高幅度很大，N、E 两方向精度提高在 30% ~ 50% 不等。块体划分的基础上，选择各块体上的最优模型，计算了中国大陆 3° ×3°及 1° ×1°的格网点速度，并用 1° ×1°的格网点速度建立速度场模型，中国大陆内任意点的速度可以用其周围的 4 个格网点速度的平局值表示。用格网速度场模型计算网络工程 1025 个站点速度，并求出差值，建立了中国大陆分布均匀的速度场模型。

各方向速度场外部检核精度均在亚毫米量级。在此格网速度场数值模型基础上，对已有的 Super Coord 软件进行升级，按行政区划将格网速度场模型嵌入到软件中，已免费下发到 22 个省（市、自治区）用于 GNSS 坐标成果的转换。

（2）2000 国家大地坐标系的行业应用。目前，2000 国家大地坐标系在国土资源部、水利部、中国地质调查局、交通部、中国气象局、住房与城乡建设部等部门得到了推广应用。

水利部 2011 年 12 月 31 日开始水利普查，采用的是 CGCS2000 1∶5 万数据。水利普查已经采用 2000 国家大地坐标系，使用了测绘部门提供更新后的 1∶5 万数据。

交通运输部主要包括航道和公路两大类，主要数据类型是线形、线位、点位。交通运输部 2000 坐标系应用的新线路图属性采集是通过直接与测绘地理信息局提供的 1∶5 万更新数据进行叠加形成。

中国气象局对 2000 国家大地坐标系的需求主要体现在气象服务产品的展现需要基于地理信息系统，如暴雨发生的位置及受淹的范围。全国有统一的数据库，数据的使用一般是从测绘地理信息局拿到数据再进行兰勃特投影后叠加气象信息。中国气象局对外提供 1∶400 万、1∶100 万、1∶25 万和 1∶5 万数据服务，其中基础地理信息数据均使用了国家测绘地理信息局提供的数据。除用于发布专题数据服务外，也应用于气象局内气象站的标绘工作。

国家电网公司也利用国家测绘地理信息局提供的 1∶5 万地理信息进行电缆路径和站址定位。电力系统正在建立国家电网空间信息服务平台，需要将各省不同空间基准数据统一到同一空间基准下，通过全国及省级范围坐标的七参数和省级以下范围的四参数转换将现有的地方坐标系坐标转换到 CGCS2000 坐标系下，克服现有地方坐标系（北京坐标系、西安坐标系）的区域性，建立“一张网”服务平台下的全国统一空间数据基准。

地质调查局 2015 年考虑进行立项，计划利用 3 年的时间完成馆藏地质资料向 2000 国家大地坐标系的转换。

海洋测绘应用中现有海图主要以 1954 年北京坐标系的墨卡托投影为主，目前是采用七参数转换等方法将现有海图坐标转换到国家 CGCS2000 坐标系下。现历元下的地心坐标多直接采用 RBN-DGPS 差分或单基站差分方式测绘获得。

3. 空天一体化基准相关方面进一步发展

空天一体化基准是实现航天器高精度空间定位与导航的基础。地面（和近地空间）点和航天器分别在地球坐标系和惯性坐标系中描述其空间位置。由于地球存在极移和自转不均匀等现象，需要利用地球定向参数（EOP）建立地球坐标系和惯性坐标系的联系，从而把航天器与地面点的空间位置及其运动相互关联。可见，空天一体化基准的实质在于确定高精度的 EOP，即确定不同参考系之间的联系参数。

地面光学天体测量方法受限于大气湍流影响，角分辨率极限约 1″，已不能满足当前 EOP 测量要求。目前，测定 EOP 的主要技术手段包括甚长基线干涉测量（VLBI）、卫星激光测距（SLR）和全球卫星导航定位（GNSS）等技术。

VLBI 技术能够精确测定 EOP 的全维参数。当前许多 VLBI 测站的电磁环境逐渐恶化，给 VLBI 测量造成严重影响。同时，由于水汽与地球大气其他成分的相容性不好，且分布极不均匀、难以建模和预测，已成为 VLBI 测量的主要误差源。通过超宽带观测与接收以克服射电干扰的影响，通过快速密集空间采样以实现大气延迟的参数解算并减弱水汽影响，进而提高 VLBI 观测时延的测量精度，是国际上进一步推进 VLBI 技术发展、提高测量精度和观测资料解析精度的主要方向。为此，自 2002 年起提出、发展和逐步完善了新一代 VLBI 技术规范，即 VLBI2010 标准，其致力于对 VLBI 测站的毫米级定标与定速、对 EOP 参数的连续、实时和高精度测定，进而确保天地一体化参照基准的高精度实现。国内迄今具有 VLBI 观测功能的台站包括上海、乌鲁木齐、昆明、北京、喀什和佳木斯 6 个站。这些台站主要用于天体物理研究和深空探测器跟踪，虽能用于测量 EOP 并获得实验性测量结果，但离 VLBI2010 标准相距甚远。为此，国内有关单位正在按 VLBI2010 标准设计和研发我国新一代 VLBI 测地网，并在宽带接收、馈源与接收机整体制冷、天线参考点高精度监测以及观测数据解析等关键技术方面取得系列进展。

SLR 是实现地球参考框架的重要技术之一，通过卫星轨道与地心实现固连，用于确定地球参考框架的原点和尺度因子。通过与 VLBI 并置测量，有利于分析和消除不同测量技术之间的系统差异，精化 EOP 激发机制的分析，提高 EOP 的预测精度。目前，国内有上海、长春、北京、武汉等多个 SLR 观测站，其大多具备白天测距和非合作目标测距等能力。

GNSS 技术主要用于 EOP 的加密测量，是对上述两种技术的重要补充。国内利用 IGS 跟踪站的连续观测资料估算得到的地球定向参数，与 IGS 发布的地球定向参数结果具有较好的一致性。

（二）重力与大地水准面

1. 新的中国陆地重力似大地水准面 CNGG2011 模型

大地水准面是地球重力场中代表地球形状且与平均海平面最为密合的重力等位面，由地球物质引力和自转离心力及选定的潮汐系统决定，是大地测量学描述包括海洋在内的地球表面地形起伏的理想参考面，即高程的起算面。在研究地球表面形状变化时，如海平面变化、两极冰川融化、陆地储水量变化以及海洋环流时，都需要高精度、高分辨率的大地水准面。

GNSS 测定的大地高结合高精度大地水准面模型可以快速获得精密海拔高程。因此，精密的大地水准面数字模型成为高程基准现代化的关键基础设施，据此将实现传统基于水准测量的地面标石高程基准，向现代基于 GNSS 测量的数字高程基准转变，从而根本改变高程基准的维持模式和高程测定的作业模式，克服了传统水准测量几乎所有局限性，特别是高投入低效率的缺陷，而且目前可达到国家二等水准精度。

为发展新一代似大地水准面模型，需考虑研制适于我国应用的全球重力场模型做参考场。2000 年利用约 40 万个地面重力数据、18.75″ ×28.125″地形数据以及 Geosat ERM/GM、ERS-1 ERM/GM、ERS-2 ERM 和 Topex/Poseidon 等卫星测高海洋重力异常数据研制了新一代陆海统一重力似大地水准面（CNGG2000），以及和 GPS 水准拟合解的似大地水准面（CQG2000）。李建成院士提出一个新的中国陆地重力似大地水准面 CNGG2011 模型，采用 Stokes-Helmert 理论和方法，利用我国 GPS 水准资料分析了 CNGG2011 的全国精度和按省份划分的各省精度情况，同时对进一步发展我国高程基准似大地水准面模型提出若干供参考的设想。根据我国陆海数字高程基准模型研制的理论和方法，采用全国重力数据、7.5′ ×7.5′ SRTM 数值地面模型资料和卫星测高资料反演的格网海洋重力数据，继我国陆地数字高程基准模型 CNGG2011 之后，得出了 2′ ×2′，陆海数字高程基准模型 CNGG2013 初步成果。与 GNSS 水准比较，全国的精度由原来的 ±12.6cm 提高到 ±10.9cm，特别是西藏地区的精度显著提高，将 ±21.9cm 提高到 ±15.6cm。

2013 年年底完成了“927”一期工程海域大地水准面精化与陆海拼接。“927”一期工程是经国家批准实施的国家海岛（礁）测绘专项。它的建设目标是，充分利用现有成果和测绘高新技术，建立国家海岛（礁）大地控制网、高程控制网和重力控制网，精化我国海域大地水准面，并与现行国家大地水准面拼接，初步建成与我国陆地现行测绘基准一致的高精度海岛（礁）平面、高程 / 深度和重力基准。在全面摸清我国海岛（礁）数量、位置和分布的基础上，主要采用航空航天遥感技术对我国海域面积大于 $500m^2$ 的约 6400 个海岛（礁）进行准确定位，对其中重要海岛进行地形图测绘，编制我国海岛（礁）系列地图，建成国家海岛（礁）测绘数据系统，初步建立海岛（礁）基础地理信息服务系统。为实施海洋开发、维护国家海洋权益、推进海洋信息化发展、加强海岛管理提供统一的基础地理信息和必需的测绘保障提供了支持。

在重力似大地水准面构建思路是将地面空间异常（扰动重力）解析延拓到计算区域的平均高程面后，利用广义 Stokes（广义 Hotine）积分公式，直接计算地面高度上的高程异常，即地面高程异常。为提高解析延拓的稳定性，保持重力场中的地形高频信息，采用“局部地形影响 + 模型重力场”组合移去恢复法计算重力似大地水准面。项目的重力似大地水准面，经 GNSS 水准外部检核，13 个省市在厘米级精度上无缝衔接，验证了重力似大地水准面的正确性和科学性。

2. 重力仪器研发获得大力支持

近年来，随着科学研究、国民经济、国防对重力仪的需求不断加大，国家也以较大力度开始支持重力仪器相关研发工作。

台站式重力仪目的是用于研究重力固体潮及非潮汐变化，广泛用于大地测量、地球物理学等领域，对重力测量精度要求高。DZW 重力仪是一种用来进行长期连续观测固体潮的相对重力仪，分辨率为 1μGal，目前该仪器仍在不断升级改进，在国内地震台站装备较多。

在流动型重力仪研制方面，主要采用石英弹簧作为传感单元，观测精度为 0.03mGal。2005 年以来，该型号产品更名为 Z400，在有关项目支持下开始恢复生产。

海空重力仪可分为弹簧型及加速度计类型。自 2011 年起，在国家重大科学仪器开发专项的资助下，已开始工程化研制。

2006 年以来，GDP-1 海洋重力仪，基于捷联惯性导航系统的 SGA-WZ01 航空重力仪，目前正在进行系列化试验。基于捷联惯导的重力仪目前也在测试中。

绝对重力仪可用于绝对重力基准网建设、监测地球内部变化等方面，分为经典的自由落体及原子干涉两种类型。从 1965 年起开始重力领域的相关工作，先后研制成功 NIM-1 型、NIM-2 型和 NIM-3 型绝对重力仪，并先后五次参加绝对重力国际比对，其中 NIM-3 型精度约为数十微伽。研制的 T-1 绝对重力仪，测试表明 12 小时内的重复性约为 3μGal。小型快速移动的绝对重力仪成功研制，精度约为数十微伽，可用于国防等领域。

原子干涉重力仪采用自由落体运动的冷原子作为检验质量，用相位相干的 Raman 光对其进行操控实现原子干涉，干涉相位包含重力加速度，可用于绝对重力测量及重力梯度测量。国内目前在试验样机的研制阶段，测量精确度约为 $2\times10^{-7}g/\sqrt{Hz}$。

重力梯度仪可分为扭秤、旋转加速度计、超导、原子干涉、静电悬浮等类型。国内多家单位均开展了基于旋转加速度计原理的重力梯度仪的研制。单轴梯度仪试验样机均可敏感到梯度效应。同时开展了星载簧片式加速度计的研制工作，并多次搭载进行了卫星试验。

在重力仪性能评估技术方法与评价指标确定研究方面，探讨了重力仪稳定性测评的技术流程和数据处理方法，重点分析了环境因素和重力固体潮效应对测试结果的影响，提出了重力仪零点趋势性漂移、有色观测噪声与随机误差的分离方法，形成了稳定性评估的标准化技术流程，提出了由零漂线性常数、线性变化率和非线性变化中误差等参数联合组成重力仪稳定性能评估指标体系，分析论证并提出了重力仪零漂非线性变化的限定指标要求等。

3. 航空重力测量需求增大

航空重力测量主要用于快速经济地获取分布均匀、精度良好、大面积的重力场中高频信息。一方面能够扩展卫星重力的频谱范围，另一方面能够在一些难以开展地面重力测量的特殊区域如沙漠、冰川、沼泽、原始森林等进行高效作业。

近年来，我国航空重力测量从测量设备引入、自主研制、试验以及工程应用方面得到了较快发展，围绕航空重力测量的新理论、新方法、新成果也在不断发展当中。

国土资源部航遥中心于 2007 年引进两套加拿大微重力公司 GT-1A 航空重力仪，用于基础地质研究和矿产资源勘探服务领域等。国家测绘地理信息局第一大地测量队于 2012 年引进了加拿大微重力公司的 GT-2A 型航空重力测量系统，该系统为我国目前引进的测量精度最高的一款航空重力测量系统，测量精度可达到 0.6mGal。

西安测绘研究所推出 CHAGS 系统于 2010 年前后开展了我国部分陆海交界处（如渤海湾等）的航空重力测量生产作业，用于弥补我国陆海交界区域的重力空白。国土资源部航遥中心引进的 GT-1A 航空重力仪已在我国多地开展了测量，其主要工作集中于基础地质研究和矿产资源勘探服务领域等。国家测绘地理信息局第一大地测量队 GT-1A 航空重力仪已于 2012 年年底完成设备的测试与实验工作，将在填补我国重力空白区方面发挥作用。

目前，对航空重力测量相关技术的研究主要集中在载体运动参数确定方法以及航空重力数据去噪技术研究方面。

在载体运动参数确定方法研究方面利用 GPS 确定载体运动加速度、利用载波相位变率直接计算加速度的方法；在航空重力数据去噪技术研究方面，参数估计的方法在积极探索中，我国台湾地区的航空重力测量利用连续小波函数对模拟数据进行了分析。我国的 CHAGS 系统使用了级联式 FIR 和巴特沃斯滤波器，在满足精度要求的前提下，有效减小了边缘效应的影响，使数据得到充分应用。利用连续小波函数对模拟数据进行了分析，证实了该方法用于航空重力去噪的可行性及有效性。

此外，在航空重力测量数据处理与应用、多种型号重力仪的预处理和高频噪声滤波、航空重力硬件开发等方面，国内外相关机构做了大量的研究工作，为推动更大规模的航空重力测量打下了坚实基础。

4. 海洋重力仪器多样化和作业一体化

在地球科学研究、资源勘查和战略武器发射保障对高精度高分辨率地球重力场信息日益增长的需求牵引下，经过 50 多年的发展，海空重力测量精度得到了显著提高，新型观测仪器和 GNSS 卫星导航定位技术的发展已经使海空重力测量系统的精度提高了近一个数量级，达到了 2 ~ 4mGal，船载海洋重力测量甚至达到了更高的精度水平，国际海空重力测量系统的研发及其生产应用达到了前所未有的盛况，国产海空重力测量系统的研发实现了关键技术的重大突破，并开展了相应的海空重力测量试验。近年来，我国海洋重力测量取得了重力仪装备型号多样化、国产设备突破关键技术并开展工程应用试验，重力仪性能评价实现了技术流程标准化和评价指标的系统化与定量化，精细化海洋重力测量数据处理方法体系更趋科学严密，测量成果精度显著提高，多源海洋重力数据融合处理特别是海域、陆域航空重力数据向下延拓理论与方法获得创新性突破等标志性技术进展。

目前，我国海洋测量调查和资源勘查部门所装备的海洋重力仪全部为国外引进，形成了由美国 Micro-g LaCoste 公司的 L&R S、SII 系列，德国 Bodenseewerk 公司的 KSS 系列（GSS-2，KSS5、KSS30、KSS31、KSS32 海洋重力仪），俄罗斯的 GT-2M 与 CHEKAN-AM 海洋重力仪，以及美国 ZLS、DGS 等船载海洋重力仪和 Micro-g LaCoste 公司 INO sea-floor 海底重力仪构成的海洋重力测量设备体系。国产海空重力仪研制已取得突破性进展，开展了系列化的海空重力测量试验，试验结果表明，国产海空重力仪的测量精度已达到国际同类产品的精度水平。

在海洋重力测量数据采集与处理方面，开发了基于电子海图系统的测量导航与数据采集软件系统和测量数据处理与成图软件系统，实现了海洋重力测量作业从测前设计、作业实施、数据处理到成果制作的一体化、智能化和可视化实施。针对使用小型测量船搭载摆杆型海洋重力仪获取数据质量不高的问题，在深入分析海洋环境动态效应误差特性基础上，提出了一种基于互相关分析的交叉耦合效应修正法，对高动态海洋重力测量数据实施综合误差补偿和精细处理。使用典型恶劣海况条件下的观测数据对该方法的有效性进行了验证，结果显示，重力测线成果内符合精度从原先的 ±9.35mGal 大幅提升到 ±1.43mGal，较好地解决了恶劣海况条件下作业的海洋重力测量数据处理难题。

（三）导航与定位应用

1. 新一代北斗导航卫星发射升空，应用进一步扩展

北斗卫星导航系统是中国独立发展、自主运行，又要与世界其他卫星导航系统兼容互用的全球卫星导航系统，能提供高精度、高可靠的定位、导航、授时和短报文服务。2004 年我国正式启动北斗全球卫星导航系统工程（北斗二代）建设，2007 年成功发射第一颗中地球轨道（MEO）卫星，2012 年年底已部署完成由 5 颗地球静止轨道（GEO）卫星、5 颗倾斜地球同步轨道（IGSO）卫星和 4 颗 MEO 卫星组网，并正式提供区域服务。2015 年 3 月 30 日，中国首颗新一代北斗导航卫星发射升空，它是中国发射的第 17 颗北斗导航卫星。目前该系统能够为亚太地区的绝大多数用户提供 10m 左右的单点定位精度，测速精度优于 0.2m/s，精密相对定位精度达厘米级，单向授时精度为 50ns，双向授时精度为 20ns，同时提供 120 个 / 次汉字的短报文通信服务。

近年来，我国相关领域科研单位在 GNSS 精密定轨定位理论、方法与数据处理软件领域取得了长足的进步，并积极参与国际 GNSS 服务组织 IGS 的各项活动。随着北斗全球系统的建设，我国相关领域研究机构将在 GNSS 精密处理领域发挥更大的作用。

2011 年我国首颗海洋动力环境监测卫星 HY-2 成功发射，搭载了国产 GPS 星载接收机、DORIS 接收机及 SLR 反射棱镜。2012 年我国首颗自主民用高分辨率立体测绘卫星 ZY-3 成功发射，搭载了国产 GPS 星载接收机和 SLR 反射棱镜。基于我国自主开发的软件实现了单技术或联合多种观测值的 HY-2、ZY-3 卫星精密轨道确定，保障了国产低轨卫星高水平应用，并实现了基于 GNSS、DORIS、SLR 原始观测数据的卫星精密轨道确定。

我国紧跟国际前沿，在 BDS、BDS 与其他 GNSS 系统组合精密定位的理论、方法研究以及软件研制方面，取得了丰富成果，获得了 BDS 精密相对定位厘米级精度。系统研究了单频、双频、多频的精密单点定位技术 PPP。实现了基于局域 CORS 网的 PPP-RTK 技术，完成了 PPP 技术与网络 RTK 技术的统一。研制了具有自主知识产权的网络 RTK 定位系统。

在用户终端芯片研制方面，工作进展也很快。北斗用户终端芯片研制工作全面展开，终端设备投入实际应用国内正在持续加大北斗二代接收机核心芯片的研发力度，包括北斗终端设备基带芯片、射频芯片、天线、OEM 板卡等北斗系统用户终端产品的研制工作已全面展开，目前北斗系统用户终端芯片的研制工作已取得重要进展，国内具有自主知识产

权的北斗 /GPS 双模芯片已经在车载终端中得到了实际应用。

目前，北斗产业通过向精度增强、电子地图、位置服务、信息提供、质量检测、标准等相关领域拓展，已经产生了产业的联系效应。同时，通过将北斗导航系统与地面网结合，必然会促进北斗产业与航空、航海、交通、电子信息、地理信息、物联网、智慧城市等领域融合发展，从而建立巨大的产业需求，在产业价值链上下游争抢产业核心，并在产业价值链中寻找新的发展空间，形成产业跨界驱动，完成北斗产业多元化协同创新发展。

自 2012 年正式投入运行以后，北斗二号系统的行业与区域应用示范工作快速推进，北斗行业和区域示范项目稳步推进，卓见成效。国家为推动北斗导航产业发展，从多个方面进行努力，设立了 42 个行业和区域重大专项应用示范工程，以此实现以行业示范带动行业应用，以区域示范带动区域应用。

在智慧城市建设中，北斗系统发挥着重要作用。在城市应急方面，北斗系统在汶川地震和芦山地震发挥的作用就是最好的例子。地震中基础设施和通信设施全部瘫痪，救援人员依靠北斗系统及时传递出灾区信息。此外，在精确的地理信息服务方面如城市主要的设施、建筑物的形变等监测，北斗系统的高精度服务也能对其提供支持。现在，北斗系统的应用在智慧城市各个领域不断扩大、不断深入，并从“天上”逐步飞入寻常百姓家：全国各地驾校考试系统都在升级换代，改用北斗驾考系统；在上海，智慧城市北斗综合应用示范工程已经启动，市民可以便捷地使用“智能呼叫”、“智能交通导航”等服务；在江苏无锡，“4G+ 北斗导航”的车联网等民生应用项目即将进入普通市民的生活。

在智能交通方面，交通运输部“重点运输过程监控管理服务示范系统工程”确定在 9 个示范省市（江苏、安徽、河北、陕西、山东、湖南、宁夏、贵州和天津）、近 10 万台“两客一危”（大客车、旅游包车和危险品运输车）重点运输车辆上安装北斗系统用户终端设备，在道路运输管理中实现北斗系统的大规模应用。2012 年上半年已完成了各应用子系统的设计工作和研制开发工作，将有效降低公路运输成本，提高行车安全。

在精准农业方面，目前卫星导航技术已用于农场规划、田间测图、土壤取样、农机引导、作物田间监测、产量监测系统等，成功解决了每块土质不同的土地要求准确匹配相应的耕作技术和耕作条件的难题，从而实现了精细高效地利用土地、以更小的代价获取更多的收获。国内首个“基于北斗系统的精准农业应用示范”项目在北京顺义现代农业万亩示范区赵全营镇兴农天力农机服务合作社通过验收。首次成功将具有我国自主知识产权的北斗卫星导航系统和 TD-LTE 移动通信技术结合，并应用到农业管理过程，实现了农机精准定位，开发了适合农机使用的北斗车载终端，实现了北斗位置信息与农机作业现场高清图像的实时回传，为北京农业打造了首个“基于北斗系统的精准农业”新型应用及管理平台。

在气象预报和防灾减灾方面，国家气象局“基于北斗导航系统的大气、海洋和空间监测预警示范应用工程”已完成北斗探空仪和地面接收设备样机的研制开发，具备了地面业务应用的基本条件，正在推广应用，将大幅提升我国综合气象观测预报能力和防灾减灾能力。

在公车管理方面，北斗卫星导航系统区域应用示范项目，借助珠三角地区卫星导航产业体系完备的优势，打造基于北斗的公共运营服务平台，开展城市应急管理、智能交通、综合执法、人身安全保障服务、公共用车监管等系统建设。目前已完成广州市1万多台公务车辆上安装北斗用户终端，用技术手段强化了对公车的管理，为公务用车管理改革提供了有效手段，产生了良好的社会效益。

在动物保护方面，为了更多地了解并保护藏羚羊，2013年7月，我国西藏自治区、青海林业厅、西北濒危动物研究所和北斗卫星导航系统的专家将联合组成科研小组，利用目前最为先进的卫星定位技术，对藏羚羊迁徙产仔进行研究。

在森林防火方面，天津市蓟县林业局2012年初建成全国首套基于北斗卫星导航系统的森林防火实战指挥系统。该系统集地理信息系统、移动DLS技术、北斗卫星通信系统等先进技术于一体，通过无线传输技术，将建在山区林场的30多个视频监控点采集到的高清晰度图像实时传输到防火指挥中心，并可对野外火情进行自动识别、报警、定位和指挥调度，从而实现全天候、全方位、远距离地监控林区火险动态。

2. 北斗CORS网建设和升级

为加快推进北斗系统的产业化，与北斗卫星导航系统的发展相适应，北斗CORS网的研究与建设成为当前北斗发展的重要领域之一。国家发改委、科技部、国家测绘地理信息局已经在“十二五”规划中明确提出要加强北斗系统基础设施建设与服务，促进北斗系统的民间应用。

目前北斗CORS网主要是指可接收北斗信号的CORS网络，并提供一定的广域差分、局域差分和网络RTK服务。北斗地基增强系统是提高北斗系统服务能力和竞争力的重要手段。北斗地基增强系统以北斗卫星导航系统为主，兼容其他GNSS系统的地基增强系统，提供厘米级至亚米级精密导航定位和大众终端辅助增强服务。

BDS区域卫星导航系统的公开服务性能成为全球GNSS领域的关注热点。为进一步推动实现多卫星导航系统兼容互操作目标，保障用户更好的受益于多卫星导航系统带来的便利，我国在国际上发起了国际GNSS监测评估活动，并启动了国际GNSS监测评估系统（iGMAS）建设工作。目前，iGMAS已经在国内外共建设了11个监测站，2个信号监测站已经投入使用，3个数据中心已具备试运行能力，10个分析中心已完成内部集成测试，监测评估中心、运行控制管理中心和产品综合与服务中心完成了内部集成测试。iGMAS还将在全球范围内布设更多的监测站，并定期发布GNSS监测评估产品、报告，提供公开免费的GNSS服务，为GNSS监测评估领域的科学研究和创新应用提供开放平台，并将推动与IGS等组织数据、产品共享，加强与美、俄、欧等国家和地区相关科研机构的合作，共同推进监测评估技术发展。

国家测绘地理信息局的国家大地基准现代化项目设计指标是360个CORS站都具备北斗信号接收和数据产生的能力，目前已经建成了100以上的站点，可以实时传输数据流，用于生成实时/后处理精密轨道、钟差、电离层等产品，作为国家增强系统的主要基础设施。

国内各省也开展了相应的北斗 CORS 站的更新升级工作，如四川测绘地理信息局已经建成了约 100 个站的北斗 CORS 站网，逐步开展车道级差分服务和厘米级服务，湖南测绘地理信息局建成了约 100 个站的北斗 CORS 站网，湖北省建成了 30 个站的北斗 CORS 站网，河北建成了 20 多个站点的北斗 CORS 一期网、正在开展北斗 CORS 二期建设，江苏和上海也建成了北斗 CORS 站网，广西建成了 6 个点的北斗 CORS 试验网，正在开展相关服务。

（四）数据处理与地球动力学

1. 大地测量反演研究和应用领域扩展

大地测量反演是利用大地测量观测数据研究地球表面客观形变演化特征和规律，推求地球内部物性参数和特征，进而解释地球内部力学过程的一门交叉学科。其主要涉及数据获取、模型构建、反演算法设计及地球物理解释四个部分。近年来，中国学者经过不懈努力，将现有理论和方法广泛应用于各个领域，且扩展了许多新理论、模型和方法。

在“数据获取”方面，研究了高频 GNSS 数据、InSAR 时序数据、地表三维形变数据、航空重力数据等高精度处理理论及算法。

在“模型构建”方面，建立了地壳水平运动与地球外部重力场变化的数学模型，发展了大地测量和地震数据联合反演破裂过程中顾及先验信息及不等式约束的反演模型，研究了基于断层面自动剖分技术的三角位错反演模型，发展了顾及横向非均匀的位错反演模型，研究了基于粘弹性体的地球物理大地测量反演模型，研究了火山形变的点源模型和竖直椭球体模型，发展了顾及同震和震后效应的形变反演模型，建立了基于重力数据的构造应力应变反演的解析模型。

在“反演算法设计”方面，总结给出了基于总体最小二乘的大地测量反演算法，研究了稳健估计理论在震源参数非线性反演中的应用，研究了附约束条件的抗差方差分量估计算法，提出了具有自适应权比的大地测量联合反演序贯算法，研究了基于结构总体最小范数的位错反演算法、复数域最小二乘算法、附有不等式约束的加权整体最小二乘算法。

在“地球物理解释”方面，基于 InSAR 数据揭示了断层粘滑或蠕滑运动方式，利用 InSAR 数据研究了阿什库勒火山群、长白山火山等的现今活动性，提取了柴达木盆地、龙门山断裂带等区域的粘弹性系数，基于高频 GNSS 数据对大地震震相进行识别并尝试预警，基于垂直重力梯度异常反演了全球海底地形模型，利用重力数据反演了深圳市地下断层参数，基于 PolInSAR 数据反演了地表植被的高度。

目前，我国在此方面开展研究的人员近百人，在读研究生人数也大致相当，主要集中在武汉大学、中国科学院等大学和研究院所。我国在该领域的研究在国际上有较大的影响力，先后有多位科学家担任了 IUGG、IAG 相关学部和专业委员会以及其他国际组织的执委、主席等重要职务。

2. 大地测量数据处理进展

数据处理是大地测量发展的重要基础，数据处理新理论新方法推动了大地测量技术的进展。近年来，中国学者经过不懈努力，将现有数据处理方法广泛应用于各个领域，且推广扩展了许多新的理论、模型和方法。

在基础理论的扩展方面，研究了最小二乘法的理论和方法。研究了复数域中数据处理的最小二乘方法，将测量平差从实数域推广到了复数域，扩展了误差的概念，提出了不确定性平差模型以及平差准则；推导了基于函数模型和随机模型共同约束的参数最小二乘解及其验后精度估计模型，整体最小二乘迭代解法，提出了附有相对权比的整体最小二乘法、稳健整体最小二乘法、病态整体最小二乘法、基于部分 EIV 模型的整体最小二乘法、附不等式约束的整体最小二乘法。

在新方法的扩展方面，研究了削弱多路径效应的影响、基于 PCA 的 EMD 相结合的 SAR 图像相干斑抑制算法、基于主成分分析的时空滤波方法、多指标融合的小波去噪最佳分解尺度选择方法、基于一次差方法的小波神经网络钟差预报算法等方法。这些方法成为去除观测噪声的重要工具，在重力异常分离、卫星钟差预报、形变监测、数据预处理中广泛应用。

在先验信息利用方面，研究了具有不等式形式的不等式约束平差方法，分析了不等式约束对平差结果的影响，导出了不等式约束下参数估计、残差、观测量平差值的线性表达式、方差协方差矩阵和均方误差矩阵，提出了一种有效的不等式约束平差迭代算法，对于整数约束提出了基于分枝定界算法的整数最小二乘法。这些新方法扩展了现有的测量平差理论和方法。

在粗差探测方面，提出了基于后验概率和分类变量的 bayes 粗差探测方法、基于等效残差积探测粗差的方差 - 协方差分量估计法、基于局部分析法的粗差探测方法、基于改进 M 估计的抗差定位解算方法、抗差有偏估计 t- 型 Bayes 方法等。这些方法在 GPS 相对定位、卫星重力梯度数据处理、InSAR 监测数据压缩中发挥了重要作用。

在不适定问题研究方面，提出了基于信噪比的正则化方法、双参数正则化方法、偏差矫正的正则化法、分组修正的正则化解法等新方法。这些方法已经被广泛应用于处理 GPS 快速定位、航空重力向下延拓解算的病态问题。

在动态测量数据处理方面，提出了两步自适应 Kalman 滤波方法、自适应抗差滤波算法、附有条件约束的抗差 Kalman 滤波法，并在滤波模型误差补偿、状态噪声和测量噪声的协方差的自适应估计中取得了一些新的进展。

3. 大地测量与地震研究更加紧密

国内几乎所有的中、浅源地震均属“构造地震”，即地震的成因是地壳内部构造应力缓慢积累到一定程度后，造成岩石的突然破裂而释放巨大能量的结果。根据岩石圈介质应力 - 应变的本构关系，这类地震在孕育 - 发生的循环过程中，必然伴随着一定范围和某种程度的地壳形变。因此，采用高精度大地测量观测手段，获取各种规模尺度的构造运动和地壳形变，进而分析判定区域地壳运动的异常变化和孕震活动构造的闭锁状况，为地震的分析预测和危险性评价提供依据，一直被国内外重视为物理机制最为清晰的监测手段之一。

传统的地面三角测量、三边测量、水准测量、重力测量等大地测量手段曾在地震科学的早期观测研究中发挥了重要的作用。如经典“地震弹性回跳理论”的提出，即得益于美国 1906 年旧金山大地震前后跨断裂三角网的复测资料。而自 20 世纪 80 年代中后期以来，以 GPS 为代表的“GNSS 空间大地测量技术”的迅速发展和广泛应用，可以对各种规模尺度的构造运动和地壳形变进行高精度、高密度、高效率和全天候的实时化观测，为地震相关领域的地球动力学研究和构造运动学解析提供了革命性的技术手段。

概括而言，传统与现代大地测量手段的地震应用主要有以下几个方面：

在地壳形变和构造运动监测方面，在垂直向上传统的高精度水准测量目前仍扮演着首屈一指的重要角色，但 GNSS 和 InSAR 观测技术已在很多方面取代水准测量，并显示出强劲的优势。在水平向上，传统的三角测量、基线测量、三边测量等观测手段已在地震行业淡出，主要由 GNSS 大地测量手段所代替。但这些传统大地测量手段所积累的历史观测资料，通过现今大地测量的复测和联合数据处理，仍然在获取长时间跨度地壳形变方面发挥着重要的作用。

在构造运动学和地球动力学研究方面，目前的静态 GNSS 大地测量，能够通过“每 24 小时”的观测获得全球参考框架下精度高达毫米级的站点单日平均坐标。既可进行全球尺度的板块运动监测，也用于区域范围的地壳形变和构造运动监测，更可适用于具体断裂带的细微运动变化监测。

在地震孕育机制和破裂过程的观测研究方面，静态 GNSS 大地测量是同震位移观测、震后迟豫形变观测以及断裂蠕滑和慢地震现象观测的有效手段，为地震危险性判定、岩石圈介质的流变参数反演、地震破裂面错动分布状况反演等提供重要的约束。

在地震的强地面运动监测和地震预警方面，采用 GNSS 技术和重力场信息进行相关研究。近年来已日臻完善的单历元 GNSS 观测技术，已拓展出一个新型学科——GNSS 地震学。采用高频（高采样率）的 GNSS 观测，能够以厘米级的精度获得每个采样时刻（历元）的三维坐标，从而直接勾画出强震所引起的地面三维运动过程。目前高频 GNSS 大地测量的实际效果和应用潜力受到了传统地震学界的普遍认可和高度重视。地震的孕育和发生，涉及应力 - 应变的变化、物质密度的变化和物质的运移，因此，利用重力场的异常变化，进行地震预测和地震危险性分析，是地震行业的重要观测和应用之一。近年来卫星重力和卫星测高技术的发展，将在很大程度上对传统地面重力测量进行互补和拓展。

4. 天文地球动力学取得新进展

天文地球动力学以空间大地测量技术为实验手段，从天文的角度、更精确地监测地球整体以及地球各圈层的物质运动、更全面地研究整个地球系统的动力学机理。探索对地观测系统的新技术新方法，使测量的精度、时间和空间分辨率不断地提高，是天文地球动力学研究的主要目标。

它的主要研究内容和核心任务是天文和地球参考系统，包括天球参考架（CRF）、地球参考架（TRF）及地球自转参数（EOP）三部分。对它们的定义、建立与维持一直是天文地球动力学研究的基本范畴和重要任务之一。

围绕天球参考系、地球参考系、地球自转等理论、观测和资料分析开展工作，在我国国防、航天、深空探测等方面做出了突出贡献。国内多个台站是国际 SLR 数据处理分析中心，或是我国陆态网和北斗导航系统全球跟踪站数据处理中心，发表了多份星表。在研究应用方面，获得了我国地壳运动和变形的高水平监测成果，在国际上首次得到了精度达毫米级的中国及其周边区域地壳运动完整的运动图像，为地球科学部门研究我国地壳运动机理提供了最可靠的约束条件；在天球参考系研究方面，首次提出大天区统一平差 CCD 观测的处理方法，大大提高了星的定位精度和参考系维持精度。此外，与国际相关研究机构和组织加强联系和交流，发起和主持了亚太空间地球动力学计划（APSG）等。

但同时也应注意到，我国在天文动力学方面与国际最高水平还有很大的差距。加上近年来学科研究缺乏新的增长点、对该领域的基础研究缺乏足够的重视等问题，导致这个差距呈现越来越大的趋势。

5. 大地测量在地理国情监测中发挥重要作用

地壳稳定性是指小时间尺度地壳在内、外动力作用下的稳定程度，目前已成为重大工程规划选址和建设前期论证的重要调查内容之一，受到广泛的注意和重视。

随着全球大地测量观测系统（GGOS）的建设和实施，整合 GNSS、卫星重力、卫星测高、InSAR 等现代大地测量技术，以前所未有的精度和时间分辨率观测地球表面的物质运动与形变，将地球各子系统有机地联系在一起，并提供了地球表面地震、火山、海啸、滑坡和因大气、海洋动力过程所导致的运动和形变。利用 GGOS 获得高精度地壳形变监测结果，使得地壳稳定性的研究逐渐从表象的认识走向成因的探索，步入预测、预报的探索历程。

现今地壳稳定性研究的主要特点是改善评价质量，从定性评价走向定量化研究，对具有重大意义的地区或是重要构造位置进行了地壳稳定性定量评判。目前已在我国重要地理国情监测中得到应用，开展了环渤海、川滇以及三峡地区地壳稳定性的定量分析与评价。

在理论与方法方面，由早期基于工程地质理论，近年来发展到在强调地球内动力作用是影响区域地壳稳定性主导因素的同时，考虑外动力和特殊物理地质现象对地壳稳定性的影响。其核心是围绕地壳负荷形变理论，从构造运动、非构造负荷形变、质量调整引起的重力变化及地应力等方面，综合分析地壳稳定性。目前以大地测量观测为主，结合地质、地震、水文及岩土工程等方面综合研究地壳稳定性，是我国发展的一个特色研究方向，同时也是大地测量服务社会的一个重要方向。

需要注意的是，目前基于大地测量技术的地壳稳定性研究尚处于发展阶段，在理论方面还不够完善，在国际上影响力还不高。完善地壳稳定性理论，加强数理方法的研究，拓展应用范围，增强研究在国内外的影响力，还需要更多学者的关注和努力。

三、本专业国内外发展比较

近几年，大地测量与导航无论是推动学科自身发展的基础与应用基础研究，还是与相关学科的交叉发展及新应用领域的拓展，均获得了显著的成就，对社会和经济发展产生了重要影响。我国在大地测量、时空基准与导航、大地参考系与数据融合、地球重力场等相关领域的基础与应用基础研究中取得了显著进步，保持与国际同步，甚至某些领域领先国际水平。

大地基准是建立国家大地坐标系统和国家大地控制网中各点大地坐标的基本依据，是导航定位的基础。全国基准站网是建立和维持国家和省市级区域高精度、动态、地心、三维坐标参考框架的现代化基础设施，测绘基准工程正在建设的国家 GNSS 连续运行基准站和国家 GNSS 大地控制网配置的接收机具备北斗数据接收能力，为中国大地坐标参考框架建立提供基础设施和基本数据。IERS 中心局建立的国际地球参考框架（ITRF）通过方差分量估计方法综合处理 VLBI/SLR/GPS/DORIS 等数据，SLR 解和 GPS 解加权平均后获得给出 ITRF 原点，通过定义站点的李元坐标矢量和速度矢量来具体实现地球参考框架。虽然 IERS 不断积累各技术分析中心数据处理及分析策略改进，但是其国际地球参考框架 IRTF 给出的速度矢量都是线性，框架精度，尤其是高程方向，仍无法满足密集高精度地球动态变化监测需求。中国测绘科学研究院利用国家测绘地理信息局建立的全国基准站网、测绘基准工程和 GNSS 大地控制网数据。通过全国联合网解算、整体平差，获取中国大地坐标参考框架（CGCS2000）下点坐标和速度场，为实现高精度国家动态地心坐标参考框架的建立和维护奠定基础。

GPS 系统已成功应用于全球大地参考框架建立和维护中，北斗导航卫星系统（BDS）已具备区域导航定位能力，2020 年服务范围将覆盖全球。北斗办正在加紧 iGMAS 建设，促进 BDS 地面及用户部分发展。BDS 与其他 GNSS 系统和技术组合维护 CGCS2000 坐标系的相关研究具有一定的研究基础，但仍需进一步完善 CGCS2000 维持技术，精化相关模型。虽然 CGCS2000 坐标系在国土资源部、水利部、中国地质调查局、交通部、中国气象局、住房与城乡建设部等部分进行推广应用，但是 CGCS2000 坐标系的应用领域和深度仍有待深化，不断创新 CGCS2000 坐标系的应用模式，促进 CGCS2000 满足在国家重大工程、行业应用和大众服务方面的需求。

空天一体化基准是实现航天器高精度空间定位与导航的基础。随着 BDS 系统的不断发展，基于 BDS 系统的空天一体化关键参数估计将是未来发展重点之一。BDS 与其他技术集成建立和维持空天一体化基准能够为中国军事和民用提供可靠的导航定位服务。

由于目前国际上仍在使用的地球基本几何物理参数和椭球参数是用 1980 年测量参考系统 GRS80 来定义的，加之 30 年来地球动力学环境的改变，因此 GRS80 有必要进行更新精化，国际上针对这一问题进行了广泛研究，包括确定精化 W0、GM、J2 值以及由 IERS 定期发布的 ω 值，还有最佳参考椭球参数的确定研究，目前已取得重要进展。随着卫星重力场模型的分辨率和精度有了突破性进展，平均海面高模型 MSS 和 GNSS 定位精度提高到厘米级或更优，构建高阶和超高阶地球重力场模型的理论、方法和技术日益成熟，全球高程基准的高精度统一也有望解决。

在全国大地水准面数值模型构建方面，我国目前精度最高的 CNGG2013 大地水准面模型精度在 10 ~ 20cm，13 个局部省市在厘米级精度上实现无缝衔接。国际上，USGG2012 是 NGS 为美国研制的最新一代大地水准面模型。美国大地水准面的构建在近 20 年内发展迅速，平均每 3 年更新一次，精度从亚米级提高到 3cm，分辨率从 5′ ×5′提高到 1′ ×1′，实现了高分辨率厘米级大地水准面的构建。2012 年美国政府为美国国家测绘局主持实施的为期 10 年的 GRAV-D 计划斥资 39 亿美元，计划重建全美统一的高程基准，预计高程精度优于 2cm。在细化计算理论与方法的基础上，美国 20 年间进行了大范围 GPS/ 水准加密测量、重力加密测量，这些数据的获得大大提高了重力水准面的精度与分辨率。加拿大采用与美国相同的高程基准系统 NAVD88，先后研发的几代重力大地水准面模型如 GSD91、GSD95、CGG2000、CGG2005、CGG2010 等，均采用第二类 Stokes-Helmert 凝聚理论计算，其精度由最初的 78cm 提高至现在的 13cm。欧洲大地水准面计算开始于 20 世纪 80 年代初期，与中国相同，欧洲也采用正常高系统。第一代似大地水准面 EGG1 精度几分米。欧洲不断补充和扩展重力数据库，建立了高分辨率地形和重力异常格网模型，先后推出 EGG94、EGG95、EGG96、EGG97 等似大地水准面模型。

重力测量的范围由局部近地空间，扩展到全球和深空。对于重力场的观测也由静态发展到了动态。重力梯度仪研制方面，1982 年，Bell Aerospace Textron 公司 2010 年采用 BT67 飞机验证航空重力梯度仪精度 2 ~ 3E/200m。20 世纪 90 年代，澳大利亚 BHP Billion 公司与 Bell Aerospace Textron 公司合作基于 GGI 技术开发了地质勘探的部分张量航空重力梯度测量系统 FALCON AGG。另外三维重力梯度测量是 Bell Aerospace 公司为美国海军 Trident 潜艇计划研究的一项秘密技术，梯度测量精度估计为每 1km 范围内 0.5E。国内还没有用于测量重力梯度空间张量的仪器设备，但是高精度加速度计样机已达到 0.2μg 的水平，在高精度多级温控条件下加速度计的精度达到了 2.3μg。超导重力仪方面，目前全球范围内唯一商业化的超导重力仪由美国 GWR 仪器公司研制，GWR 型重力仪也被国际同行公认为是精度最高、连续性和稳定性最好的仪器。目前，GWR 的台站式超导重力仪提供了前所未有的宽频段分辨率和低于几个 μGal/ 年的稳定性。目前国内在超导重力仪研究领域还是基本空白。

航空重力测量则通过机载航空重力仪能够在地面重力测量难以展开的区域进行快速、精确、大面积的重力测量。而我国也于 1998 年开始研究自己的航空重力测量系统 CHAGS，并于 2003 年在山西大同进行了测量实验，测量精度优于 5mGal，与国际水平相当。近年来才制造出我国第一套航空矢量重力测量系统样机，并于 2007—2010 年在江苏和山东等地进行飞行试验。

随着 CHAMP、GRACE 和 GOCE 卫星重力技术的发展，可以获取高精度的重力场和重力场时变信息，促进了重力的研究和应用发展。由于目前在运行的仅剩 GRACE 双星，但这并不意味着卫星重力研究的热度将会降低。目前美国国家航空航天局 NASA 已经开始着手下一代重力卫星任务 GRACE Follow-On，在测量地球中、短静态地球重力场的同时能够更加精确的测量地球重力场的时变信息。同时欧空局 ESA 也展开了下一代卫星重力计划 E.MOTION（Earth System Mass Transport Mission）的需求论证。

卫星重力测量不仅提供了大量的地球重力观测数据，同时提高了观测的精度，并且将局部地区的重力测量扩展到了全球，并且促进了重力在地表质量变化、地球动力学等方面的广泛应用。国内外多个机构在重力卫星发射后已发布了上百个的全球重力场模型，针对不断增加的重力数据重力场模型构建技术也不断完善。在理论模型的改进、更高精度和更完善的卫星重力模型、地面重力数据全球覆盖生成方法、卫星测高观测数据的精密处理新技术，以及超大规模计算技术的开发等方面，都开展了大量的研究。

截至 2014 年年底，美国“全球定位系统”（GPS）星座有 32 颗卫星在轨，其中工作星 31 颗，分别是 GPS-2A 卫星 4 颗、GPS-2R 卫星 12 颗、GPS-2RM 卫星 7 颗、GPS-2F 卫星 8 颗。2014 年，美国成功发射 4 颗 GPS-2F 卫星，加快了 GPS 星座的更新步伐。同时，美国也在研究增强 GPS 抗干扰能力的办法。此外，美国在嵌入式全球定位 / 惯性导航系统（EGI）、天文导航及增强型罗兰系统研究方面也有一定进展。自 2011 年俄罗斯“全球导航卫星系统”（GLONASS）系统恢复满星座运行以来，俄罗斯每年都持续发射新的 GLONASS 卫星，以保证系统服务和全球覆盖。到 2014 年年底，GLONASS 系统共有 29 颗卫星，其中 24 颗卫星在轨工作，2 颗 GLONASS-K1 卫星仍处于飞行测试阶段。到 2014 年年底，“伽利略”系统仍只有 4 颗试验卫星在轨运行。“印度区域导航卫星系统”逐渐成形，分布于 2014 年 4 月 4 日和 10 月 13 日，成功发射 2 颗 IRNSS 卫星，这是该系统的第 2 和第 3 颗卫星。日本加紧建造“准天顶卫星系统”，目前该系统已有 1 颗卫星发射升空。

中国在 2012 年年底完成区域组网后，着力“北斗”系统应用推广，并与多个国家开展卫星导航领域的国际合作。同时，正在建设“北斗”全球系统，2015 年开始实施“北斗”全球系统的组网任务。

大地测量数据处理方面，在基础理论扩展、新方法扩展、先验信息利用、粗差探测、不适定问题及动态测量数据处理等 6 个领域均取得了长足进展，尤其是在复数域测量平差和整体最小二乘等领域。在数据处理与地球动力学方面，国外研究机构（诸如德国地学研究中心、德国斯图加特大学、德国波恩大学、美国俄亥俄州立大学、美国斯坦福大学、美国加州大学伯克利分校、美国加州理工大学、美国阿拉斯加大学、美国科罗拉多大学、英国牛津大学、英国伦敦大学学院、英国纽卡斯尔大学、英国利兹大学等）作为国际开放的一流研究中心，近些年来取得的领先研究成果主要涉及大地测量数据处理理论（例如，复数域、整体最小二乘理论和实现算法、顾及先验信息的平差理论、动态平差理论及算法），大地测量新技术开发（例如，高频 GPS 数据处理技术、InSAR 时序处理中多尺度大气误差估计及微弱形变提取技术、大地测量数据与强震仪数据的融合技术、航空重力向下延拓技术、大地测量与地球物理数据测量网络的操作技术），大地测量数据新应用（高频 GPS 数据在地震和海啸预警中的应用、InSAR 时序技术在高精度高分辨率地壳应变场分析中的应用、航空重力在资源勘查中的应用、大地测量观测在全球环境变化中的应用）等。

地球动力学方面，以大地测量与导航技术为手段，以数据处理为核心，以地球科学服务为宗旨，致力于固体潮、地球转动、地壳形变、冰川与海平面变化、地球构造和地震等相关领域的数据处理研究，从而推动相关理论发展和技术进步，并推动相关地球科学的发展。近几年来，国内外对该方面进行了广泛而深入的研究和应用。就大地测量与反演方向而言，在数据获取、模型构建、反演算法设计及地球物理解释等 4 个领域取得了长足进展，尤其是在高频 GNSS 数据在自然灾害预警中的应用及 InSAR 技术在活动断层识别和监测等领域；就大地测量在地震方面的应用而言，在垂直向、水平向地壳形变监测、构造运动学和地球动力学、地震孕育机制和破裂过程、强地面运动监测和地震预警、地震孕育和发生等 5 个领域均取得了长足进展，尤其是在 GNSS 和 InSAR 技术结合提取垂向运动和重力监测地震异常等领域；就天文地球动力学方向而言，在观测设备和技术、软件系统设计、资料分析技术及应用、天球参考系等 4 个领域均取得了长足进展，尤其是在北斗导航系统中的应用及大天区统一平差等领域。

目前，数据处理与地球动力学领域在国内外被研究的十分充分，且在全球环境变化、经济发展、人类进步等领域发挥的作用越来越大。将国内外进行比较，我们与国际一流水平仍有一定差距，但在不断缩小。近年来，随着国家对该领域的基础研究及其长远的学科应用价值越来越重视，相信在近些年内我国有望在该学科领域整体达到国际水平。

四、本专业发展趋势及对策

结合国际最新大地测量与导航前沿发展方向以及我国当前大地测量与导航的主要现状，各个专业方向上的主要发展趋势和对策如下：

我国未来大地基准重点发展方向集中在 CGCS2000 的建立与维持、兼容北斗的 GNSS 多源数据融合大地参考框架维持和多源技术集成的空天参考基准一体化方面。大地参考框架建立和维持主要研究 BDS 系统的大地参考框架建立和维持应用，包括 BDS 精密定轨、兼容北斗的国家大地基准完备性监测技术、大规模 GNSS 站数据处理技术、兼容北斗的 GNSS 框架综合服务系列产品解算（坐标、速度场和地球定向参数）。在现有水利普查、航道信息、气象服务、海洋测绘、电网“一张网”等行业应用基础上，深化 CGCS2000 行业推广应用在国家重大工程创新应用，如一带一路、南水北调、西气东输等。空天参考基准一体化方面主要研究 VLBI 精确测定地球自转参数的全维参数、VLBI/SLR 并置测量提高地球自转参数预测精度、兼容北斗的 GNSS 地球自转参数精确估计方法、VLBI/SLR/GNSS 多源数据融合的地球自转参数加密测量及解算模型、空天参考基准统一方法等。

我国也在计划独立研制我国自主的卫星重力系统 Post-GRACE，该系统计划采用双星模型，目标是实现我国自主的高精度和高分辨率的卫星重力测量，并基于测量的时变重力场信息进行全球变化的科学研究，希望能够解决目前我国重力测量结果与全球重力场模型不统一的问题。为我国卫星定轨和远程导弹发射，提供全球统一的重力场信息。随着新型重力测量技术的不断出现，确定地球重力场的能力不断增强，但距离国际大地测量协会提出的“确定 1cm 精度大地水准面”的目标仍有一段距离。而新型的重力测量手段的出现，但这并不意味着传统重力测量将会被淘汰，不同的重力测量技术，反映了地球重力场不同频段的信号，只有在发展新型重力观测技术的同时，兼顾多种重力测量手段才有望实现厘米级大地水准面的宏伟目标。

未来几年，我国在卫星导航定轨道位方面的研究将从过去以跟踪为主向自主创新为主转变。我国北斗卫星导航系统的建设起步较晚，总体水平离国际领先水准还有一定差距，特别是一些关键技术亟须攻关。北斗地面跟踪站的全球布局和几何结构亟需改善。北斗卫星精密定轨技术，特别是 GEO 卫星的轨道精度仍有较大的提差距。数据处理与分析中心的组建和管以及北斗应用服务的拓展等将是我国卫星导航系统与技术未来发展的重点方向。另外，未来几年，全球将出现四大卫星导航系统共存互补的局面，将会有 100 多颗导航卫星播发多个频率的信号，需要突破一系列的关键技术难题。为此，我国将深入开展 BDS/GNSS 精密定轨定位与数据处理及应用的理论、算法、模型、软件与服务系统等研究。构建具有国际先进水平的卫星导航定位与定轨科技创新研究平台；突破现代时空基准建立与维持、卫星导航精密定位与定轨以及卫星导航定位综合应用服务等方面的瓶颈难题，形成 GNSS 统一模型、统一无缝高精度实时定位的整体性理论框架。

在发展对策方面，应本着“有所为，有所不为”的基本原则，进一步发展基础理论，以使得其能够满足学科发展的需要，充分利用历史大地测量数据，挖掘其科学信息，完善我国的大地测量观测系统，强调大地测量学科在地球动力学、自然灾害预警预报等领域中的应用，使其与环境保护、经济建设、防灾减灾等国家重大需求相契合，同时应加强学科建设，保障有足够的人才从事该学科领域，进而形成良好的人才梯队。

参考文献

[1] 宁津生，黄谟涛，欧阳永忠，等．海空重力测量技术进展［J］．海洋测绘，2014，34（3）：67-72.

[2] 宁津生，王华，程鹏飞，等．2000 国家大地坐标系框架体系建设及其进展［J］．武汉大学学报：信息科学版，2015，40（5）.

[3] 宁津生，姚宜斌，张小红．全球导航卫星系统发展综述［J］．导航定位学报，2013，1（1）：3-8.

[4] 陈俊勇．GPS 技术进展及其现代化［J］．大地测量与地球动力学，2010，30（3）：1-4.

[5] 杨元喜，李金龙，徐君毅，等．中国北斗卫星导航系统对全球 PNT 用户的贡献［J］．科学通报，2011，56（21）：1734-1740.

[6] 杨元喜，曾安敏，景一帆．函数模型和随机模型双约束的 GNSS 数据融合及其性质［J］．武汉大学学报：信息科学版，2014，39（2）：127-131.

[7] 李建成．最新中国陆地数字高程基准模型：重力似大地水准面 CNGG2011［J］．测绘学报，2012，41（5）：651-660，669.

[8] 李建成．我国数字高程基准研究最新进展［A］．2014 年中国地球科学联合学术年会［C］．武汉：武汉大

学测绘学院，2014.
[9] 党亚民，陈俊勇．国际大地测量参考框架技术进展［J］．测绘科学，2008，33（1）：33-36.
[10] 薛树强，党亚民，秘金钟，等．顾及非线性地形因子的地表面积计算［J］．测绘学报，2015，44（3）：330-337.
[11] 党亚民，成英燕，孙毅，等．图件更新北京 54 和西安 80 坐标系转换方法研究［J］．测绘科学，2016，31（3）：20-22.
[12] 党亚民，陈俊勇，刘经南，等．利用国家 GPSA 级网资料对中国大陆现今水平形变场的初步分析［J］．测绘学报，1998，27（3）：267-273.
[13] 章传银，党亚民，柯宝贵，等．高精度海岸带重力似大地水准面的若干问题讨论［J］．测绘学报，2012，41（5）：709-714，742.
[14] 吴晓平，孙凤华，张传定．我国重力场与大地水准面的确定和改进［J］．信息工程大学学报，2004，5（2）：107-110.
[15] 吴晓平．似大地水准面的定义及在空中测量中涉及的问题［J］．测绘科学，2006，31（6）：24-25.
[16] 焦文海，丁群，李建文，等．GNSS 开放服务的监测评估［J］．中国科学，2011，41（5）：521-527.
[17] 焦文海，魏子卿，马欣，等．1985 国家高程基准相对于大地水准面的垂直偏差［J］．测绘学报，2002，31（3）：196-200.
[18] 郭春喜，王文利，白贵霞，等．坐标系转换中全国高精度高分辨率格网改正量的确定［J］．测绘科学，2013，38（2）：5-7.
[19] 刘经南，邓辰龙，唐卫明．GNSS 整周模糊度确认理论方法研究进展［J］．武汉大学学报：信息科学版，2014，39（9）：1009-1016.
[20] 欧阳永忠．海空重力测量数据处理关键技术研究［J］．测绘学报，2014，43（4）：435.
[21] 李东明．捷联式移动平台重力仪地面测试结果［A］．惯性技术发展动态发展方向研讨会论文集［C］．重庆：中国惯性技术学会，2014：9-13.
[22] 张子山．GDP-1 型重力仪船载试验介绍［A］．惯性技术发展动态发展方向研讨会论文集［C］．重庆：中国惯性技术学会，2014：65-69.
[23] 黄谟涛，刘敏，孙岚，等．海洋重力仪稳定性测试与零点漂移问题［J］．海洋测绘，2014，34（1）：1-7.
[24] 许厚泽，王谦省，陈益惠．中国重力测量与研究进展［J］．地球物理学报，1994，37（1）：339-352.
[25] 滕吉文．中国地球物理仪器和实验设备研究与研制的发展与导向［J］．地球物理学进展，2005，20（2）：276-281.
[26] 许才军，尹智．利用大地测量资料反演构造应力应变场研究进展［J］．武汉大学学报：信息科学版，2014，39（10）：1135-1146.
[27] 王乐洋，许才军，温扬茂．利用 STLN 和 InSAR 数据反演 2008 年青海大柴旦 Mw 6.3 级地震断层参数［J］．测绘学报，2013，42（2）：68-176.
[28] 徐爱功，徐宗秋，隋心．卫星轨道与钟差对精密单点定位精度的影响［J］．测绘通报，2013，5：1-4.
[29] 孙中苗，翟振和，肖云，等．航空重力测量的系统误差补偿［J］．地球物理学报，2013，56（1），47-52.
[30] 柳林涛，许厚泽．航空重力测量数据的小波滤波处理［J］．地球物理学报，2004，47（3）：490-494.
[31] 彭军还，李淑慧，师芸，等．不等式约束 M 估计的均方误差矩阵和解的改善条件［J］．测绘学报，2010，39（2）：129-134.
[32] 王刚，段晓君，谢美华．复合制导再入机动弹头再入误差分析［J］．弹道学报，2009，21（4）：1-5.
[33] 孔建，姚宜斌，吴寒．整体最小二乘的迭代解法［J］．武汉大学学报：信息科学版，2010，35（6）：711-714.
[34] 鲁铁定，周世健．总体最小二乘的迭代解法［J］．武汉大学学报：信息科学版，2010，35（11）：1351-1354.
[35] Yuan Y，Gao W，Zhang X. Robust Kalman filtering with constraints：a case study for integrated navigation［J］.

Journal of Geodesy，2010，84（6）：373-381.
[36] 朱建军，谢建，陈宇波．不等式约束对平差结果的影响分析［J］．测绘学报，2011，40（4）：411-415.
[37] 孙海燕，黄华兵，王喜娜．多维平差问题粗差的局部分析法［J］．测绘学报，2012，41（1）：54-58.
[38] 朱建军，解清华，左廷英，等．复数域最小二乘平差及其在 PolInSAR 植被高反演中的应用［J］．测绘学报，2014，43（1）：45-51.
[39] Li X，Ge M，Zhang X，et al. Real-time high-rate co-seismic displacement from ambiguity-fixed precise point positioning：Application to earthquake early warning［J］．Geophysical Research Letters，2013，40（2）：295-300.
[40] Liu Y，Xu C，Wen Y，et al. Fault rupture model of the 2008 Dangxiong（Tibet，China）Mw 6.3 earthquake from Envisat and ALOS data［J］．Advances in Space Research，2012，50（7）：952-962.
[41] Niu J，Xu C. Real-Time Assessment of the Broadband Coseismic Deformation of the 2011 Tohoku-Oki Earthquake Using an Adaptive Kalman Filter［J］．Seismological Research Letters，2014，85（4）：836-843.
[42] Wang H，Elliott J R，Craig T J，et al. Normal faulting sequence in the Pumqu-Xainza Rift constrained by InSAR and teleseismic body-wave seismology［J］．Geochemistry Geophysics Geosystems，2014，15（7）：2947-2963.
[43] Yao Y B，Yu C，Hu Y F. A new method to accelerate PPP convergence time by using a global zenith troposphere delay estimate model［J］．Journal of Navigation，2014，167（5）：899-910.
[44] Wen Y，Li Z，Xu C，et al. Postseismic motion after the 2001 Mw 7.8 Kokoxili earthquake in Tibet observed by InSAR time series［J］．Journal of Geophysical Research，2012，117（B8）：70-83.
[45] 曾文宪，方兴，刘经南，等．附有不等式约束的加权整体最小二乘算法［J］．测绘学报，2014，43（10）：1013-1018.
[46] 陈强，刘国祥，胡植庆，等．GPS 与 PS-InSAR 联网监测的台湾屏东地区三维地表形变场［J］．地球物理学报，2012，55（10）：3248-3258.
[47] 顾勇为，归庆明，韩松辉，等．航空重力向下延拓分组修正的正则化方法［J］．武汉大学学报：信息科学版，2013，38（6）：720-724.
[48] 胡敏章，李建成，邢乐林．由垂直重力梯度异常反演全球海底地形模型［J］．测绘学报，2014，43（6）：558-565.
[49] 蒋涛，党亚民，章传银．利用航空重力测量数据确定区域大地水准面［J］．测绘学报，2013，42（1）：152.
[50] 刘刚，聂兆生，方荣新，等．高频 GNSS 形变波的震相识别：模拟实验与实例分析［J］．地球物理学报，2014，57（9）：2813-2825.
[51] 屈春燕，单新建，张国宏，等．时序 InSAR 断层活动性观测研究进展及若干问题探讨［J］．地震地质，2014，36（3）：731-748.
[52] 许闯，罗志才，汪海洪，等．利用剖面重力测量数据反演深圳市地下断层参数［J］．武汉大学学报：信息科学版，2014，39（4）：435-440.
[53] 秘金钟，蒋志浩，张鹏，等．IGS 跟踪站与国内跟踪站联合处理的框架点选择研究［J］．武汉大学学报：信息科学版，2007，32（8）：704-706.
[54] 姚宜斌，余琛，胡羽丰，等．利用非气象参数对流层延迟估计模型加速 PPP 收敛［J］．武汉大学学报：信息科学版，2015，40（2）：188-192.
[55] 孙文，吴晓平，王庆宾，等．航空重力数据向下延拓的波数域迭代 Tikhonov 正则化方法［J］．测绘学报，2014，43（6）：566-574.

撰稿人：白贵霞　党亚民　吴晓平　焦文海　许才军　柳林涛　孙中苗
秘金钟　章传银　成英燕　欧阳永忠　张　鹏　甘卫军
黄乘立　张庆涛　王　虎　王　伟

摄影测量与遥感技术发展研究

一、引言

近年来，随着航天航空技术、计算机技术、网络通信技术和信息技术的飞速发展，摄影测量与遥感多种传感器和遥感平台出现并逐渐成熟，遥感数据获取的能力不断增强，形成了以多源（多平台、多传感器、多角度）、高分辨率（光谱、空间、时间、辐射）为特点的高效、多样、快速的空天地一体化数据获取手段。

在数据处理方面，针对高空间分辨率、高光谱分辨率、合成孔径雷达（SAR）以及激光雷达（LiDAR）等专题数据处理的算法在性能上得到进一步完善。

高分辨率遥感图像中虽然地物细节非常丰富，但是基于像元的图像分析易受地物几何形态多样、光谱异质性强、地物对象多尺度化等因素影响，因此必须强调空间关系、几何特征的应用以及多尺度分析。目前，面向对象分析成为高分辨率遥感图像的主流分析方法。而通过多源遥感数据综合利用高分辨率与中低分辨率遥感图像发挥各自的优势，有益于提高信息解译能力。多时相遥感的重点是面向对象变化检测技术的研究以及空间特征在变化检测中的有效利用研究。

高光谱遥感技术，除硬件性能不断提高外，关于高光谱影像处理研究主要集中在特征挖掘、分类、混合像元分解、目标识别、参数反演、高性能计算等方面。

针对 SAR 数据的处理包括相干分析、相位干涉（即合成孔径雷达干涉）、幅度追踪、极化分析、层析建模和立体摄影测量等多种数据处理技术。其中，多时相 SAR 干涉测量、极化干涉测量和 SAR 层析建模技术是近来 SAR 数据处理和研究的热点。

激光雷达（LiDAR）根据应用目的不同以及技术上的差异，其数据处理研究集中在探测空气污染物、获取气溶胶高度特征、森林结构参数提取和森林制图以及提高点云滤波以及地物模型重建算法精度及效率等方面。

此外，随着航空航天遥感正在朝“三多”（多传感器、多平台、多角度）和“四高”（高空间分辨率、高光谱分辨率、高时相分辨率、高辐射分辨率）方向发展，遥感的应用分析正在由定性转向定量，航空航天遥感数据已经成为地形图测绘与更新的主要数据源，遥感数据产品呈现出高 / 中 / 低空间分辨率、多光谱 / 高光谱 / 合成孔径雷达共存的趋势。传感器及其平台的迅速发展，大大增加了空间数据获取的途径和来源。如何高效、快捷、准确地处理这些种类繁多、形式各异的海量数据，成为自动化遥感数据处理领域所面临的新的技术挑战。因此，寻求切实可行的海量数据处理的方式和方法、最大限度地实现自动化、实现测绘行业从劳动密集型到技术密集型产业的转换，是自动化数据处理所迫切需要解决的关键问题。

在摄影测量与遥感学科方面，目前国内高校中摄影测量与遥感本科专业建设主要依托测绘科学与技术学科，近年来国内高校在摄影测量与遥感学术建制、人才培养、基础研究平台建设等方面均有所进展。

本报告首先分别从高分辨率遥感技术、高光谱遥感技术、合成孔径雷达技术以及激光雷达技术等方面回顾了近两年摄影测量与遥感专业技术进展，并归纳总结了典型高校近年来摄影测量与遥感学科建设的主要进展，然后比较分析了国内外摄影测量与遥感技术发展动态及方向，最后对本专业发展趋势及前景进行了展望。

二、本专业国内发展现状

（一）专业技术进展

1. 高分辨率遥感技术

高分辨率遥感图像中虽然地物细节非常丰富，但是基于像元的图像分析易受地物几何形态多样、光谱异质性强、地物对象多尺度化等因素影响，因此必须强调空间关系、几何特征的应用以及多尺度分析。目前，面向对象分析成为高分辨率遥感图像的主流分析方法。即，首先图像分割必须具有多尺度分割的能力，以聚合不同尺度的地物对象。图像分割研究中多尺度分割算法的创新（Zhang，et al.，2014）和分割参数优化与分割尺度选择（Witharana，et al.，2014）等是热点问题，特别是如何从多尺度中自动选择若干个具有地理意义的尺度进行分析（Yang，et al.，2014）需要重点关注。在对象分析阶段，如何提取有效的对象特征、如何有效地应用分类器（Huang，et al.，2014）是提高分类结果精度的重要途径。此外，也有学者将投票决策或者马尔科夫随机场、条件随机场等方法引入到高分辨率遥感影像分类过程中（Moser，et al.，2013；Zhong，et al.，2014）。

近年来，利用多源、多时相遥感数据也是高分辨率遥感图像信息提取的重点之一。通过多源遥感数据综合利用高分辨率与中低分辨率遥感图像发挥各自的优势，有益于提高信息解译能力。多时相遥感的重点是面向对象变化检测技术的研究，以及空间特征在变化检测中的有效利用研究（Chen，et al.，2013）。另外，几何配准、光照差异、成像角度、阴影差异等对高分辨率遥感图像变化检测具有重要的影响，目前已有研究试图消除或剥离这些因素的影响（Bruzzone and Bovolo，2013；Chen，et al.，2014），值得进一步关注。

最新的研究动态表明，对高分辨率遥感图像场景的机器理解将成为研究热点。场景中复杂目标识别、场景分类等问题引起了较多的关注（Cheriyadat AM，2014; Zhang，et al.，2015）。而图像的场景理解研究需要标准的数据集作为支撑，目前已有若干数据集出现（Zhang，et al.，2015），但还需要进一步发展和完善。此外，随着高分辨率遥感图像数据的日渐丰富，图像数据的管理、检索问题成为大规模数据应用的瓶颈。目前国际上已建立了多个基于内容的图像检索与信息挖掘系统（Quartulli and Olaizola，2013），国内研究人员对这方面的关注还相对较少。

2. 高光谱遥感技术

高光谱遥感技术，除硬件性能不断提高外，其影像处理技术一直是学者研究的焦点，目前关于高光谱影像处理研究主要集中在特征挖掘、分类、混合像元分解、目标识别、参数反演、高性能计算等方面。

在影像特征挖掘方面，大量算法是在特征提取、特征选择两种策略框架下提出，包括从原始波段集中选择若干波段的特征选择方法、对原始波段集进行线性或非线性变换实现降维的特征提取方法等（何明一，等，2013）。各种非线性特征提取方法是近年来的研究热点，流形学习在高光谱数据降维中体现出了明显的优点（Lunga，et al.，2014）。基于等距映射和局部切空间排列非线性降维，提出了两种流形坐标的差异图法来提取高光谱影像内部的潜在特征（孙伟伟，等，2013）。

在分类方面，由于光谱－空间分类是提升高光谱遥感影像分类精度和可靠性的有效方法，因此形态学剖面、扩展形态剖面、扩展属性剖面、马尔可夫随机场等特征描述技术，结合特征复合核函数以及支持向量机被提出用于提高影像分类精度（李娜，等，2014；Khodadadzadeh，et al.，2014）。此外，继过去几年支持向量机（SVM）、多元逻辑回归（MLR）等的研究不断深入之后，新型分类器的发展是高光谱影像分类一个重要的研究方向，最近两年，极限学习机（ELM）作为一种新的快速分类算法开始得到重视（Samat，Du，et al.，2014）。同时，人工 DNA 计算也在高光谱遥感数据编码、匹配与分类中体现出了很好的效果（Jiao，Zhong and Zhang，2014）。稀疏表达近年来也在高光谱影像分类中得到进一步的应用（Qian，et al.，2013; Li，et al.，2014a & 2014b）。此外，多分类器集成是高光谱遥感影像分类另外一个重要的发展方向。在 Boosting、Bagging、Random Forest 等集成学习算法在高光谱遥感影像分类中得到良好应用效果的基础上，（Xia，et al.，2014）将另外一种最新的多分类器方法——Rotation Forest 用于高光谱影像分类，并和单分类器 SVM 以及其他多分类器算法包括 Bagging、AdaBoost、Random Forest 进行了比较，结果表明，Rotation Forest 分类性能优于 SVM 和其他多分类器方法。

混合像元分解（unmixing）是高光谱遥感影像处理另外一个内容，关键问题包括端元数量确定、端元提取、端元丰度求解模型等。鉴于稀疏表示的优秀性能，近来稀疏表示在混合像元分解中得到了较多的应用（宋义刚，等，2013）。在端元提取方面，空间 - 光谱特征综合的端元提取体现出了明显的优点，从信号处理的视角对高光谱混合像元分解进行了综述，重点探讨了信号处理前沿方法在高光谱混合像元分解中的应用（Ma, et al.，2014）。

高光谱目标识别主要是利用感兴趣目标的特征和精细光谱信号实现目标识别，已在安全、军事等领域具有广泛深入的应用（张良培，2014）。高光谱目标识别主要包括两个步骤：一是异常检测以确定与背景具有不同光谱特征的像元，二是确定目标是否是感兴趣的像元（Bioucas-Dias, et al.，2013）。近年来，稀疏表达、核学习和非线性模型也在目标识别中得到了应用，特别是基于核学习的方法能够取得优于线性模型的效果。迁移学习通过在源影像和目标影像中的知识迁移，能够进一步提高目标识别算法的性能（Zhang，et al.，2014）。

高光谱遥感定量参数地表反演的模型主要包括统计模型、物理模型和混合模型（Bioucas-Dias, et al.，2013）。统计模型仍然是目前应用最为广泛的高光谱物理参数反演模型，除传统线性回归模型外，偏最小二乘回归、支持向量回归、高斯过程回归、人工神经网络等体现出了明显的优越，如 Tan 等利用地面实测光谱对矿区复垦农田土壤砷含量进行反演（Tan, et al.，2014b）。物理反演模型基于辐射传输模型，主要用于植被参数正演和反演，重点是前向模型的建立。混合模型则综合了统计模型和物理模型的优点（Bioucas-Dias, et al.，2013）。

此外，高光谱数据与其他数据的融合也是当前高光谱信息处理一个重要方面，如成像光谱数据与机载 LiDAR 数据融合用于森林生态系统描述（Torabzadeh, et al.，2014; 刘丽娟，等，2013）、高光谱与多光谱影像融合等（Palsson, et al.，2014）。

在应用方面，高光谱遥感应用的研究近年来的主要集中在农作物无损检测与品质评价、农业病害检测、植被参数反演、土壤参数（重金属、有机质、盐分等）反演（史舟，等，2014；于士凯，等，2013；付馨，等，2013）、矿物蚀变信息提取与岩矿识别（刘汉湖，等，2013）、水体富营养化评价、油气资源探测（周子勇，2014）等方面。

3. 合成孔径雷达（SAR）技术

鉴于 SAR 影像中包含有振幅、相位、极化、时空变化等多种信息，针对这些信息的处理衍生了相干分析、相位干涉（即合成孔径雷达干涉）、幅度追踪、极化分析、层析建模和立体摄影测量等多种数据处理技术。其中，多时相 SAR 干涉测量、极化干涉测量和 SAR 层析建模技术是近来 SAR 数据处理和研究的热点。

SAR 干涉测量（InSAR）是利用覆盖同一地区的两景或多景影像获取地表地形或形变信息的一种技术。由于 InSAR 对地表位移的高度敏感性，其在地表形变监测中得到了广泛应用，该技术被称为差分 InSAR（即 Differential InSAR，DInSAR）。然而，由于受到时空失相关、大气延迟和“二轨”DInSAR 中的地表高程误差的影响，其在缓慢累积地表形变监测中的应用受到限制。因此，关于 DInSAR 的研究和应用逐步转向地震、火山、滑坡及冰流和矿产开采等引发的显著地表形变的监测，并出现了分孔径干涉（Multi-Aperture Interferometry，MAI）和基于 SAR 强度信息的像素偏移量（Pixel Offset Tracking，POT）估计技术及与 DInSAR 进行结合反演地表三维形变的技术，弥补了 DInSAR 仅能测量单一 LOS 向形变的不足。针对常规 DInSAR 在监测缓慢地表形变中所存在的缺陷，国外学者率先提出永久散射体干涉（PSI），小基线集（SBAS）干涉为代表的多时相 InSAR（MTInSAR）技术。目前，MTInSAR 已成为地表长时间形变序列监测的重要技术手段。除了经典的 PSI、SBAS 方法，还出现了如干涉点目标分析（IPTA）、时空解缠网络法（STUN）、半 PS 算法（QPS）、PS 网络化分析（PSNA）、StaMPS、时域相干点目标分析算法（TCPInSAR）等改进算法（D.Lunga，et al.，2014）。这些 MTInSAR 算法的共同点是均针对高质量的点目标进行分析解算，面对自然地表高质量点目标较少的区域，这些方法无法同时保证形变的精度和点位的密度。

由于极化 SAR（Pol-SAR）具有对地表地物空间分布高度敏感的特性，将极化与干涉技术结合形成极化干涉 SAR（Pol-InSAR），则可以同时把目标的精细物理特征与空间分布特性结合起来，并提取它们之间的相互关系。Pol-InSAR 已在地形测绘、微地形变化检测、植被生物量估计等众多领域得到应用。特别地，双极化或全极化 SAR 与 MTInSAR 技术相结合，利用目标散射极化信息可以选择出更多高相位质量的相干目标点，从而获取高分辨率和高精度的地表形变场（Alipour S.，et al.，2013；Navarro Sanchez，V.D.，et al.，2014）。

此外，将合成孔径的原理引入到三维空间，可以克服传统 InSAR 技术难以区分同一分辨单元内不同散射体信息的缺陷，这就是近年来兴起的层析 SAR（Tomographic SAR，TomoSAR）技术（庞礴，等，2013）。随着 TerraSAR-X 和 COSMO-SkyMed 等具有 1m 分辨率的高分辨星载 SAR 系统的投入使用，为城市区域和人造目标的层析三维（3D）成像研究提供了更加有利的条件，并且能够促进复杂地区长时间序列形变的监测，即 4D 甚至 5D 层析 SAR 技术（3D 空间 + 时间 + 温度）（Fornaro G.，et al.，2014）。国内外众多研究机构，如德国宇航中心（DLR）、武汉大学及中科院电子所等已经利用 SAR 层析技术在建筑物三维信息提取、森林垂直反演，城市动态形变监测等领域展开了研究和应用。

总之，日益丰富的 SAR 数据和不断提升的对地观测需求，对现阶段 SAR 数据处理方法和效率都提出了更高的要求。目前国内已有众多 SAR 遥感研究团队紧跟国际前沿，在 SAR 传感器及平台研发、数据处理等方面取得了长足的进展，并在时序 InSAR 的研究和应用方面处于国际先进水平。

4. 激光雷达（LiDAR）技术

激光雷达（LiDAR）根据应用目的不同以及技术上的差异，其数据处理研究目前主要集中在以下方面：

在大气探测方面。通过 LiDAR 数据可以估算空气中球形和非球形粒子的消光系数，之后对消光系数中非球形和球形气溶胶的贡献，可较好的探测空气污染物；基于 LiDAR 基于利用聚类分析方法估算大气边界层；根据 LiDAR 数据的反射信号可提取气溶胶垂直分布。

在植被提取方面。由于 LiDAR 提供了测量森林结构参数的方法，包括平均冠层高度、高度一致性、水平冠层分布、叶面积密度轮廓的变量系数、森林覆盖、密度等参数，根据这些参数可准确反演森林材积、树干蓄积、地上生物量等植被信息；同时研究发现从 LiDAR 波形数据中计算出波形宽度、样本偏度、波形振幅、波形标准差和第一偏度系数 / 标准差与生物量密度具有相关性；根据冠层高度信息可以准确探测精准的物种分布模型以及栖息地制图信息；生成的高度信息与 MODIS、MISE 数据结合可生成高精度 LAI；通过对冠层点云数据体元化可以计算出光穿透系数以及树冠叶面积，对于估算森林叶方向分布以及森林制图具有重要意义。

在地貌重建方面。通过激光后向散射信号可提取自然风化断层陡坡信息，重建断层历史；利用 LiDAR 生成的高精度 DEM 结合斜导数方法生成坡度等信息表征地貌特征，可用来分析地形，进行山崩、泥石流制图，改善地表流动模型等；同时可获取断层线方向分布，对于理解地震灾害非常重要。因此，作为利用 LiDAR 数据重建 DEM 的关键技术——点云滤波算法，提高滤波结果精度以及算法的自动化程度仍是点云数据处理研究的重点。此外，基于 LiDAR 点云的地物提取及建模仍是 LiDAR 数据处理研究的重点内容，包括建筑物、电力线、道路及桥梁的提取及重建等。随着 LiDAR 系统在数据获取性能上的提高，点云的密度不断提高，因此，针对地物提取及重建的效率和质量仍是当前和未来 LiDAR 点云处理研究的一个重要方向。

5. 自动化遥感测绘技术

传感器及其平台的迅速发展，大大增加了空间数据获取的途径和来源。如何高效、快捷、准确地处理这些种类繁多、形式各异的海量数据，成为自动化遥感数据处理领域所面临的新的技术挑战，因此，寻求切实可行的海量数据处理的方式和方法，最大限度地实现自动化，实现测绘行业从劳动密集型到技术密集型产业的转换，是自动化数据处理所迫切需要解决的关键问题。

（1）自动化遥感数据处理技术

自动化数据处理是从多源异构航空航天遥感数据经过精准几何、辐射处理到空间信息及地学知识转化的关键步骤。目前，针对多源、异构遥感数据的快速自动化处理通常需要涉及以下关键技术：

1）高性能遥感数据集群与协同处理技术。如新一代高性能遥感数据集群处理技术、基于网络的遥感影像处理的远程调用与协作机制等。

2）高分辨率航空航天光学遥感数据处理技术。如高精度遥感成像模型及有理函数模型、多线阵 / 多角度多视影像区域网平差技术、稀少或无控制的卫星影像高精度定位技术、多角度多视影像自动匹配及三维信息提取技术、多源异构遥感影像融合处理及信息提取技术等。

3）合成孔径雷达（SAR）数据处理技术。如机载 / 星载 SAR 高精度干涉地形测量技术、自主产权的多模态、分布式 SAR 干涉测量数据处理技术、超宽带 SAR 隐形地面目标探测处理技术、激光 SAR 地形测绘数据处理技术及自主产权的自动化、智能化、集成化

SAR 数据处理专业系统。

4）激光雷达（LiDAR）数据处理技术。如激光点云数据处理、条带平差和拼接方法、DSM 自动 / 自适应滤波和 DEM 生成技术、激光扫描数据与影像数据综合分析及三维地形信息提取技术等。

5）智能化遥感数据解译技术。如空间信息认知模型和遥感影像智能解译理论、新型遥感影像信息解译与目标识别智能方法、遥感影像智能解译的尺度模型及多尺度分析方法、基于图斑的遥感影像智能解译与变化提取技术、高分辨率影像解译与自动识别软件系统等。

（2）高精度影像匹配算法

影像匹配——尽管这一问题已经研究了几十年，但至今仍存在许多限制因素。关于影像匹配算法的分类最直观的方式是基于配准基元进行分类，也即是围绕单一兴趣点附近的灰度窗口进行匹配，可以归类为“基于区域的匹配”算法 ABM（Area-Based Matching）和“基于特征的匹配”算法 FBM（Feature-Based Matching）。从匹配策略上分类，当今主流的算法分为两种主要的思路，一是通过立体像对的匹配以及匹配得到的视差图的融合完成整个匹配过程（Hermann and Klette，2013）；另一种则通过多视影像的同名对应完成匹配过程（Multi-View Stereo-MVS）（Toldo，et al.，2013）。

从相似性测度上看，现今提出的大多数匹配算法都是基于相似性（Similarity）或者光学一致性（Photo-Consistency），这些方法比较的是影像之间的像素值，根据算法的不同这些测度可以定义在影像空间或者物方空间。而其中最常见的测度或者说匹配代价有以下几种：强度差异的绝对值或者平方值，Normalized Cross-Correlation（NCC），密集特征描述，Census 变换，互信息，基于梯度的算法以及 BRDFs（Bidirectional Reflectance Distribution Functions）方法。密集的多视重建方法将同时使用多视的光学和几何一致性，为初始化匹配流程，许多多视匹配方法需要一个粗略的场景表面模型作为初值。

密集匹配已成为得到表达地表的密集 3D 点云的关键步骤。目前密集匹配方法可以分为采用多层次的双向密集匹配方法以及采用多视密集匹配算法。密集匹配算法中真正的创新点除了基于像素的匹配外，在于将不同的基本相关算法、一致性测度、可视性模型、形状知识、约束条件和最优化策略集成到多步流程之中。在许多方法中，执行这一集成策略的方式大多通过多分辨率的途径完成。如今的商业软件包也正在朝此方向推进。

总之，影像匹配技术虽经过了多年的发展，但是其潜力并没有完全被发掘。目前影像匹配的进展主要在三方面进行：

1）GPU，网格计算，FPGA 等加速现有的算法（SGM 等）；

2）通过增加多传感器增加额外的信息（如倾斜影像）；

3）发展影像理解技术（较为困难，进展缓慢）。

（3）三维城市精细建模技术

由于传统的航空摄影和机载 LiDAR 技术手段难以获取大量的地物侧面纹理，难以进行三维城市全景精细建模，而发展迅速的倾斜摄影技术可在获取顶面纹理的同时，其搭载的倾斜相机能够同时获得地物的侧面纹理，可为三维城市精细建模提供数据基础。但是由于倾斜视角的存在，导致获得的相片遮挡严重，相片内部的尺度不一，造成了倾斜影像自动处理的困难。目前，倾斜影像的处理技术主要包括区域网平差处理，点云构网以及多视纹理映射等。

区域网平差方面。在倾斜影像的多相机联合平差问题上，已有学者提出在光束法平差过程中引入一些额外的约束条件（影像之间的相对位置，场景中的垂线等），或者简单地利用已经经过定向的下视影像与 GNSS/IMU 信息，解算未经定向的倾斜相片。其中 E.Rupnik（2013）利用无约束的平差方式得到了较好的结果（0.5 个像素的 σ），该平差方式设定每一个影像都使用独立的外方位元素（EO），对于相同相机拍摄的影像使用共同的的内方位元素（IO），则此时的处理方法就是传统的共线方程的组合。这种方式没有加入诸如影像之间的偏移等的约束，但缺点在于方程的数量急剧增大。

点云的三维构网方面。在获得密集的三维点云的基础上重建出物体的表面是影像建模的另一重要问题。到目前为止，已有大量的解决方案被提出，如基于 Delaunay 三角网的方法，Ball-Pivoting 算法，基于水平集的算法以及基于泊松方程的表面构建算法。但这些算法在重建三维模型时，如何快速从海量点云中构建特征无损的精细模型仍是目前需要解决的问题。

自动纹理映射方面。纹理映射过程中的需要解决两个问题，第一选择最佳的相片，第二纹理的色彩过渡问题。对于问题一，研究人员通过构建最优选片模型，通过计分投票的方式得到最佳纹理候选片。对于问题二，已有大量学者进行过相关研究，如多波段色彩融合方法以及泊松融合方法，两者都是色彩过渡处理的经典方法，但由于泊松融合的优点是不需要大范围的重叠区域，适用性更广。

（二）摄影测量与遥感学科进展

目前，国内高校中摄影测量与遥感本科专业建设主要依托测绘科学与技术学科，开设的高校有武汉大学、解放军信息工程大学、同济大学、中国矿业大学、西南交通大学、中南大学等，同时也有多所综合性大学设置了摄影测量与遥感学科，培养研究生，如北京大学、南京大学等。本节将简要介绍代表性高校在摄影测量与遥感学术建制、人才培养、基础研究平台建设等方面所取得的主要进展。

武汉大学作为拥有全国首批国家重点学科和“211 工程”重点建设学科摄影测量与遥感的高校，自 1956 年以来，经过当代中国测绘事业的开拓者、摄影测量与遥感学科奠基人王之卓院士和学术带头人李德仁院士、张祖勋院士、龚健雅院士等专家的辛勤耕耘，学校已形成从学士、硕士、博士到博士后的完整人才培养体系。现有遥感科学与技术、地理国情监测 2 个本科专业；拥有摄影测量与遥感、地图学与地理信息系统、模式识别与智能系统 3 个学术型硕士学位授权点和测绘工程领域专业硕士学位授权点；拥有摄影测量与遥感、地图制图学与地理信息工程 2 个博士学位授权点；设有测绘科学与技术博士后科研流动站。武汉大学遥感信息工程学院于 2012 年开设的全国首个地理国情监测本科专业并开始全国招生，进一步完善了人才培养模式。在平台建设方面，学院与浙江省测绘与地理信息局合作建设的地理国情监测国家测绘地理信息局重点实验室正式由国家测绘地理信息局批准成立。

西南交通大学于 1978 年设立摄影测量与遥感专业（1996 年教育部专业目录调整更名为测绘工程专业）；1985 年设立工程测量硕士点；2001 年设立测绘科学与技术一级学科博士点（涵盖大地测量学与测量工程、摄影测量与遥感、地图制图学与地理信息工程 3 个二级学科）；2002 年设立地理信息系统专业（2012 年教育部专业目录调整更名为地理信息科学专业），2004 年设立遥感科学与技术专业。西南交通大学测绘学科为国家“211 工程”与“特色 985”优势学科创新平台重点建设的学科，轨道交通国家实验室（筹）主要参与学科、“2011 计划”轨道交通协同创新中心主要参与学科、四川省重点一级学科。2012 年国家发改委批准建立高速铁路运营安全空间信息技术国家地方联合共建工程实验室。2013 年获准建立高速铁路运营安全空间信息技术教育部创新团队。

中南大学 2003 年起设置摄影测量与遥感博士点，2012 年起开设遥感科学与技术本科专业。中南大学地球科学与信息物理学院学院设有 5 个一级学科，包括地质资源与地质工程、测绘科学与技术、生物医学工程、地质学和地理学。学院拥有 3 个博士学位授权一级学科点，包括地质资源与地质工程、测绘科学与技术和生物医学工程；涵盖 13 个二级学科博士点和 15 个二级学科个硕士点，分别为地球探测与信息技术、大地测量学与测量工程、地图制图学与地理信息工程、摄影测量与遥感、资源环境遥感、光电子测绘仪器与信息获取、安全信息工程、生物信息物理学、生物医学工程、矿物学岩石学矿床学、矿产普查与勘探、地质工程和国土资源信息工程以及构造地质学、土地资源管理和地图学与地理信息系统。学院在“国家 211 工程”和“985 工程”建设中，建有地球探测与信息技术国家重点学科、矿产普查与勘探和大地测量学与测量工程 2 个省级重点学科、地质工程及生物医学工程 2 个校级重点学科。建有有色金属成矿预测教育部重点实验室、有色资源与地质灾害探查湖南省重点实验室、中国有色金属信息物理工程中心、湖南省地理空间信息工程技术研究中心等教学科研平台。

南京大学作为依托地理学尤其是地图学与地理信息系统理学学科发展摄影测量与遥感工学学科的代表，着力实现理工学科融合交叉、基础研究和应用研究并重，加强与其他科研机构、应用单位的协同创新，目前设置有卫星测绘技术与应用国家测绘地理信息局重点实验室（与国家测绘地理信息局卫星测绘应用中心和江苏省测绘工程院共建）、江苏省地理信息技术重点实验室（与江苏省基础地理信息中心共建），是国家遥感中心江苏分部挂靠单位，承担中国南海研究协同创新中心南海动态监测与情势推演平台建设任务（与中国科学院地理科学与资源研究所共建），建设有全球变化遥感江苏省优势科技创新团队和碳循环陆气协同遥感教育部科技创新团队。目前，南京大学在摄影测量与遥感学科已形成了高分辨率（空间、光谱）遥感影像处理与分析、全球变化遥感（含极地遥感、雪冰遥感、生态遥感等）、LiDAR 数据处理与应用、多源遥感信息融合、海洋遥感与国土资源遥感等稳定的研究方向。

长安大学测绘地理信息学科是陕西省重点建设学科和长安大学“211 工程”重点建设学科之一。2003 年获批设立摄影测量与遥感硕士点及测绘科学与技术一级学科硕士点，设立大地测量学与测量工程专业博士学位授予点；2005 年获批设立地图制图学与地理信息工程博士点、摄影测量与遥感博士点，并自设资源与环境遥感博士点；2007 年批准设立测绘科学与技术博士后科研流动站；2009 年测绘工程专业被批为陕西省特色专业；2010 年测绘科学与技术成为一级学科博士点；2014 年校测量系被批为陕西省测绘工程人才培养模式创新实验区，测绘工程教学团队和专业综合改革试点。目前，该学科已拥有测绘科学与技术一级学科博士后科研流动站、测绘科学与技术一级学科博士点、4 个二级学科博士点、5 个硕士点和 3 个本科专业。目前本学科有独立建设或联合参与的 2 个省部级实验室和 4 个研究中心。

三、本专业国内外发展比较

在高分辨率遥感卫星研制方面，2014 年 8 月 19 日，高分二号卫星在太原卫星发射中心成功发射升空，该星是迄今为止中国空间分辨率最高的遥感卫星，成功实现了全色 0.8m、多光谱 3.2m 的空间分辨率以及优于 45km 的观测幅宽。该星的发射，一举将民用遥感卫星的分辨率提升至 1m。同时，近几年通过“天绘一号”与“资源三号”的研制，国内工业部门对测绘卫星的要求和研制也有了更深的认识，在传感器设计、制造与标定方面的技术水平大幅提高。目前，国产更高分辨率以及更高精度的遥感测绘卫星，正处在设计研制过程中。而国外高分卫星的发展呈现以下特征：一是光学遥感测绘卫星的分辨率和精度不断提高，代表者当属 2014 年 8 月 14 日发射的 WorldView-3 卫星，该卫星的分辨率代表全球商业遥感卫星的最高水平 0.31m；二是通过提高卫星机动性能以及构建卫星星座，显著缩短遥感卫星的重访周期，如法国的 SPOT 6 卫星和 SPOT 7 卫星，两颗卫星均具有 1.5/6m（全色 / 多光谱）的高分辨率，60km 的幅宽。而且，SPOT 6 、SPOT 7 卫星和两颗 Pleiades 卫星一起构成卫星星座，可以实现一天之内同一目标的重复观测。三是微纳卫星在遥感领域发展引人关注，美国 Skybox Imaging 公司于 2013 年 11 月从俄罗斯发射首颗微小成像卫星 SkySat-1，卫星重约 100kg，不但可以采集 1m 分辨率的影像，而且可以提供运动视频。该公司计划于 5 年内实现 24 星组网，具备全球 3 ~ 5 次 / 天重访的能力，且整个卫星星座成本不高于目前数字地球公司商业运行的最新大型成像卫星。

在高光谱遥感传感器研制方面，机载成像光谱仪商业化水平不断推进，应用领域继续拓展。近年来无人机高光谱遥感受到了业界人员的高度重视，体现了良好的技术优势和发展潜力。而 EO-1 Hyperion 仍然是目前空间和光谱分辨率最高的星载成像光谱仪。以德国 EnMAP（Environmental Mapping and Analysis Program）、加拿大 HERO（Hyperspectral Environment and Resource Observer）、美国 HyspIRI（Hyperspectral Infrared Imager）、日本 HISUI（Hyperspectral Imager Suite）等为代表的星载成像光谱仪研发工作持续推进，预计近几年内将会开始发射。我国在 HJ-1A、嫦娥一号和天宫一号等探测系统中都安装了成像光谱仪，目前正在研制中的高光谱遥感卫星高分五号将在近两年发射。

在 SAR 成像系统方面，德国宇航中心（DLR）发射的 TanDEM-X 双星编队系统，具有无时间干损及实现获取 InSAR 测高的最优基线长度的双重技术优势，其 DEM 质量达到相对高程精度优于 2m，绝对测高精度为 10m 的 DTED-3 标准，其产品成为至今为止精度最高的全球 DEM 数据。同时，欧空局（ESA）和日本宇航局（JAXA）分别于 2014 年 4 月和 5 月发射的 Sentinel-1a 和 ALOS-2 SAR 卫星，具有最高分辨率 1m，最大宽幅 400km 的观测能力，这将进一步拓展卫星 SAR 对地观测的研究和应用。此外，机载 SAR 系统因具有良好的机动性，可以在很大程度上弥补星载 SAR 系统的不足，又可以作为星载 SAR 的试验平台，其研制和应用也备受青睐。目前，国际上较为著名的机载 SAR 系统有德国宇航中心（DLR）开发的 E-SAR，美国 JPL 的 UAVSAR 系统，这些 SAR 系统在地形获取、地震应急测绘等领域得到了成功的应用。美国、加拿大和欧洲的多个国家已将多种型号的空基干涉合成孔径雷达应用于实际的地形测量，显示其具有精度高、效率高和成本低等优势。目前美国、德国、法国的实验室均已实现了 0.1 m 分辨率的 InSAR 试验系统。由中国测绘科学研究院、中国科学院电子学研究所和国家测绘地理信息局联合研制的我国首套机载多波段多极化干涉 SAR 测图系统（CASMSAR），实现了 1∶5000 ~ 1∶50000 比例尺测绘。另外，地基 SAR 成像系统也逐渐成为一种弥补星载和机载 SAR 缺陷的观测手段。当前，国际上较为先进的地基 SAR 系统有意大利 IDS 公司研发的 IBIS-L 雷达干涉仪、瑞士 GAMMA 遥感公司研发的 GPRI 便携式雷达干涉仪等，国内外众多单位和学者已经利用这些系统对滑坡、露天矿边坡、冰川运动等展开监测和研究（Monserrat O，Crosetto M，Luzi G，2014）。

激光雷达（LiDAR）技术作为一种主动的遥感探测技术，已广泛应用于国土、交通、林业、电力等部门。通常所说的 LiDAR 技术是指进行地形测量和获取地表目标三维信息的主动遥感技术，实际上，按照应用目的不同，LiDAR 系统有不同的区分，如用于水深探测和浅海测绘的机载双色激光测深系统（双色激光雷达），国际上主要有加拿大的 CZMIL 系统、SHOALS 系统、瑞典的 HAWK EYE 系统等，我国暂时还没有自主研发的设备可替代。而用于地表三维信息采集的 LiDAR 系统相对丰富，如加拿大 Optech 产品、瑞士 Leica 产品、德国 TopoSys 产品以及奥地利 Riegl 产品等。目前，国内已经有 20 余套机载 LiDAR 设备，其中，北京星天地信息科技有限公司、山西亚太数字遥感新技术有限公司、广西桂能信息工程有限公司、武汉大学、广州建通测绘技术开发有限公司以及东方道迩公司等单位已经先后开展了实验和工程飞行，主要用于生产数字高程模型（DEM）、正射影像（DOM），以及制作线划图（DLG）等。此外，用于其他目的的新型激光遥感仪器也发展迅速，如 MABEL（Multiple Altimeter Beam Experimental LiDAR）可用来探测海冰厚度；Fluorescence（LIF）LiDAR 用来探测大范围空气中粒子；SPML（Scanning Polarization Mie LiDAR）在 532nm 波长处有探测平行和垂直极化的频道，可以指出气溶胶和云颗粒的非球形，对于城市地区的气溶胶羽状物的解决和检测非常有用，可以决定地表边界层以及加强高度较低地区的大气测量；具有创新性的双视场的 Raman LiDAR 技术可用于反演云微光物理特性参数（如消光系数），同时通过后向散射系数还可以反演云底部高度。

随着 CCD、CMOS 相机、激光扫描仪、360° 全景相机的发展，移动测量系统近来发展迅猛。现在各主流移动测量系统都已经将这些新型传感器集成到各自的平台上，包括美国 Trimble、加拿大 Optech 都推出类似的系统。新型的 Google 街景也加入到移动测量技术行列，将传感器装载到人力车上，形成了一种新型的移动测量系统。国内陆基移动道路测量系统与国外几乎同时起步，包括首都师范大学、武汉立得、北京四维远见等单位均推出了集成相机、激光雷达以及 POS 系统的车载移动测量装备。陆基移动道路测量系统综合了动态定位定姿测量快速高精度和近景摄影测量信息量大的特点，加快了外业数据采集的进程，降低作业强度，提高了野外三维空间数据获取的效率。获取的带有外方位元素的序列立体影像使得数据处理灵活多样，可以根据应用需求随时从原始立体影像数据库中获得特定目标的三维坐标，改变了已往先外业、后内业的单一工序测量的传统作业模式，实现了“一次测量，多次应用”的按需测量新模式。

在碳卫星发射方面，美国“轨道碳观测者 2 号”（OCO-2）卫星于 2014 年 7 月发射升空，该星主要任务是帮助确定 CO_2 在地球表面的哪些关键地点被排放和吸收，以帮助了解人类活动对气候的影响。我国在“十二五”期间也启动了“全球 CO_2 监测科学试验卫星与应用示范”国家“863”重大项目，该项目以全球气候变化最重要因子二氧化碳遥感监测为切入点，研制并发射以高光谱 CO_2 探测仪 / 多通道云与气溶胶探测仪为主要载荷的全球二氧化碳监测科学实验卫星。该星计划于 2016 年发射，届时中国将有两颗具备温室气体探测能力的卫星升空，可以实现全球覆盖和高精度热点探测的互补，此举对中国未来开展碳排放研究和应对气候变化至关重要，也将大大增强中国在国际气候变化谈判中的话语权。此外，其他国家也逐渐加强碳卫星的研制和发射，如日本计划发射的 GOSAT2 卫星以及德国计划发射的 CarbonSat 卫星等。

另外，携带了一台辐射计和一台 L 频段合成孔径雷达的土壤湿度主被动探测卫星（SMAP）于 2015 年 1 月 29 日在美国加州范登堡空军基地发射升空。SMAP 是 NASA 设计的首颗探测全球土壤湿度和冻融状态的卫星，主要对土壤湿度进行测量，从而获得高分辨率全球土壤湿度图，提供土壤冻融状态的指示迹象，加深对水循环、能源与碳循环的理解，支持地表水资源管理决策需求，此外还将用于农作物生产力、农业气象预报以及洪水与干旱灾情监测。SMAP 将是美国国家研究委员会（NRC）2007 年地球科学 10 年调查中的最高优先级地球科学任务的首次发射。

此外，旨在测量两极冰原和海冰的变化的 ICESat-1 卫星于 2009 年 10 月 11 日停止收集数据。ICESat 在极地冰雪遥感应用等方面展示出了无可比拟的优势，对精确估算冰盖对海平面上升的年贡献、南北极海冰物质平衡量和计算全球生物总量具有重要的科学意义。冰、云和陆地高程卫星 2 号（ ICESat-2）将在 2017 年发射，该卫星在 ICESat 的技术基础上，测高技术和精准度都有了很大的提高。

四、摄影测量与遥感技术发展趋势

（一）航空航天遥感数据一体化处理技术

即采用对用户透明的通用算法处理各种海量的航空航天影像、光学（传统胶片、框幅式数字影像、推扫式数字影像等）和雷达影像数据、LiDAR 数据，打破了先前不同类型遥感数据采用不同专业模块进行处理的传统；同时，数据融合技术的发展使得融合不同类型数据（如影像 + LiDAR）以提高目标产品的可读性和逼真性成为可能。

另外，针对新型多 CCD 线阵、多镜头倾斜航空摄影和数据处理技术发展迅速，通过在同一飞行平台上搭载多条 CCD 线阵或多台传感器，从多个角度同时采集高分辨率航空影像结合先进的 POS 定位技术，可获取地表更精确的地理信息和更丰富的影像信息，进一步拓展遥感影像的应用领域；同时，非常规的大角度倾斜影像 / 大角度交会 / 宽基线影像自动配准、多角度影像的联合区域网平差、地面密集 DSM 自动匹配、三维数字城市建模及纹理映射方法将获得快速、突破性发展。

（二）海量遥感数据的高效、自动化、智能化处理技术

当前，网格计算、集群计算等基于分布式计算的新技术已成为计算机领域研究与应用的热点，而相应的底层支撑技术必然越来越为人们所重视。这些系统已在实际数据生产中得到使用，其数据处理效率之高，远远优越于现有的单机版数字摄影测量工作站。同时，随着计算机、网络通信等技术的飞速发展，基于各种移动终端、无线网络及卫星定位技术的实时化移动测图技术（MMT）的研究不断升温并陆续出现了多套实用系统。此外，CPU/GPU 多线程模式和基于高速局域网的多核 CPU/GPU 集群分布式并行数据处理方式陆续应用于海量遥感数据处理中，使得许多复杂的计算任务变得可能。云计算的出现给解决这些问题带来了希望，通过云计算模型利用整个云网络中的计算资源，形成强大的计算能力来满足遥感数据的实时处理需求。

此外，计算机视觉、摄影测量与人工智能算法逐步融合，航空航天遥感影像高精度定位 / 空中三角测量、DSM/DEM 提取、DOM 生成和特征目标识别算法日新月异并基本成熟；开始广泛采用基于多角度多视处理的算法，可同时处理大于两景影像，能够自动化地获取成像区域高可靠、高精度的三维信息；困扰遥感数据自动处理的难题，例如，如何利用高重叠度或多角度的影像有效地生成高点密度的物体表面模型？如何解决陡坎或高程突变问题？如何进行倾斜或大交会角度影像的匹配？如何利用“非专用”传感器数据（视频影

像、高速相机）等，将逐步得到解决。对于如何对物体自动进行标识、定类、定位、细节识别 / 查询的影像分析技术（例如城区人工地物自动提取、农田边界自动勾绘、地理信息数据更新、自动变化发现与变化监测等）已经成为下一步的重要方向；智能化的快速生成大范围区域的高精度逼真的真三维数字模型将成为现实。

（三）众源测绘技术方兴未艾

随着大数据时代的到来，人们获取空间数据的手段增强，如智能手机、遥感卫星、无线传感器网络、装有 GPS 的设备等，获取的数据量爆发式增长。近两年，交互街道地图（Open Street Map）继续发挥着重要作用（Goetz M，et al.，2013）。此外，从社交网络如 Twitter、Facebook、微博等提取空间信息成为另一种可行方案。众源地理数据测绘虽然强调的是数据的获取、评价与分析，但空间数据的精度差异较大，成为限制其应用的一个重要因素，大量学者对此开展了相关研究。部分学者认为在缺少参考数据的情况下，可以通过 CGD 自身的属性信息建立信任模型对其进行评价（Keßler C，et al.，2013），也可通过其他的技术或现有数据进行评价（Esmaili R，et al.，2013；Idris NH，et al.，2014）。从 CGD 质量与人口密度的角度，定量分析了两者不存在统计上的显著关系（Mullen WF.，et al.，2014）。而专家与非专家贡献的精度在大部分区域相近。当两者不同时，专家在确定地表类型更准确（See L.，et al.，2013）。

此外，众源地理数据内容相互不同，质量和精度差异巨大，如何提取、融合和挖掘这些众源信息是非常重要的。国内有从街旁网上获取签到信息以分析城市商业圈（胡庆武，等，2014），基于移动终端和 OpenLayers 的数据采集系统研究（刘爱丽，等，2013），基于出租车行车记录的公路交通出行信息系统的设计（王可，2013），基于手机信息的"百度迁徙"分析春运等人口的迁徙特征（舒怀，2014）。基于 CGD 的数据挖掘比现有的自动算法更精确、灵活和高效，可应用于分类（Tran-Thanh L，et al.，2013）、采样、关联规则挖掘、验证等（Guo X，et al.，2014）。在现有数据中进一步挖掘信息，如基于智能手机的 GPS 信号提取道路中心线（Costa GHR，et al.，2013），基于浮动车移动轨迹的新增道路自动发现（蒋新华，等，2013），基于自发地理信息的旅游景点发掘与空间数据分析等（王守成，等，2014）。将遥感数据和基于众源地理信息融合制作混合地表覆盖图，消除现有数据间的不一致性（See L，et al.，2014）。将 VGI 数据和专业测绘数据采用多层次蔓延的矢量要素匹配算法进行对比，实现道路变化增量信息的快速识别等（田文文，等，2014）。

众源地理数据在国外的广泛应用引发了人们对于隐私的担忧，以及法律的因素（Blatt AJ，2015；Toch E，2014）。国内的研究和应用处于起步阶段（单杰，等，2014），除了技术的因素之外，法律的边界以及数据的发布等因素都是亟待解决的。

（四）与 IT 产业深度融合

近些年来，IT 业巨头正逐步介入遥感数据处理领域，如谷歌地球（Google Earth）和微软必应（Microsoft BING），这一方面带来了空间信息的全面社会化，“街景大数据”“云计算/移动计算”“数字地球”等概念已成为人们现代生活中的一种时尚；另一方面，这些“非专业”的科技公司的进入，对地理信息领域的科研人员来说，既带来了空前的压力和挑战，更带来了前所未有的机遇。因此，在应对众多技术挑战并进而有效地提升传统意义上的为国民经济建设服务的同时，更应思考的是，如何让所研究的摄影测量与遥感技术，从“束之高阁”到转化为更为普及化的产品，从而加快我国信息化测绘的进程并惠及到更多非专业的普通用户。

此外，随着航天技术、通信技术和信息技术的飞速发展以及测绘科技工作者不懈努力，摄影测量与遥感专业取得了诸多令人瞩目的科技成果，未来摄影测量与遥感发展还将呈现以下趋势：

在硬件研制方面。随着地面分辨率和定位精度的不断提升，卫星的机动能力将不断增强。同时，具有更高费效比的微纳卫星的发展将改变传统的遥感卫星商业运行模式；新型无人机（包括手抛式无人机、旋翼无人机）将继续丰富航空摄影测量平台，进一步降低摄影测量的技术门槛，提高机载摄影测量系统应用的灵活性；同时，包括微波合成孔径雷达（SAR）、激光雷达（LiDAR）等载荷将不断小型化、轻量化，航空摄影测量全天时、全天候工作能力得到显著增强；移动测量车集成度越来越高，激光测距仪、多光谱甚至高光谱相机的加入，街景采集车以及手持式测量设备的集成大大提高了移动测量车的能力，使得移动测量设备可以在智慧城市应用中发挥更大的作用。

此外，空天地一体化智能传感器观测网络技术的发展同样值得关注。天基、空基、地基乃至手持式测量终端在智慧城市建设中各具优势，未来的发展趋势是利用智能调度技术综合发挥多种类型传感器的优势，共同完成以智慧城市为代表的多种分辨率、多种类型的空间数据获取任务。

在应用方面。在可以预见的未来，数据的爆发式增长将会持续。更多的传感器、更高的分辨率将增加地理信息数据的来源、提高其精度，使得众源地理数据的应用面进一步扩大，在社会、人文、经济、环境、卫生等领域发挥越来越重要的作用，如今年爆发的“埃博拉”的监测与预防等。而随着科技的发展和产业的壮大，摄影测量与遥感技术的应用将呈现如下特点：①深入化，高新技术的技术优势将会得到进一步的挖掘和应用；②专业化，如精细农业、精细林业、作物估产等需要结合更多其他行业专业知识的领域；③日常化，如室内三维、街景地图等更日常化、民用化应用。

参考文献

[1] 付馨. 高光谱遥感土壤重金属污染研究综述［J］. 中国矿业，2003，22（1）：65-68.

[2] 胡庆武，王明，李清泉. 利用位置签到数据探索城市热点与商圈［J］. 测绘学报，2014，3：314-321.

[3] 蒋新华，廖律超，邹复民. 基于浮动车移动轨迹的新增道路自动发现算法［J］. 计算机应用，2013，33（2）：579-582.

[4] 李娜，李咏洁，赵慧洁，等. 基于光谱与空间特征结合的改进高光谱数据分类算法［J］. 光谱学与光谱分析，2014，34（2）：526-531.

[5] 刘爱丽，宋伟东，孙贵博. 一种自发地理信息采集方法研究［J］. 测绘科学，2013，38（2）：163-165.

[6] 刘汉湖，杨武年，杨容浩. 高光谱遥感岩矿识别方法对比研究［J］. 地质与勘探，2013，49（2）：359-366.

[7] 刘丽娟，庞勇，范文义，等. 机载 LiDAR 和高光谱融合实现温带天然林树种识别［J］. 遥感学报，2013，17（3）：679-695.

[8] 何明一，畅文娟，梅少辉. 高光谱遥感数据特征挖掘技术研究进展［J］. 航天返回与遥感，2013，34（1）：1-12.

[9] 庞礴，代大海，邢世其，等. SAR 层析成像技术的发展和展望［J］. 系统工程与电子技术，2013，35（7）：1421-1429.

[10] 单杰，秦昆，黄长青，等. 众源地理数据处理与分析方法探讨［J］. 武汉大学学报：信息科学版，2014，39（4）：390-396.

[11] 舒怀. 从“百度迁徙”看位置服务与大数据融合［J］. 卫星应用，2014（5）：39-40.

[12] 史舟，王乾龙，彭杰，等. 中国主要土壤高光谱反射特性分类与有机质光谱预测模型［J］. 中国科学：地球科学，2014（5）：978-988.

[13] 宋义刚，吴泽彬，韦志辉，等. 稀疏性高光谱解混方法研究［J］. 南京理工大学学报，2013，37（4）：486-492.

[14] 孙伟伟，刘春，施蓓琦，等. 用流形坐标差异图提取高光谱影像潜在特征［J］. 遥感学报，2013，17（6）：1327-1443.

[15] 田文文，朱欣焰，呙维. 一种 VGI 矢量数据增量变化发现的多层次蔓延匹配算法［J］. 武汉大学学报：信息科学版，2014（8）：963-967，973.

[16] 王可. 基于出租车行车记录的公路交通出行信息系统的设计与实现［D］. 南京：南京大学，2013.

[17] 王守成，郭风华，傅学庆，等. 基于自发地理信息的旅游地景观关注度研究——以九寨沟为例［J］. 旅游学刊，2014，29（2）：84-92.

[18] 于士凯，姚艳敏，王德营，等. 基于高光谱的土壤有机质含量反演研究［J］. 中国农学通报，2013，29（23）：146-152.

[19] 钟钰. 基于 VGI 数据的峨眉山景区分形研究［D］. 河北：河北师范大学，2013.

[20] 周子勇. 高光谱遥感油气勘探进展［J］. 遥感技术与应用，2014，29（2）：352-361.

[21] Alipour S，Tiampo K F，Samsonov S，et al. Multibaseline PolInSAR Using RADARSAT - 2 Quad - Pol Data：Improvements in Interferometric Phase Analysis［J］. IEEE Geoscience and Remote Sensing Letters，2013，10（6）：1280-1284.

[22] Cheng H Q，Chen Q，Liu G X，et al. Two-sided Long Baseline Radargrammetry from Ascending-Descending Orbits with Application to Mapping Post-seismic Topography in the West Sichuan Foreland Basin［J］. Journal of Mountain Science，2014，11（5）：1298-1307.

[23] Lunga D，Prasad S，Crawford M M，et al. Manifold-Learning-Based Feature Extraction for Classification of Hyperspectral Data［J］. IEEE Signal Processing Magazine，2014，31（1）：55-66.

[24] Bioucas-Dias J M，Plaza A，Camps-Valls G，et al. Hyperspectral Remote Sensing Data Analysis and Future Challenges［J］. IEEE Geoscience and Remote Sensing Magazine，2013，1（2）：6-36.

[25] Jiao H，Zhong Y，Zhang L. An Unsupervised Spectral Matching Classifier Based on Artificial DNA Computing for Hyperspectral Remote Sensing Imagery［J］. IEEE Trans.on Geoscience and Remote Sensing，2014，52（8）：4524-4538.

[26] Xia J, Du P, He X, et al. Hyperspectral Remote Sensing Image Classification Based on Rotation Forest [J]. IEEE Geoscience and Remote Sensing Letters, 2014, 11 (1): 239–243.

[27] Monserrat O, Crosetto M, Luzi G.A review of ground - based SAR interferometry for deformation measurement [J]. ISPRS Journal of Photogrammetry and Remote Sensing, 2014, 93: 40–48.

[28] Mullen W F, Jackson S P, Croitoru A, et al. Assessing the impact of demographic characteristics on spatial error in volunteered geographic information features [J]. GeoJourna, 2015, 80 (4): 1–19.

[29] Navarro–Sanchez V D, Lopez–Sanchez J M, Ferro–Famil L.Polarimetric Approaches for Persistent Scatterers Interferometry [J]. IEEE Transactions on Geoscience and Remote Sensing, 2014, 52 (3): 1667–1676.

[30] Fornaro G, Pauciullo A, Reale D, et al. Multilook SAR Tomography for 3–D Reconstruction and Monitoring of Single Structures Applied to COSMO - SKYMED Data [J]. IEEE Journal of Selected Topics in Applied Earth Observations and Remote Sensing, 2014, 7 (7): 2776–2785.

[31] Goetz M, Zipf A. The evolution of geo–crowdsourcing: bringing volunteered geographic information to the third dimension [M]. Berlin: Springer, 2013: 139–159.

[32] Huang S J, Jin R, Zhou Z H. Active Learning by Querying Informative and Representative Examples [J]. IEEE Transactions on Pattern Analysis and Machine Intelligence, 2014, 36 (10): 1936–1949.

[33] Samat A, Du P, Liu S, et al. Cheng L.Ensemble Extreme Learning Machines for Hyperspectral Image Classification [J]. IEEE Journal of Selected Topics in Applied Earth Observations and Remote Sensing, 2014, 7 (4): 1060–1069.

[34] Linda S, Alexis C, Carl S, et al. Comparing the quality of crowdsourced data contributed by expert and non–experts [J]. PMC, 2013, 8 (7).

[35] See L, Schepaschenko D, Lesiv M, et al. Building a hybrid land cover map with crowdsourcing and geographically weighted regression [J]. ISPRS Journal of Photogrammetry and Remote Sensing, 2014, 103: 48–56.

[36] Tran–Thanh L, Venanzi M, Rogers A, et al. Efficient budget allocation with accuracy guarantees for crowdsourcing classification tasks [A]. proceedings of the Proceedings of the 2013 international conference on Autonomous agents and multi–agent systems [C]. International Foundation for Autonomous Agents and Multiagent Systems, 2013: 901–908.

[37] Toch E. Crowdsourcing privacy preferences in context–aware applications [J]. Personal and ubiquitous computing, 2014, 18 (1): 129–141.

[38] Sun X, Qu Q, Nasrabadi N M, et al. Structured Priors for Sparse–Representation–Based Hyperspectral Image Classification [J]. IEEE Geoscience and Remote Sensing Letters, 2014, 11 (7): 1235–1239.

撰稿人：单　杰　胡　苹　谭德宝　张　力　杜培军　朱　庆　隋立春　肖　平
徐景中　徐　柱　朱俊峰　艾海滨　刘国祥　邹峥嵘　程　亮　肖鹏峰

地图学与地理信息系统专业发展研究

一、引言

本文根据2013年以来地图学与地理信息技术的发展，从现代地图学理论、数字地图制图技术、地理信息系统技术、地理信息基础框架建立与更新、移动地图与互联网地图、地理信息应用与服务、地图和地图集制作与出版等七个方面总结了地图学与地理信息技术取得的进展，就相关研究内容进行了国内外对比分析，文章最后对地图学与地理信息技术今后的发展进行了展望。

二、本专业国内发展现状

（一）现代地图学与地理信息理论进展

1. 地图与地图学内涵拓展

信息时代的到来，地图学所面临的变化主要体现在地图内容、形式和传播的现代化。孟立秋[1]认为：大数据和众包现象是未来10年地图学研究的两个新的驱动力。地图生产和更新将由“面向覆盖”转向“面向要素”。

李志林[2]等研究了数字地图的新概念，认为地图是空间信息的载体和传递渠道，也是空间认知和图像思维的工具。纸质地图只能展现地物和地理现象的静态信息，以计算机为代表的电子媒体技术的出现，从根本上改变了用户通过地图对空间信息进行交流、探索和理解的途径，也对地图制图学提出了新的挑战。在云计算、大数据和智慧地球等新概念、新架构和新方法的推动下，地图和地图学本身的概念内涵和外延在不断的演化中，出现了全息位置地图、智慧地图和新媒体地图等衍生新概念，为地图学在信息时代的进一步发展提供了新动力。

周成虎[3]提出了全息位置地图的新概念，是以位置为基础，全面反映位置本身及其与位置相关的各种特征、事件或事物的数字地图，是地图家族中适应当代位置服务业发展需求而发展起来的一种新型地图产品。

刘锐[4]等认为，物联网、云计算等新兴信息技术的迅速发展为现代地图学的发展带来了新的契机，"智慧地图"等概念相继出现，为现代地图学及数字地图技术的发展提供一种新的视角与理论方法框架。

2. 地图学与地理信息相关理论进展

（1）空间认知理论

认知理论涉及人与地理空间本身及其各类表达交互过程中产生的认识论问题，空间认知理论的研究和发展对于更好地认识、表达世界直至更好地理解地图和地理信息系统等信息产品具有重要意义。杜清运[5]阐述了以智慧城市等为代表的智慧空间系统的认知科学特征，然后从智慧空间系统的认知过程隐喻出发，分析了以感知与挖掘处理为代表的各功能模块的内涵，并就各认知环节的技术趋势提出了初步看法。邓毅博等[6]借鉴认知心理学相关研究方法，以旅游网络地图点状符号设计为例，通过 3 个认知实验，得到旅游网络地图点状符号的设计改进方法，并对所设计的符号进行修改。

（2）地图传输理论

地图传输理论将地图作为人与真实世界及概念世界的中介物，研究如何有效地在人与地图或人与机器之间传输空间信息。胡昌平[7]等揭示知识地图的基本工作原理，引入地图可视化理论进一步解析其内涵，并在地图学标准下将其划分为信息传输知识地图和可视化知识地图。冯骏等[8]等系统总结国内外网络地图的发展现状，阐述 Web2.0 与地图制图的关系，分析 Web2.0 网络地图的特点优势、信息传输模式及其存在的问题，并对未来网络地图信息传输模式进行设想。刘慧敏[9]分析了地图空间信息产生的本质特征，分别从地图要素层次和专题地图层次研究建立空间信息量的度量方法，并探讨地图空间信息量度量在地图信息传输和地图综合中的初步应用。

（3）地图语言学理论

地图符号学及语言学概念模型是指导建立空间信息传输通道的重要环节，杜清运等[10]以空间信息作为研究对象，立足语言学提供方法论，从语用、语义和句法三个视角剖析其结构特征，提出完整的自然语言表达模型。彭克曼等[11]对语言学和符号学关系进行了研究、对地图符号与语言符号进行了可类比分析，为深入地图符号的语言学方法研究奠定了一定的理论基础。凌善金[12]认为地图语言艺术化的本质是使地图语言全面体现人性化设计理念，尤其是要能满足读者的审美、情感交流、娱乐等高级需要，使之成为读者易于阅读又乐于阅读的形式。

以上只是近年来地图学与地理信息理论研究发展的一个缩影，体现了在技术和应用高度发展的今天，人们对于理论和方法论的重新关注和再认识。

（二）数字地图制图与制图综合技术进展

1. 数字地图制图技术

数字地图制图技术目前正朝着以地理空间数据库驱动的制图模式发展，国家测绘地理信息局在 2010 年已经启动了国家新版 1∶5 万地形图制图生产，利用更新后的 1∶5 万地形数据库，快速生产图形化的 1∶5 万地形图数据产品，实现地理信息数据与制图数据的统一存储、集成管理和同步更新。所确立的以数据库驱动制图的技术路线，即对 1∶5 万地形数据与制图数据进行一体化存储和联动更新，通过地图符号的自动配置和交互编辑，实现快速制图与集成管理。主要工作是：①直接基于地形要素数据建库成果进行制图；②基于制图规则，采用自动和交互式相结合的方式，对地形数据库进行制图表达与符号配置；③制图数据连续无缝建库存储，可定制范围自动批量成图；④地形数据库与制图数据库的要素级关联，制图数据可随地形数据同步更新保持一致；⑤ GIS 数据库与制图数据库一体化管理，不产生数据冗余，同时两库又相对独立，修改制图数据时不改变地形数据[13]。

2. 基础地理信息的持续更新

基础地理信息持续更新的主要发展方向包括：动态更新、增量更新、级联更新以及实时更新等。卫东[14]等提出了矢量数据“要素级”更新的技术方案，提出的数据分析比对技术有效解决了在矢量数据更新生产中多人协同数据更新编辑冲突发现的问题。利用“多时相瓦片数据集”技术，通过新的数据组织与索引方式解决了不同时相瓦片数据快速生产与无缝浏览、回溯的问题，提高了瓦片数据更新生产的效率。林少蓉[15]等采用基于版本数据库的变化信息提取方法，提取不同年代版本的增量更新数据，构建“地理数据—制图数据—地图数据”制图模型，利用所提取出的增量信息，在历史版本地图数据的基础上，研究增量更新制图模型和流程；并根据增量信息模型和制图模型，开发了一套原型系统，实现了增量更新制图。陈换新、孙群[16]等通过多源数据分析评定确定数据的使用方案，通过空间数据集成消除多源数据间的差异，通过空间数据匹配建立同名实体在不同数据集中的对应关系，通过数据融合和更新派生得到更好的新数据。

何榕健[17]等提出了一种可扩展的多源矢量空间数据的联动增量更新模型，通过动态建立和维护不同节点的数据之间的依赖关系，实现了矢量空间数据节点与节点之间传递联动更新，有效地解决了不同来源国土资源矢量空间数据库之间现势性和一致性问题。许俊奎[18, 19]等以居民地要素为例，提出一种树型多比例尺空间数据关联关系模型。首先对相邻比例尺同名居民地对象建立关联，然后以树的形式组织管理各种关联关系，并针对选取造成的数据空洞进行优化。简灿良[20]等将不同时相多尺度地图面目标基本变化类型归纳为出现、消失、扩张、收缩、移动、旋转、分裂、合并和先分裂后合并等 9 种，并分别进行了形式化定义和描述。田文文[21]从空间数据变化快速发现、提取与及时更新的目的出发，探索基于数据的空间数据变化发现与更新方法和关键技术。

在级联更新过程中，其关键技术之一是寻找到不同尺度数据中的同名地理要素，针对这一问题，专家学者们从多个角度开展研究。

孙群[22]从系统论的角度分析和定义了空间数据相似性，即把空间数据看作一个整体的系统，然后划分了系统的层次结构，阐述了系统—要素—特征之间的逻辑关系。通过对空间数据相似性的层次分类和形式化定义，得出“空间数据相似性度量是基于系统的相似性度量方法与基于距离的相似性度量方法的有机结合”的结论。巩现勇[23]等利用蚁群算法的群体优势，寻找全局最优的道路网同名实体匹配方案。

3. 制图综合研究

杨敏[24]等将传统的尺度变换方法与在线环境相结合，提出一种面向城市设施 POI 数据的多尺度可视化策略。黄博华[25]等提出了一种保持曲线弯曲特征的线要素化简算法，在弯曲取舍的过程中对约束条件进行量化处理，较为准确地描述了弯曲化简前后的变化情况。朱强[26]等提出了一种基于剖分思想的谷地弯曲识别及结构化方法，实现了谷地弯曲的识别，构建了谷地弯曲层次嵌套关系树状模型。武芳[27]等针对多尺度表达与变换中地理要素的不同几何形态和生命期特点，建立了动静态结合的尺度变换模型，通过空间数据匹配技术，将空间数据分为匹配数据和消亡数据。

4. 空间数据安全与数字水印

符浩军[28]等顾及网络环境中地理空间数据特性，构建了一种面向网络环境的地理空间数据数字水印模型。曾端阳[29]等运用聚类思想，采用 K–means 算法，对矢量地图线图层进行聚类运算，在此基础上提出了矢量地图的一种非盲数字水印算法。杨辉[30]等通过研究投影变换和矢量地图数据的特点，通过对转换后的角度系数嵌入水印，能够有效抵抗等角投影变换攻击。任娜[31]等分析了瓦片地图的特征，提出了针对瓦片地图特征的水印嵌入和检测算法。杨辉[32]等利用水印嵌入后坐标点尾部数据分布发生变化的特点，提出了一种基于分布拟合检验的抗拼接算法。毛健[33]等提出了一种面向空间数据文件的强制访问控制模型，并基于该模型实现了一套原型系统。

（三）地理信息系统技术进展

1. 空间数据感知、获取与集成

在网络地理空间信息获取方面，沈平[34]提出了一种主动发现网络地理信息服务的主题爬虫，根据网页内容相关度确定优先度，优先爬取与地理信息服务相关的链接。王曙[35]通过设计地理要素语义知识库和网页爬虫，提出了面向网页文本的地理要素变化检测的方法。余丽[36]研究了网络文本蕴含地理信息抽取的技术流程，并从地理实体识别、定位、属性抽取、关系构建和事件抽取五个方面总结了其进展和技术瓶颈。许宁[37]基于大规模短期规则采样的手机定位数据，提出了一种居民职住地识别的方法。仇培元[38]提出了一种从互联网文本中抽取道路交通信息的模式匹配方法，通过实验验证，该方法简单可用，易于扩展。

在其他空间数据获取方面，廖永丰[39]提出了一种面向任务的移动灾情采集直报技术，解决了现场灾情采集工作中多源灾情信息采集、集成、上报等难题。栾学晨[40]基于多边形形态分析，提出一种城市主干道提取方法，能够快速有效得提取道路网中的平行车道，道路等级与实际趋于一致。刘远刚[41]提出了一种改进 Delaunay 三角网的地图目标群间骨架线提取算法，详细描述了算法的数据结构和控制流程。熊汉江[42]提出基于矢量等高线的山脊线、山谷线追踪新方法。

在 DEM 空间插值方面，吕海洋[43]基于二叉树自适应递归分块原理，提出采用局部最优形态参数的 RBF 分块插值方法进行 DEM 插值重建的方法。段平[44]提出了采用多层紧支撑径向基函数，对离散数据内插生成 DEM 的方法。王春针[45]对现有 DEM 生成技术方法在沟谷、山脊等部位生硬、相交、异常闭合等问题，采用对比分析方法，建立了基于 DEM 格网加密技术的高质量等高线生成方法。

在空间数据集成方面，陈换新[46]立足现有多源数据资料，利用空间数据融合方式进行空间数据的生产和更新。张云菲[47]利用 POI 路名信息构建 POI 语义连接图，识别并简化道路结构，匹配 POI 与路网特征点，通过迭代实现 POI 与路网数据的位置集成，保证 POI 与导航路网间的相对准确性。李军利[48]根据本体间的等价、蕴含、重叠和相离等逻辑关系，提出了一种描述逻辑的地理本体融合方法。

2. 时空数据组织与管理

在时空数据模型构建方面，龚健雅[49]根据实时 GIS 中各种地理要素的特点及存储管理要求，提出一种面向动态地理对象与动态过程模拟的实时 GIS 时空数据模型，并以此研发了新一代实时 GIS。刘岳峰[50]基于代数方法，建立了空间实体的时态属性与时间之间的函数关系，对时间语义特征进行研究，提出了 20 种时态属性的时间特征类型，为时态属性数据建模与可视化奠定了基础。

在数据存储方面，刘小俊[52]针对动态“数字城市”的海量存储需求，融合目录子树分区和 Hash 两类算法，提出了一种读写分离的分布式元数据管理方法。朱进[53]针对当前公众对矢量地理数据存储的更高要求，提出并验证了基于内存数据库 Redis 的轻量级适量地理数据组织方法，提高了矢量数据在高并发情况下的服务性能。涂振发[54]在空间数据缓存方面设计了一种基于 Key-value 结构的缓存 KV-cache，实验表明其相较于传统文件目录方式更安全、高效。

在信息编码方面，吕雪峰[55]针对地理空间数据大数据分布式网络存储管理位置搜索问题，基于 GeoSOT 框架提出了一种具有地理涵义的空间信息存储网络空间域名地址。范建永[56]针对传统标识的局限性和 MPPQT 层次剖分模型的连续性、层次性和唯一性，设计了一种基于 MPPQT 层次剖分表示的空间对象字符串编码方法，并以矢量数据组织为例进行了验证。

在数据并行处理方面，魏海涛[57]针对海量空间数据处理速度慢的问题，从数据并行的角度，提出面向空间数据实时变化和动态分组的 N-KD 树算法，实验表明其有较好的分组效果和计算效率。范俊甫[58]比较分析了集群环境下多边形映射关系对算法并行化带来的影响，提出了基于集群MPI、R树空间索引和MySQL精确空间查询的图层级多边形并行合并算法。李坚[59]针对LiDAR点云数据的处理，提出了一种并行计算的流数据Delaunay构网算法。郭明强[60]为了提高集群环境下WebGIS大规模矢量数据的并发访问性能，提出了集群并发环境下大规模矢量数据内容网格化负载均衡算法。杨宜舟[61]分析了拓扑关系并行算法的特点，为实现拓扑关系并行计算进程间的任务均衡与负载均衡，提出了一种矢量目标集的数据均衡划分方法。

在空间索引、查询与处理方面，杨典华[62]深入研究了分布式空间拓扑连接查询处理，提出跨边界连接优化的空间查询优化算法。黄昊[63]针对规则格网中的固定点数和固定距离两种搜索原则，引入KD-tree二维索引结构，设计其J临近点搜索算法。夏宇[64]针对矢量空间数据库相似性查询应用需求，提出了一种融合区域和边界的形状特征提取算法。郑宇志[65]在拓扑匹配和几何匹配的基础上，提出并验证了采用拓扑和空间相似性相结合的方式进行面实体匹配的方法。吴明光[66]研究了支持批量操作的空间索引难点，提出了基于空间分布模式分析的Pattern-tree空间索引方式。

在离散格网研究方面，李昌领[67]针对四面体网格生长算法数据量大和效率低的问题，建立图形要素间的不相交规则，给出了一个完整的基于多面体内外边界面的三维约束Delaunay四面体网格直接生长算法。廖永丰[68]针对灾害信息数据来源广、格式复杂等特点，研究了基于GeoSOT全球剖分网格模型的多源灾害数据一体化组织管理方法，并采用World Wind数字地球开发了相应的实验系统。

在地址信息编码方面，于焕菊[69]通过对院落空间特征分析，总结了院落与内部建筑、外部街道间的空间关系，提出了院落相关地理实体的地址编码方法，并验证了其匹配精度和运行效率。彭颖霞[70]通过建立地址要素层次模型，对地址进行通名切分及地址要素的重构，提出了适于地理编码的地址数据规范化方法。

3. 地理表达与可视化

在自动制图与矢量数据可视化领域，王正[71]分析了直线动线符号在信息表达中存在的局限性，以及曲线动线符号的优势，提出了曲线动线符号的制图算法。赵国成[72]分析了现有制图模板特点与不足，以地理空间数据符号化过程为研究对象，将符号化各环节的制图规则聚合成不同功能的规则集，实现制图模板的构建。颜玉龙[73]通过分析地图上各类统计制图符号的图形结构及其图元生成模式，设计并实现了统计制图符号快速生成模板。李伟[74]通过建立个性化地图符号概念模型，探讨个性化地图符号的设计依据，提出设计的方法流程进行试验。

在三维建模可视化领域，李景文[75]提出一种基于对象的CSG-BR三维数据模型构建方法，实现了复杂三维空间数据及其相互关系的集成组织和管理。韩李涛[76]通过RGB的双色渐变渲染与HSL的地形多色渐变渲染，并加入光照计算增强地形颜色渐变晕渲的三维立体效果。李拥[77]利用OpenMP并行开发技术设计了多核3DGIS并行绘制模型。陈静[78]设计了面向GPU绘制的三维模型数据组织结构，并提出了面向GPU绘制的三维模型纹理烘焙和多尺度可视化方法。罗安平[79]利用 OSGearth 引擎构建三维地球场景，并在 Android 平台上实现了全球多尺度地形数据的实时调用和三维显示。邵华[80]给出了面向复杂城市场景的 Sort-First 并行绘制系统中负载平衡与性能分析方法。王金鑫[81]针对原有数字地球平台不涉及地表上下空间的缺陷，提出了基于 SGOG 瓦块的数字地球真三维可视化技术与应用方法。

在经济社会事件可视化方面。刘钊[82]对物流时空信息的三维显示进行了改进，实现了物流配送过程中时间、空间和属性信息的集成显示。禹文豪[83]通过多种 POI 点分布模式试验，讨论了 POI 基础设施在城市区域中的分布特征、影响因素、服务功能。华一新[84]针对个人地理标记数据的特点，提出了一种适用于地理标签数据的可视化方法——个人地理标记数据拓扑图。杨敏[85]针对 POI 数据缺乏适宜的在线多尺度可视化表达机制的问题，提出一种面向城市设施 POI 数据的多尺度可视化策略。

（四）地理信息基础框架建立与更新进展

1. 国家基础地理信息数据库建设与更新

“十一五”期间，我国组织实施了国家 1∶5 万基础地理信息数据库更新工程、西部 1∶5 万地形图空白区测绘工程，实现了全国 1∶5 万基础地理信息的全面覆盖和全面更新，形成全国“一张基础图”，整体现势性达到 2006—2011 年五年之内。从 2012 年开始，国家测绘地理信息局启动了国家基础地理信息数据库动态更新工程，对国家 1∶5 万数据库每年更新 1 次、发布 1 版，然后再利用更新后的 1∶5 万数据库联动更新 1∶25 万、1∶100 万数据库，并生产相应比例尺的地形图数据、印制纸质地形图。

（1）全国 1∶5 万基础地理数据库实现年度动态更新

1∶5 万地形数据库全要素包含交通、居民地、境界、地名、管线、水系、土质植被、地貌、控制点等 9 大类、430 多个小类的地理要素。2012 年和 2013 年连续两年对国家 1∶5 万基础地理数据库重点要素及连带的相关要素进行更新和发布。其中，重点要素是指变化频率高、对经济社会发展影响大的交通、管线、居民地、地名、境界等 6 大类、117 个小类要素，连带的要素为地貌、土质植被两大类以及 57 小类要素；2014—2015 年，同时开展全要素更新，每年对重点要素、全要素各更新 50% 左右的区域面积，而依然保持每年更新一次、发布一版，两年内实现一轮全要素更新。

通过几个版本之间的新旧数据进行比较，每年更新的要素总量约为数百万个，变动率为 3% ~ 5%，其中的重点要素数量约 100 万个，变动率为 5% ~ 10%。以 2013—2014 年为例：新增铁路约 6000km；高速公路增加约 7000km，国省道增加约 3.4 万千米，县乡道增加约 13.8 万千米；立交桥新增 7000 余座；城镇街区面积扩大约 9000km^2；550 千伏以上电力线增加约 9000km；发生变更的地名达 83 万余条，新增地名约 35 万条。2014 年的重点要素的变化率为 6.2%。更新后建成了我国最新版的 1∶5 万地形数据库，整体现势性达到 1 年之内，并实现多时态数据的管理与服务，数据成果在时效性、实用性、准确性及应用价值等方面都得到全面提升。

（2）利用 1∶5 万数据库全面缩编及联动更新 1∶25 万数据库

2011 年完成的 1∶5 万数据库更新及西部 1∶5 万地形图空白区测图成果，为全面缩编更新全国 1∶25 万数据库提供了重要的基础和条件。2012—2013 年，完成了全国 1∶25 万数据库的全面更新及联动更新，现势性达到 2012 年一年之内。首先是利用“十一五”期间更新的国家 1∶5 万数据库进行全面缩编生产，获得全新的 1∶25 万数据库，现势性达到 2006—2010 年；之后，利用在 2012 年完成的 1∶5 万数据库重点要素更新增量数据成果，再对 1∶25 万数据库进行联动更新，使 1∶25 万数据库的现势性达到 2012 年水平。缩编更新后的 1∶25 万地形数据库，要素和属性内容更加丰富，数据集由原来的 9 个增加到 32 个，要素子类有原来的 158 个增加到 229 个；数据结构更加优化合理，实现与 1∶5 万数据库保持相互协调和关联，为实现与 1∶5 万数据库快速联动更新奠定技术基础；数据现势性全面提升至 2012 年。

（ 3 ）全面更新 1∶100 万数据库

2014 年，国家测绘地理信息局组织完成了全国 1∶100 万数据库的全面更新。全面更新后的 1∶100 万数据库，一是依然按照公众使用的公开数据定位重新设计，要素内容和精度严格遵守公开地图表示的相关规定，要素和属性内容更加丰富，数据集由原来的 9 个增加到 31 个，要素子类有原来的 118 个增加到 200 个，数据结构更加合理；二是建立了与 1∶25 万数据库要素之间的相互协调和关联，利用 1∶25 万数据库成果缩编更新生产 1∶100 万数据库相关要素，以及为后续的快速联动更新奠定技术基础，数据的现势性达到 2012 年。三是在地图表现形式和符号系统等方面进行了优化创新，更加符合公众版地图数据应用的特点。

（4）全国 1∶5 万、1∶25 万、1∶100 万地形图制图数据库建库更新及纸图印刷

1∶5 万、1∶25 万、1∶100 万地形图是国家基本比例尺地形图，即使在数字化产品应用十分广泛的今天，用户对纸质地形图的需求依然很大，特别是 1∶5 万地形图的用量每年达到 5 万 ~ 6 万张。从 2009 年开始，采用先进的数据库驱动制图技术和方法，在更新后的 1∶5 万数据库基础上，生产和建立了新版 1∶5 万地形图制图数据库，实现了地形数据与制图数据的“图 – 库”一体化存储管理以及同步联动更新。在 2013—2014 年，采用以上同样的技术方式，生产和建立了新版 1∶25 万和 1∶100 万地形图制图数据库，同时利用 1∶5 万数据库重点要素更新成果对 1∶5 万地形图制图数据库进行了两轮联动更新。目前，1∶5 万、1∶25 万、1∶100 万地形图制图数据库的现势性与基础数据库同步，分别达到 2014 年、2012 年、2012 年。利用制图数据库，可以快速打印输出最新版的标准地形图，也可以按范围或要素层定制成图输出。

在 2012—2013 年，印刷完成全国范围 1∶5 万地形图，每幅印制 300 张，印刷地形图现势性绝大部分为 2008—2012 年。

2. 省级基础地理数据库及数字城市建设

全国各省、市、自治区测绘地理信息部门继续扩大 1∶1 万基础地理信息的覆盖范围，加快 1∶1 万数据库的建设和更新。到 2014 年年底，全国已有近 50% 陆地国土面积实现 1∶1 万基础地理信息（含地形图）的覆盖，1∶1 万地形数据（DLG）覆盖全国 43.8% 面积；1∶1 万数字高程模型数据（DEM）覆盖全国 40.1% 面积；1∶1 万正射影像数据（DOM）覆盖全国 40.3% 面积。其中，大部分省份全部或基本实现全覆盖，少部分省份覆盖率超过 50%，只有西部个别省份覆盖率不足 50%。

全国省级 1∶1 万基础地理信息数据库建设与更新全面开展，只有个别省还未开展 1∶1 万基础数据生产与建库与更新。近几年生产或更新的 1∶1 万 DLG 数据全部为全要素，"十五"期间生产的核心要素数据已基本上全面更新替换为全要素，DOM 数据多为 0.5 ~ 2.5m 多分辨率正射影像，少数几个省采用 Lidar 技术生产获取了全省 3m 间距的高精度 DEM 数据。有超 20 个省基本建成省级基础地理数据库，主要包括 1∶1 万 DLG、DEM、DOM 等 3D 产品，或包含 DRG 在内的 4D 产品。有近 10 个省完成了第一轮更新，部分省实现 2 ~ 3 年全面更新 1 次，重点要素半年至一年更新 1 次，数据库的现势性大幅提高。从 2012 年开始，启动了全国 1∶1 万基础地理信息数据库整合升级工作，首先开展完成技术设计、标准规范制定、研制相关软件系统与生产试点等，2013 年各省全面开展对现有 1∶1 万基础地理信息数据（DLG、DEM、DOM）进行整合处理，至 2014 年年底已完成约 9 万幅，占任务总量的 70%。预计在 2015 年完成数据整合并建库，优化升级数据库管理服务系统，建立起全国规范化的 1∶1 万数据库。

（五）移动地图与网络地图进展

1. 新一代在线地图形式

随着网络地图应用的普及和新媒体地图的发展，产生了智慧地图（或称智能地图）、公众参与地图等地图新概念，提出了混搭地图、众包地图、个性化地图等在线地图服务的新模式，探索了面向地图的多模态人机交互模式，包括语音、手写、手势、表情感知等，也包括对位置、方位、速度的智能感知与服务驱动。

其中，智慧地图是结合云计算、物联网、互联网、人工智能与数据挖掘技术等，通过对多源、多尺度、多时空、多结构要素的图层数据整合，强调人与专家模型的知识以及地图之间的动态融合，形成动态的互相推动、互相支持决策的地图新形式。智慧地图为智慧城市、智慧旅游、智慧校园、智慧政务等应用提供高效、灵活的地图智能化服务。

混搭地图（Map Mashups）将政府制图部门、私营软件开发商和志愿者的互联网地图内容和交互功能进行无缝拼接，提供各种开放式的地图服务，用户可以共享其他用户提供的更新内容。近年来地图混搭服务已在互联网上得到了应用普及，国外具有代表性的产品有 Google My Maps、GeoCommons、Map Warper 等；国内学者则探讨了基于服务器端的混搭地图框架设计、基于 SVG 的专题地图与 Google 地图混搭技术、混搭地图在水质监测、导航地图中的应用等。

众包地图采用“众包模式”建立大众参与的地图服务，它既可以是一种地图数据提供方式，也可以是一种地图制图方式。众包地图的应用得到快速发展，已进入制图、救灾和社交服务等领域。由于室内地图涉及的用户人群多、数据量大、更新快，其众包模式正得到极大的关注，有助于解决室内地图数据的快速获取问题。

2. 导航电子地图表达与应用

在导航地图可视化表达方面，导航地图逐步由二维平面地图转向三维和实景地图导航。王行风[86]构建了面向室内导航的三维系统技术框架，实现了三维模型的流畅显示和室内路径的快速查询；高扬[87]将可量测影像与二维导航数字地图、卫星导航定位数据、CCD 实时影像数据、惯导数据和里程数据有机融合，提出可量测影像的实景导航数据模型，实现了实时实景影像导航；张皓[88]基于手机传感器提出惯性跟踪注册方法，并在 Android 系统下实现了移动增强实境浏览器系统，提供了更直观、立体和真实的导航体验。

在导航地图应用方面，姜竹青[89]针对 GPS 失效时的 SINS 自主导航问题，提出导航数据的滤波改进算法，提高了自主导航的定位精度；王建辉等[90]针对导航地图中定位信息在复杂路段上匹配效果较差的问题，引入分块思想，对匹配点沿路段方向上的误差进行实时校正，改善了复杂路段的匹配效果。在数据处理效率方面，张秀彬等[91]针对导航数据现势性的要求，提出导航数据信息实时增量法，实现了数据的实时更新与保存，提高了导航中数据实时处理效率。

（六）地理信息应用与服务进展

1.“天地图”地理信息公共服务平台

国家测绘地理信息局正式上线的“天地图”地理信息公共服务平台网站，经过近两年的建设及省市级节点不断接入，天地图数据资源更加丰富、服务能力明显提高，是目前中国区域内数据资源最全的地理信息服务网站。“天地图”集成了全球范围的 1 : 100 万矢量地形数据、500m 分辨率卫星遥感影像，全国范围的 1 : 25 万公众版地图数据、导航电子地图数据、15m 分辨率卫星遥感影像、2.5m 分辨率卫星遥感影像，全国 300 多个地级以上城市的 0.6m 分辨率卫星遥感影像，总数据量约 30TB。天地图 2014 版本正式上线，整体服务性能比此前版本提升 4 ~ 5 倍，新版天地图还开通了英文频道、综合信息服务频道和三维城市服务频道，并更新了手机地图。其中综合信息服务频道空间化表达了各地人口数量、密度、结构、自然增长率、家庭户规模、老年人口比率等信息。“天地图”具备地理信息数据二维、三维浏览，地名搜索定位，距离和面积量算，兴趣点标注，点线面交汇、公交查询、驾车规划、屏幕截图打印等功能。“天地图”作为国家地理信息公共服务平台建设取得的重要成果，从根本上改变中国传统地理信息服务方式，标志着中国地理信息公共服务迈出了实质性的一步，并致力于打造成为全球覆盖、内容翔实、广受信赖、应用方便、服务快捷、拥有自主产权的互联网地图服务中国品牌。

2. 在线地图服务

在线地图服务正向服务功能主动组织、数据管理自动调整、地图自适应表达的个性化主动服务发展，开拓了一个崭新的电子地图公众服务时代，在地图服务形式、服务平台、服务模式、服务内容与对象等方面发生了巨大的变化，主要表现在：①随着街景、三维仿真等技术的发展，以实景地图、街景地图、影像地图、真三维地图服务集成的综合服务形式得到较多应用；②地图服务平台从 PC 互联网平台向移动互联网平台转变，由单一服务平台向开放式地图共享服务平台转变；③地图服务模式从“找位置”进入“找服务”时代，正逐渐向以“LBS+SNS”模式为特点的社交网络地图服务转变；④随着众包地图、志愿者地图的普及，用户不仅是在线地图服务的消费者，也是地图信息的生产者，譬如用户可以使用位置签到、位置微博和 Waze 社交化交通等方式提供地图信息。

在线地图服务应用发展迅速，据不完全统计，截至 2014 年年底，在我国从事互联网地图服务的网站约 4 万个，在线地图服务运营商除了天地图以外，还有百度地图、Google 地图、腾讯地图、搜狗地图、高德地图、灵图、图吧、城市吧、E 都市等[128]。近年来，国内互联网公司正抓紧与地图服务公司合作，2014 年 2 月，阿里全资收购高德地图；4 月腾讯入股四维图新；10 月小米入股凯立德；12 月百度入股 Uber，构建了“地图社交平台”、“微信路况”和“朋友圈定位”等社交网络地图服务功能，开辟了基于在线地图的位置服务和社交网络服务时代。目前，基于云架构、云计算的云地图在线地图服务正成为在线地图服务的热点方向，高德提出了“四屏一云”的云地图服务战略，四维图新打造了集合交通、资讯、社交等多功能云地图服务平台，百度地图提供了供开发者使用的 LBS 云服务平台，云地图将成为在线地图服务未来重要的发展方向。

（七）地图和地图集制作与出版进展

随着地图应用和服务的广度和深度不断拓展，地图和地图集作品的数量和质量也在不断扩大和提高，地图市场进一步繁荣。

2014 年，国内第一本大型综合性世界地图集——《世界标准地名地图集》编制出版。该图集为八开精装本，共计 480 页，由序图、洲图、城市图、分国图和地区图、大洋图、文字说明、地名索引和附录组成，收录各类地名约 15 万条（主要地名中外文对照）。图集的出版，为推动全球地理信息数据库的研究与建设打下基础，同时也促进了对世界各国边界和地名的研究。

专题地图和地图集，作为成果的表达方式和研究手段，其编制出版仍占有重要的地位。近两年来，代表性的作品有：《丝绸之路经济带核心区域地图集》全方位展示了丝绸之路经济带核心区域内相关国家的地理、交通、资源、经贸、工业、农业、旅游、人口与宗教、教育与科研、中国与丝绸之路各国关系等内容，是国内第一部全面、直观反映丝绸之路经济带核心区域内相关国家人文地理、经济社会等信息的大型综合地图集；《中国共产党成立 90 年地图集》利用地图语言，结合图片、图表和文字等方式，从时间和空间上展现了中国共产党成立90年的辉煌成就和不断进步的发展历程;《邓小平光辉历程地图集》以邓小平同志的生平活动为主线，图集分为走出广安、戎马生涯、艰辛探索、非常岁月和开创伟业等5个部分，运用了人物专题地图、大量的历史照片和文字介绍，图文并茂地再现了邓小平同志不平凡的一生;《中国海岛（礁）地图集》利用国家海岛（礁）测绘一期工程的最新成果，准确反映了我国海岛（礁）分布状况，表示了海岛（礁）的位置、名称、成因、类型、等级和分布规律，是认识、保护、利用海岛（礁）的基础性资料;《西藏综合自然与沙漠化地图集》全面揭示了西藏高原土地沙漠化的状况、成因与防治实践，是沙漠化专题地图编制的优秀作品，具有重要的科学价值和实用意义。

第三代省区地图集，大部分省区已编制出版，安徽、新疆等省区都列入重版计划。《湖北省地图集》是近两年的代表作品，图集编制综合运用了地理信息系统、地图数据库、遥感等技术，用地图语言表示了湖北省自然地理、资源环境、经济社会、人文风貌、行政区划、交通旅游、科技教育、城市建设、发展战略等状况，内容选题突出区域特色，图集设计富有时代感。除了省级图集外，也编辑出版了一批地市级地图集，如《中山市地图集》《上虞市地图集》《寿光市地图集》《新编慈溪市图志》等。

古地图的整理汇编出版或复制出版，对传播地图文化，研究历史变迁具有重要价值。这两年出版的代表性作品有《重庆历史地图集·第一卷古地图》《常州古地图集》《老地图·南京旧影》等。其中,《重庆历史地图集·第一卷古地图》共收录从北宋到新中国成立前期的重庆古地图533幅，时间跨度近千年，全面反映了期间重庆的历史变迁和发展历程，具有较高的科普、文献、学术研究及收藏价值。

地图文化创意产品是近年来开发较快的一类新颖产品，引起业界的关注。国家测绘地理信息局批准建设地图文化与创意国家测绘地理信息局工程技术研究中心，并于2014年成功举办首届中国地图文化节暨地图文化论坛。地图文化产品是指借助地图几千年发展中积淀的厚重文化，通过现代的创意设计，形成以地图为核心或以地图元素为主要设计理念的各类产品，产品涉及手袋、箱包、方巾、丝巾、文化衫、竹简、笔筒、家居用品等，产品材质涵盖纸、铝塑板、木板、竹片、瓷板、玻璃、水晶、金（银）箔、皮革、纺织品等类型，地图文化创意产品在市场上也引起较好反响。在第26届国际制图大会上，代表我国参展的《剪纸地图》还荣获其他地图产品类一等奖。

满足公众需求，服务百姓生活的普及性地图，包括政区地图、交通地图、旅游地图、导航电子地图、网络地图和手机地图等，依然呈现品种多、数量大、覆盖广的繁荣景象，地图应用已经深入到社会的各个层面。据统计，每年全国出版各类地图产品3000多种。传统地图产品与新媒体技术融合，如二维码技术、AR（增强现实）技术，开发了《北京二维码旅游地图》等一些跨媒体地图产品，这些产品以二维码为入口，通过互联网扩展了纸质版地图产品的内容，并通过网络信息实时更新保证了产品的生命力。

新世纪版《中华人民共和国国家大地图集》编研项目于2013年7月启动，并列入科技部科技基础性工作专项的重点项目，由国家测绘地理信息局组织实施。项目将创造性地设计和编制一系列新型专题性和综合性地图集，先期包括国家普通地图集、国家区划地图集、国家经济地图集、国家影像地图集和国家水文地图集，同时研制纸质版、网络电子版等不同地图集形式。

三、本学科发展国内外发展比较

近年来，国内外学者都加强了对地图学与地理信息理论的研究，地图学理论研究成为地图学与地理信息系统发展的主线之一。如何在信息化时代重新认识地图学的内涵与发展，据此建立更为符合时代特征的学科体系，是众多本学科学者研究的重要课题。

国内，王家耀院士开展了地图哲学和地图文化的研究，注重地图学科的理论总结和对实践的指导，国外学者对个性化地图特点和地图学发展新的驱动力则予以了更多的研究和关注。有关中西方古地图的研究，2015 年 6 月在北京召开了“一带一路中西方古地图文化交流研讨会”，著名地图史学家、希腊亚里士多德大学额宛格里斯教授，德国科学院院士、慕尼黑工业大学孟立秋教授，中国科学院高俊院士、周成虎院士等参加了会议。会议就利玛窦古地图及对中国明代制图技术的影响、一带一路国家地图文化交流等进行了深入探讨。

在数字地图制图方面，各国地图制图界都在采用先进的数据库驱动制图技术和方法，进行地理信息的更新和地图符号化出版工作，多比例尺地图数据库动态更新、增量更新、级联更新、要素更新以及实体化数据模型建立正在实现，地理信息更新和地图符号化出版一体化已经实现。我国研究构建了一整套基于空间数据库驱动的快速制图技术，研制了一套基于 1∶5 万、1∶25 万、1∶100 万数据库的地形图制图数据生产系统，地图制图效率大幅提高。系统实现地形数据库和制图数据库的紧密关联和集成管理，可对两个数据库进行联动编辑和同步更新，实现了制图要素符号、注记、图外整饰的自动优化配置，可进行灵活的制图编辑及图形关系处理。地名字库和系统适用于地形图出版要求。制图综合技术已经开始规模化应用，为地理信息逐级派生和地理信息多层次显示奠定了坚实的技术基础，实现了利用大比例尺地形数据库增量快速更新小比例尺地形数据库。地理信息系统技术应用由网络环境向移动环境转变，移动环境的地理信息服务呈大众化发展趋势，基于自然语义的地理信息获取和基于网络的地理信息获取向实用化迈进，面向任务的移动灾情采集直报技术和实时移动地理信息采集技术越来越普及。

在地理信息组织与管理方面，时空数据模型将得到越来越广泛使用，地理信息辅助各行各业更好地进行行业成果应用和分析，地理信息在规划、预测、管理等领域发挥越来越大的作用。我国近年来实施的 1∶5 万基础地理信息数据库更新工程大幅度提高了地理信息的现势性，在此基础上联动更新 1∶25 万和 1∶100 万数据库，初步形成了国家基础地理信息数据库动态更新技术框架，创建了基于数据库的增量更新生产技术方法与流程，使我国基础地理信息的质量和现势性居世界先进水平。世界其他国家也在制订计划，定期更新各自国家的基础地理信息，不断开展地理信息的深化应用，更加关注地理信息与相关领域专题信息的联合应用。

近年来随着传感网、互联网、移动通信技术的发展，“互联网 +”产品已成为现代信息技术服务社会的主流形式。由于新媒体地图越来越多地依赖于移动网络和智能手机、平板电脑、穿戴式设备提供服务并为大众所喜爱，全球都在大力推进互联网和移动互联网环境下的地理信息应用，国外谷歌等大型公司不断进行地理信息更新、不断提高地理信息服务水平。国内阿里巴巴、百度、腾讯等纷纷采用收购、入股地图生产与服务企业的方式发展自己的在线地图服务，移动地图、网络地图因此成为现代地图学领域表现最为活跃、发展最为迅速、应用最为广泛的地图产品形式。地理信息另一个广泛使用的领域是导航电子地图，导航电子地图数据是移动位置服务、智能导航、交通规划等领域不可缺少的空间数据资源，目前国内外都在导航数据处理等方面做了较多研究。导航地图的表现效果越来越好，并且与实时交通等信息一起使用。导航地图系统功能设计方面，增加了动态智能导航、移动社交网络、移动数据分析和商业服务推送等位置增值服务功能，设计了手势识别以及语音导航等人机交互功能。

四、本学科发展趋势及对策

随着我国地图学与地理信息技术的发展，其理论不断深入，技术越来越成熟，应用更加广泛。今后一段时期内，我国将在当前地理信息基础框架建设与更新工作的基础上，进一步丰富各类地理信息资源内容，提高基础地理信息数据的现势性，提高大比例尺基础地理信息资源的覆盖范围，提升我国地理信息数据库动态更新的技术水平，推动地理信息资源建设和集成整合，形成全国测绘地理信息部门内部纵向互联互通、协同服务的基础地理信息资源体系，实现全国范围内的基础地理信息资源标准统一、互联共享和协同服务。未来几年，我国力争建成数字中国地理空间框架和信息化测绘体系，实现基础地理信息在线服务，地理国情监测能力基本形成。

地理空间基础框架、移动位置服务和云 GIS 将利用海量的地理信息为各国政府、企业、社会提供全方位的服务。在新地理信息时代，地理信息的更新与维护既可以是数据提供者，也可以是终端用户。地理信息技术的发展，将会使更多的人参与到地理信息的建设中来，也只有这样，地理信息技术的发展道路才会更加光明。此外，面向服务架构的地理信息应用，将拉动整个地理信息产业链条爆炸式增长，促进地理信息的共享，产生巨大的经济和社会效益，人类将会分享新形势下地理信息应用于服务所带来的巨大财富。

参考文献

[1] 孟立秋. 地图学和地图何去何从［J］. 测绘科学技术学报，2013，30（4）：334-342.

[2] 李志林，张文星，张红. 数字化时代地图概念的探讨［J］. 测绘科学技术学报，2013，30（4）：375-379.

[3] 周成虎. 全息地图时代已经来临——地图功能的历史演变［J］. 测绘科学，2014，39（7）.

[4] 刘锐，谢涛，孙世友，等."智慧地图"体系构建研究［J］. 地理信息世界，2013（2）：24-29.

[5] 杜清运. 从认识论范式看空间系统的智慧化［J］. 测绘科学，2014，39（8）.

[6] 邓毅博，陈毓芬，郑束蕾，等. 基于认知实验的旅游网络地图点状符号设计［J］. 测绘科学技术学报，2013，30（1）：99-103.

[7] 胡昌平，张晶. 从信息传输到可视化：地图制图学视角下的知识地图理论研究［J］. 图书馆论坛，2014（5）：29-35.

[8] 冯骏，刘文兵，夏翔. Web2.0 下网络地图的发展及存在问题探讨［J］. 测绘工程，2013，22（2）：37-41.

[9] 刘慧敏. 地图空间信息量的度量方法研究［J］. 测绘学报，2013，42（4）：632.

[10] 杜清运，任福. 空间信息的自然语言表达模型［J］. 武汉大学学报：信息科学版，2014，39（6）：682-688.

[11] 彭克曼，夏青，田江鹏，等. 地图符号语言学方法研究的理论问题初探［J］. 测绘通报，2014（3）：63-66.

[12] 凌善金. 地图图形语言艺术化研究［J］. 安徽师范大学学报（自然科学版），2013，36（3）：278-282.

[13] 王东华，商瑶玲，刘建军，等. 国家新版 1：50000 地形图制图技术设计与实践［J］. 地理信息世界，2014，21（1）：16-21.

[14] 卫东. 地理空间数据一体化更新发布系统的技术研究［J］. 测绘通报，2013（7）：77-81.

[15] 林少蓉，于忠海，李霖，等. 基础地理信息数据的增量更新制图方法［J］. 测绘科学，2014，39（3）：127-131.

[16] 陈换新，孙群，肖强，等. 空间数据融合技术在空间数据生产及更新中的应用［J］. 武汉大学学报：信息科学版，2014，39（1）：117-122.

[17] 何榕健，戴韫卓，杜震洪，等. 一种多源矢量空间数据的联动增量更新模型［J］. 浙江大学学报（理学版），2013，40（5）：580-586.

[18] 许俊奎，武芳，刘文甫，等. 利用邻域相似性的居民地要素增量更新质量评估［J］. 武汉大学学报：信息科学版，2014，39（4）：476-480.

[19] 许俊奎，武芳，钱海忠. 多比例尺地图中居民地要素之间的关联关系及其在空间数据更新中的应用［J］. 测绘学报，2013，42（6）：898-905.

[20] 简灿良，赵彬彬，王晓密，等. 多尺度地图面目标变化分类、描述及判别［J］. 武汉大学学报：信息科学版，2014，39（8）：968-973.

[21] 田文文. 基于自发地理信息的空间数据变化发现与更新方法研究［D］. 武汉：武汉大学，2013.

[22] 孙群. 空间数据相似性研究的若干基本问题［J］. 测绘科学技术学报，2013，30（5）：439-442.

[23] 巩现勇，武芳，姬存伟，等. 道路网匹配的蚁群算法求解模型［J］. 武汉大学学报：信息科学版，2014，39（2）：191-195.

[24] 杨敏，艾廷华，卢威，等. 自发地理信息兴趣点数据在线综合与多尺度可视化方法［J］. 测绘学报，2015，44（2）：228-234.

[25] 黄博华，武芳，翟仁健，等. 保持弯曲特征的线要素化简算法［J］. 测绘科学技术学报，2014，31（5）：533-537.

[26] 朱强，武芳，钱海忠，等. 采用剖分思想的谷地弯曲识别及结构化方法［J］. 测绘科学技术学报，2014，

31（4）：424–430.

[27] 武芳，张强，巩现勇，等. 一种匹配分类的空间数据多尺度表达与变换模型［J］. 测绘科学技术学报，2014，31（4）：331–335.

[28] 符浩军，朱长青，赵毅，等. 自发地理信息兴趣点数据在线综合与多尺度可视化方法［J］. 测绘学报，2013，42（6）：891–897.

[29] 曾端阳，闫浩文，牛莉婷，等. 矢量地图的一种非盲数字水印算法［J］. 兰州交通大学学报，2013，32（4）：176–180.

[30] 杨辉，侯翔. 一种抗等角投影变换矢量地图数据水印机制［J］. 测绘科学技术学报，2014，31（5）：524–528.

[31] 任娜，朱长青. 一种瓦片地图水印算法［J］. 测绘通报，2014（12）：60–62.

[32] 杨辉，闵连权，侯翔. 矢量地图数据数字水印抗拼接算法［J］. 测绘科学技术学报，2015，32（1）：91–95.

[33] 毛健，朱长青，王玉海. 一种空间数据文件的强制访问控制模型及其实现［J］. 地理与地理信息科学，2014，30（3）：7–10.

[34] 沈平，桂志鹏，游兰，等. 一种主动发现网络地理信息服务的主题爬虫［J］. 地球信息科学学报，2015（2）：185–190.

[35] 王曙，吉雷静，张雪英，等. 面向网页文本的地理要素变化检测［J］. 地球信息科学学报，2013（5）：625–634.

[36] 余丽，陆锋，张恒才. 网络文本蕴涵地理信息抽取：研究进展与展望［J］. 地球信息科学学报，2015（2）：127–134.

[37] 许宁，尹凌，胡金星. 从大规模短期规则采样的手机定位数据中识别居民职住地［J］. 武汉大学学报：信息科学版，2014（6）：750–756.

[38] 仇培元，张恒才，陆锋. 互联网文本蕴含道路交通信息抽取的模式匹配方法［J］. 地球信息科学学报，2015（4）：416–422.

[39] 廖永丰，李博，雷宇，等. 面向任务的移动灾情快速采集直报技术与应用［J］. 地球信息科学学报，2013（4）：538–545.

[40] 栾学晨，范红超，杨必胜，等. 城市道路网主干道提取的形态分析方法［J］. 武汉大学学报：信息科学版，2014，39（3）：327–331.

[41] 刘远刚，郭庆胜，孙雅庚，等. 地图目标群间骨架线提取的算法研究［J］. 武汉大学学报：信息科学版，2015，40（2）：264–268.

[42] 熊汉江，李秀娟. 一种提取山脊线和山谷线的新方法［J］. 武汉大学学报：信息科学版，2015，40（4）：498–502.

[43] 吕海洋，盛业华，段平，等. 局部最优形态参数的 RBF 分块地形插值方法与实验［J］. 地球信息科学学报，2015，17（3）：260–267.

[44] 段平，盛业华，吕海洋，等. 基于多层紧支撑径向基函数的 DEM 插值方法［J］. 地理与地理信息科学，2014，30（5）：38–41.

[45] 王春，李虎，杨军生，等. 新型格网 DEM 等高线生成技术与方法［J］. 地球信息科学学报，2015（02）：160–165.

[46] 陈换新，孙群，肖强，等. 空间数据融合技术在空间数据生产及更新中的应用［J］. 武汉大学学报：信息科学版，2014，39（1）：117–122.

[47] 张云菲，杨必胜，栾学晨. 语义知识支持的城市 POI 与道路网集成方法［J］. 武汉大学学报：信息科学版，2013（10）：1229–1233.

[48] 李军利，何宗宜，柯栋梁，等. 一种描述逻辑的地理本体融合方法［J］. 武汉大学学报：信息科学版，2014，39（3）：317–321.

[49] 龚健雅，李小龙，吴华意. 实时 GIS 时空数据模型 [J]. 测绘学报，2014（3）：226-232.
[50] 刘岳峰，杨忠智，孙希龄，等. 空间实体的时态属性时间语义特征及代数表达框架 [J]. 武汉大学学报：信息科学版，2013（9）：1097-1102.
[51] 武芳，张强，巩现勇，等. 一种匹配分类的空间数据多尺度表达与变换模型 [J]. 测绘科学技术学报，2014（4）：331-335.
[52] 刘小俊，徐正全，潘少明. 一种读写分离的分布式元数据管理方法——以“数字城市”应用为例 [J]. 武汉大学学报：信息科学版，2013（10）：1248-1252.
[53] 朱进，胡斌，邵华，等. 基于内存数据库 Redis 的轻量级矢量地理数据组织 [J]. 地球信息科学学报，2014（2）：165-172.
[54] 涂振发，孟令奎，张文，等. 面向分布式 GIS 空间数据的 Key-value 缓存 [J]. 武汉大学学报：信息科学版，2013，38（11）：1339-1343.
[55] 吕雪锋，程承旗，席福彪. 地理空间大数据存储管理的地理网络地址研究 [J]. 地理与地理信息科学，2015，31（1）：1-5.
[56] 范建永，王家耀，熊伟. 一种基于 MPPQT 的空间对象标识编码方法 [J]. 测绘科学技术学报，2014（1）：84-88.
[57] 魏海涛，杜云艳，任浩玮，等. 基于 N-KD 树的空间点数据分组算法 [J]. 地球信息科学学报，2015（1）：1-7.
[58] 范俊甫，马廷，周成虎，等. 基于集群 MPI 的图层级多边形并行合并算法 [J]. 地球信息科学学报，2014，16（4）：517-523.
[59] 李坚，李德仁，邵振峰. 一种并行计算的流数据 Delaunay 构网算法 [J]. 武汉大学学报：信息科学版，2013，38（7）：794-798.
[60] 郭明强，谢忠，黄颖. 集群并发环境下大规模矢量数据负载均衡算法 [J]. 武汉大学学报：信息科学版，2013，38（9）：1131-1134.
[61] 杨宜舟，吴立新，郭甲腾，等. 一种实现拓扑关系高效并行计算的矢量数据划分方法 [J]. 地理与地理信息科学，2013，29（4）：25-29.
[62] 杨典华. 分布式空间拓扑连接查询优化处理算法 [J]. 地球信息科学学报，2013（5）：643-648，679.
[63] 黄昊，王结臣，陶伟东，等. 规则格网内插中的 J 邻近点快速搜索算法 [J]. 地理与地理信息科学，2013，29（6）：125-126.
[64] 夏宇，朱欣焰. 一种基于形状特征的地理实体相似性查询方法 [J]. 地理与地理信息科学，2015，31（1）：6-11.
[65] 郑宇志，张青年. 基于拓扑及空间相似性的面实体匹配方法研究 [J]. 测绘科学技术学报，2013，30（5）：510-514.
[66] 吴明光. 一种空间分布模式驱动的空间索引 [J]. 测绘学报，2015（1）：108-115.
[67] 李昌领，张虹，朱良峰. 含内孔多面体的约束 Delaunay 四面体剖分算法 [J]. 武汉大学学报：信息科学版，2014，39（3）：346-352.
[68] 廖永丰，李博，吕雪锋，等. 基于 GeoSOT 编码的多元灾害数据一体化组织管理方法研究 [J]. 地理与地理信息科学，2013，29（5）：36-40.
[69] 于焕菊，李云岭，齐清文. 顾及实体空间关系的地址编码方法研究 [J]. 地理与地理信息科学，2013，29（5）：49-52.
[70] 彭颖霞，吴升. 一种适于地理编码的地址数据规范化方法 [J]. 测绘科学技术学报，2013，30（5）：521-524.
[71] 王正，王英杰. 动线法自动制图的关键算法设计与实现 [J]. 地球信息科学学报，2014（3）：358-367.
[72] 赵国成，徐立，阚映红. 面向规则聚合的地图制图模板设计与实现 [J]. 测绘科学技术学报，2014（2）：216-220.

[73] 颜玉龙，江南，崔虎平，等. 面向快速制作的统计制图符号建造模型［J］. 测绘科学技术学报，2014（1）：102-106.

[74] 李伟，陈毓芬，钱凌韬，等. 语言学的个性化地图符号设计［J］. 测绘学报，2015（3）：323-329.

[75] 李景文，陈俊任，刘璇，等. 一种基于对象的 CSG-BR 三维数据模型构建方法［J］. 地理与地理信息科学，2013，29（5）：123-124.

[76] 韩李涛，范克楠. 三维地形颜色渐变渲染的光滑过渡方法研究［J］. 地球信息科学学报，2015（1）：31-36.

[77] 李拥，李朝奎，吴柏燕，等. 一种采用 OpenMP 技术的 3D GIS 并行绘制模型［J］. 武汉大学学报：信息科学版，2013，38（12）：1495-1498.

[78] 陈静，吴思，谢秉雄. 面向 GPU 绘制的复杂三维模型可视化方法［J］. 武汉大学学报：信息科学版，2014，39（1）：106-111.

[79] 罗安平，魏斌，杨春成，等. Android 平台的多尺度地理信息三维显示技术［J］. 测绘科学技术学报，2014（1）：107-110.

[80] 邵华，江南，胡斌，等. 面向复杂城市场景的 Sort-First 并行绘制系统中负载平衡与性能分析［J］. 地球信息科学学报，2014，16（3）：376-381.

[81] 王金鑫，李耀辉，郑亚圣，等. 基于 SGOG 瓦块的数字地球真三维可视化技术与应用［J］. 地球信息科学学报，2015，17（4）：438-444.

[82] 刘钊，罗智德，张耀方，等. 物流配送时空信息可视化方法改进［J］. 测绘科学技术学报，2014（2）.

[83] 禹文豪，艾廷华. 核密度估计法支持下的网络空间 POI 点可视化与分析［J］. 测绘学报，2015（1）：82-90.

[84] 华一新，李响，王丽娜，等. 一种个人地理标记数据的可视化方法［J］. 测绘学报，2015（2）：220-227.

[85] 杨敏，艾廷华，卢威，等. 自发地理信息兴趣点数据在线综合与多尺度可视化方法［J］. 测绘学报，2015（2）：228-234.

[86] 王行风. 面向个人移动平台的室内三维导航系统设计与实现［J］. 计算机与现代化，2015（2）：77-79.

[87] 高扬. 可量测影像实景导航关键技术研究［D］. 西安：长安大学，2013.

[88] 张皓，王涌天，陈靖，等. 基于 LBS 的移动增强实境浏览器［J］. 计算机工程，2013（9）：311-316.

[89] 刘小春，李响，王丽娜，等. 一种顾及用户定位习惯的网络地图地名注记显示方法［J］. 测绘通报，2014（5）：50-54.

[90] 姜竹青. 自主导航中滤波算法的研究及应用［D］. 北京：北京邮电大学，2014.

[91] 王建辉，李爱光. 顾及多要素影响的路网匹配改进算法［J］. 测绘与空间地理信息，2015（3）：109-113.

[92] 张秀彬，陆冬良，黄大坤，等. 导航地图信息实时增量法［J］. 地理信息世界，2014（3）：84-86.

撰稿人：孙　群　杜清运　吴　升　王东华　龙　毅　张新长　徐根才　周　炤

工程测量专业发展研究

一、引言

根据2014版测绘资质分级标准，工程测量包括控制测量、地形测量、规划测量、建筑工程测量、变形形变与精密测量、市政工程测量、水利工程测量、线路与桥隧测量、地下管线测量、矿山测量和工程测量监理等11个子项，是10个专业范围包含子项最多的专业。由此可见现代工程测量涉及的内容更多、范围更大，服务面更广。随着国家基础设施建设的快速发展，各种大型、超大型工程的数量和规模超过了历史上任何时期，如高速铁路、城市轨道和智慧城市等系统性建设项目，港珠澳跨海大桥、直径为500m的天文望远镜FAST和城市超高地标等代表性建筑工程。传统测绘技术已远远不能满足工程建设的需求，需要不断进行科技创新，进行工程测量理论方法的研究、技术装备的研制和新技术体系的建立，加快工程测量技术改造升级，适应工程建设的新形势。通过工程项目的顺利实施，推动了新技术、新装备和新方法在工程测量领域的应用，创新了技术理论方法，创建了新的技术体系，促进了工程测量学科的发展。本文简单回顾了工程测量学在理论与方法研究的进展，工程控制测量、三维和变形监测技术的发展和典型应用，并比较了国内外发展现状，提出今后几年的学科发展趋势。

二、本专业国内发展现状

（一）学科进展综述

空间定位技术、激光技术、无线通信技术和计算机技术等新技术的发展与应用，极大促进了工程测量技术的进步，使工程测量面貌发生了深刻变化，涌现了三维激光扫描仪、智能全站仪、全站扫描仪、磁悬浮陀螺仪、地质雷达、无人机、InSAR等先进技术和装备。

我国工程测量科技人员针对体量大、结构复杂、空间变化不规则和精度要求高等工程技术难题展开深入研究，在理论、方法和应用上取得了重大成就。针对我国大型桥梁、隧道、高速公路、高速铁路和各种科学工程，构建高精度三维动态工程测量参考基准的理论与方法研究逐渐完善；研制专用的高精度自动化传感器解决大型工程建设中特殊的精度和速度要求，建立信息化工程测量系统，实现数据的自动采集、传输、处理和可视化表达。研究多源数据融合方法实现不同平台上多种传感器数据的集成和信息提取，对工程施工进度、施工质量进行全生命周期的监控。

近几年，工程测量在理论、方法与技术上的进展主要有以下几个方面。

1. 工程控制网的布设理论与方法

全球导航卫星系统（GNSS）已成为布设工程控制网的主要技术方法。将 GNSS 和全站仪相结合，快速建立工程控制网，形成了根据工程特点灵活建网的技术体系，如大比例尺测图控制网、高铁 CPIII 施工控制网和变形监测基准网等。基于 GNSS 的连续运行基准站（CORS）系统为工程控制网的建设提供了三维动态新方式，为城市基础设施建设、大型跨海跨江等工程提供厘米级到毫米级的位置测量基准，具有更好的整体性和经济性。

在高程控制方面，提出了精密三角高程测量系统、大地水准面精化模型代替高精度水准测量的理论与方法，解决了大范围、长距离和跨海精密高程传递问题，并成功应用于高速铁路、跨海大桥等大型工程中，达到国家二等水准测量的精度要求。

2. 无人机测绘技术

无人机遥感是继卫星遥感、大飞机遥感之后发展起来的一项新型航空遥感技术，在应急测绘保障、国土资源监测、重大工程建设等方面得到广泛应用，具有适用地形广泛、影像实时传输、高危地区探测、成本低、快速高效、使用机动灵活等优势，所以在实际应用中具有较强的优势。

目前的无人机在地形测量方面，尤其是带状地形图测量（如线路勘察设计）具有很大的优势，基本上可以满足 1∶2000 ~ 1∶1000 比例尺测图需要，在某些情况下甚至可以达到 1∶500 测图的要求。用无人机进行各种工程检查与检测，如水利监测（河道监测、沿河设施监测、执法监测和灾情监测）、高压线井架施工进度与执法监测、森林火灾监测等都已经逐步得到推广和应用。

3. 移动测量技术

移动测量（MMS, Mobile Mapping System）是一种基于飞机、飞艇、火车、汽车等移动载体的快速三维坐标测量系统，集成了全球卫星定位、惯性导航、图像处理、激光扫描、地理信息技术。目前在工程测量领域应用的主要是车载移动测量系统。除了国外 Topcon（Ip-S2）、Trimble（TMX-3）、OPTECH（Lynx）等多家移动测量系统外，我国（高校、测量单位、仪器公司等）也先后研制生产了多种集成度高、价格低、性能好、功能全、特色鲜明的移动测量系统，在国家地理国情普查、城市部件测量、高速公路养护、三维街景地图、数字城市三维建模、地图快速更新等方面发挥了重要作用。例如采用国内自主研发的 SSW 车载激光建模测量系统对嘉绍高速公路竣工检测的平面精度达到 18cm，高程精度达到 15cm；利用移动测量技术对北京市部分城区的城市部件信息进行自动识别与提取；利用车载移动测量系统对贵州山区高速公路经过的区域的 1 ∶ 1 万 DEM 实现了快速、高效的数据更新等。

4. 地下管线探测技术

城市地下管线是指城市范围内供水、排水、燃气、热力、电力、通信、广播电视、工业等管线及其附属设施，是保障城市运行的重要基础设施和“生命线”。现在可以用于隐蔽地下管线探测的物探方法主要包括：电磁感应法、探地雷达法、高密度电阻率法、浅层地震法、钎探法、穿线探测法、陀螺仪惯性法和磁法剖面法等探测方法。

随着长距离传输管线的敷设、城市地表环境的复杂化和科学技术发展的多学科融合，地下技术也呈现多学科交叉发展、相互促进的时态，为了探测长距离传输管线，热红外遥感技术在管线探测中得到了进一步应用。城市建设的发展，使地下管线的埋设深度越来越大，促进了超导量子干涉技术在管线探测中应用。

5. InSAR 技术

合成孔径雷达干涉测量（InSAR）是一种快速发展的大地测量技术，能够全天候获取高精度、连续覆盖的地面高程和地表形变信息。InSAR 已在地形测绘、全球环境变化、灾害监测评估等相关领域得到了广泛应用。

对于星载的 InSAR 而言，目前采用理论研究较多的是时序 InSAR、短基线集 InSAR 和 PS-InSAR 方面相关理论方法，主要工程应用仍然集中在城市（京津唐、太原、佛山、西安、长三角区等）地面沉降、矿区（济宁矿区、徐州、淮南等）地面沉降监测以及高速公路、铁路（京沪高速、京津高铁）等的沉降监测与安全评估。

近年来地基雷达干涉测量系统的出现，为工程远距离（4km）、微形变（0.1 ~ 0.01mm）、大范围测量提供了新手段，其局域性、全天候、连续测量以及灵活性等特点，成为变形监测领域研究的热点。其中，大气改正是雷达干涉测量中的重要误差源，能产生达到厘米级或更高值的变化。为此，基于稳定点加权法进行大气延迟校方法取得了进展，但离成熟的应用还有待于深入研究。现阶段主要是试验研究，包括在隔河岩大坝、鲁甸堰塞湖堆积体监测、大型桥梁静、动态荷载下的挠度和振动测量等方面开展应用研究。

6. 海洋工程测量技术

随着国家提出建设海洋强国战略，对海洋资源的开发和利用以及维护国家主权的需要，对海洋测绘提出了更高的要求。在海洋开展的工程建设逐渐增多，需要开展海洋地形图测绘、海底工程施工测量和竣工测量与运行监测，无验潮模式下的多波束精密测深技术、多形态海床特征下多波束和侧扫声呐图像配准和信息融合的技术、基于地貌图像的海床微地形自动生成技术，可以获取高精度和高分辨率的海床地形地貌，为海洋工程建设提供基础资料，水下声学定位系统、水下传感器网络、水下遥感测绘系统、激光水下定位等技术为海洋工程建设提供了精确定位可能，保证海洋工程测量的顺利开展和在工程运营中的监测需求。

（二）工程控制测量的进展及典型应用

2012 年 12 月 27 日，完全自主知识产权的北斗卫星导航系统正式对亚太地区提供无源定位、导航、授时服务。北斗卫星导航系统可完全实现 GPS 系统的全部功能，其星座设计和服务具有 GPS 和 GLONASS 系统所不可替代的优势。北斗卫星导航系统在城市控制测量和复杂地形环境下的高精度控制测量方面得到了很好的应用。

1. 研究现状

不同的卫星导航系统都具有各自的时间和空间基准，多系统卫星导航系统的综合应用首先考虑不同系统间的时空关系的融合。武汉大学、东南大学、中海达、华测和南方公司都开发了基于多卫星导航系统的高精度定位数据综合处理软件。使用户能够同时使用北斗、GPS 和 GLONASS 信号，为用户提供了更加稳定可靠的定位服务。另外，北斗独特的星座设计，使用户能够同时使用中、高轨道卫星服务，卫星仰角高，抗遮挡能力强，在多层立交、城市峡谷、树木遮挡等恶劣环境下，用户仍可获得连续的高精度定位服务。

2. 研究进展

区域 GNSS 连续运行基准站系统（CORS 系统）是城市控制网和工程控制网的重要基础设施，随着北斗卫星导航系统的正式应用，在国家政策支持和北斗卫星导航系统前景看好的背景下，各地的 CORS 系统的改造升级逐渐开始。北斗卫星地基增强系统是开拓北斗精密定位应用的重要设施，是提高北斗系统定位能力和服务能力的必要手段，系统将实现米级、厘米级乃至毫米级的高精度服务。

近年来，湖北、上海、江苏、重庆等地相继建成了北斗卫星地基增强系统，系统均采用具有完全自主知识产权的软硬件产品，摆脱了对国外卫星导航系统的长期依赖。

3. 典型应用

北斗导航定位系统已经应用在轨道交通、变形监测、城市规划等高精度工程测量项目中，应用效果表明，系统静态测量精度能够满足工程测量精密定位要求，其定位精度与 GPS 相当；在动态定位方面，通过地面基准站网的增强，使北斗卫星系统实现厘米级精确定位，RTK 定位精度、可用性、初始化时间等关键指标均优于或相当于单 GPS 地基增强系统，充分体现了多系统多模融合定位的技术先进性，使得系统在定位精度、覆盖区域、可用性等方面具有显著的优势。北斗卫星系统建设快速推进，与其对应的软硬件产品的研发也高速发展。系统已经逐步应用于城市规划、国土管理、城乡建设、环境监测、交通管理、应急抢险等多个领域。由于具有成本低、效率高、高可靠性等特点，系统应用拥有良好的社会价值和经济效益。

（三）三维技术的进展及典型应用

1. 地面三维激光扫描技术

地面三维激光扫描技术的测量能力、自动化程度、人工作业的劳动强度、测量速度、数据处理效率以及整体经济效益均明显地优于其他测量技术，已经在文物保护、城市建筑测量、地形测绘、采矿业、变形监测、数字工厂、大型结构、管道设计、飞机船舶制造、公路铁路建设、隧道工程、桥梁改建等领域得到应用，具有广阔的应用前景和价值。

（1）研究现状

国内表面重建方面的研究尽管起步晚，由于信息化的高速发展，国内的研究与国外相比落后并不多。浙江大学柯映林提出了基于剖面特征和表面特征的建模策略；上海交通大学的胡鑫等提出一种基于图像法的边界特征的提取方法，以上研究主要针对机械领域建模。武汉大学李清泉、朱庆、李必军等在建筑物的建模和特征提取方面做了许多有益的研究；北京建筑大学王晏民基于激光扫描技术完成了“特大异型工程精密测量与重构技术研究及应用”，该技术在国家大剧院、鸟巢、水立方、国家体育馆、首都机场新航站楼、CCTV 新址、探月工程 50 米天线、北京国贸大厦、武广客运专线、故宫古建筑大修、全国地铁建设等多项大中型工程中得到应用。

（2）研究进展

1）特征提取研究的技术进展。针对点云数据散乱的特点，许多学者提出了不同的特征线提取方法。KrisDemarsina 等提出了运用优先次序分割的方法提取候选特征点，并连接成线来覆盖尖锐特征线，构建一个最小生成树，然后重构闭合特征线的算法。AntoniChica 等提出一种以可视化为基础的方法，从密集点云数据的离散模型中提取特征，首先获取可视信息，继而提取模型特征点或线并计算曲线之间的拓扑结构。IoannisKyriazis 所采用的方法是将点云数据划分成片，分步提取各部分数据特征，最后将每一部分所得信息汇总成为全局特征线。

2）表面重建方面的技术进展。近年来，快速成型技术在表面重建中得到了广泛的应用，该方法省略了点云的预处理阶段，通过对输入的点云数据进行空间切分，生成分层切片数据，通过提取每层切片数据的轮廓线（特征线），建立模型的立体线框图，最后通过立体线框图重建模型。印度学者 Kumbhar 对 IPCM 算法进行了改进，提出了自适应的切片方法，实现的模型重建。该改进算法取得了良好的效果。

在建模软件方面，商用软件 GeomagicStudio、Polyworks 等具有建模功能，但需要通过人工交互进行修补和调节，模型数据量也比较大。北京建筑大学针对文化遗产数字化保护、智慧城市建设与管理、建筑全生命周期 BIM、大型复杂钢结构建筑物建造、大型工业产品生产等行业对精细三维模型的需求，致力于将激光雷达和摄影测量二者有机结合，开展对数据融合技术、精细三维重建算法和海量数据管理方法等关键技术的攻关，研制了全自主知识产权的多源数据融合的精细三维重建系统 L&P3D-V1.0，实现了复杂场景和对象的精细三维重建。

3）海量精细空间数据管理方面的技术进展。北京建筑大学针对海量精细空间数据量大，种类多、结构复杂等特点，开展对三维空间数据数据存储、快速查询和绘制等技术进行研究，研制了一套海量精细三维空间数据管理软件系统 MaP3D-V1.0。设计并实现了点云、数字影像、深度图像、三维线框模型、表面模型、实体模型、CSG 模型、3D-TIN 模型的数据存储，提出了多级混合二三维一体化空间索引技术，发明了点云数据的建模方法和深度图像数据处理系统，利用 GPU 硬件加速等技术实现了海量精细空间数据快速绘制。为文化遗产数字化保护、智慧城市与建筑精细化管理、建筑全生命周期管理（BIM），三维地理信息系统等方面提供重要的技术支撑。

4）国内标准规范制定方面的进展。国内测绘地理信息行业引进地面三维激光扫描技术已有近 10 年，但到目前为止，地面三维激光扫描技术方面的相关规范仅有中华人民共和国计量技术规范《地面激光扫描仪校准规范》（JJF1406-2013）。当前由北京市测绘设计研究院作为主编单位正在编写的《地面三维激光扫描作业技术规程》是国内测绘行业第一个较为全面的地面三维激光扫描作业技术标准。同时，正在修编的中华人民共和国行业标准《建筑变形测量规范》也引入了地面三维激光扫描技术进行较低等级的沉降和位移变形观测。

（3）典型应用

广州市城市规划勘测设计研究院与国内高校合作开展激光扫描方面的研究和应用探索，主要围绕激光扫描仪的检校、城乡规划测量、古建筑测绘、地形测绘、三维重构与虚拟漫游等方面。通过相关生产和科研项目的工作经验总结，建立了基于地面三维激光扫描技术的地形、建筑平立剖测绘图、三维模型的一体化测量生产技术体系，该体系集成了 GPS 技术、摄影测量技术、激光扫描技术、图形图像处理技术、地图制图技术。用于三维建模、建筑测绘、地形测绘、规划验收测量等方面。

（4）发展趋势

随着大量学者对点云处理算法的研究，点云处理软件将向集成化和自动化发展；随着硬件发展和软件的升级，技术应用领域的不断拓展，应用将向多样化、规模化、标准化发展；随着地面三维激光扫描仪制造关键技术的突破，中海达、南方和华测都陆续推出了自己的地面三维激光扫描仪，设备国产化程度会越来越高。

2. 影像三维技术

（1）研究现状

影像三维模型是基于高性能摄影测量、计算机视觉与几何算法，通过利用数码相机获取的数字相片全自动生产的用于三维实景表达的三维模型。自动化生产技术集合了摄影测量空中三角测量技术、相片同名像点密集匹配技术、计算机视觉、计算机 GPU 辅助计算技术等，通过综合运用这些先进技术，仅利用数码相片，通过计算机硬件即可实现全自动三维模型重建的工作。

（2）研究进展

只需要有足够满足条件的数码相片，就可以实现影像三维模型全自动计算生产，并可以兼容各种硬件采集的各种原始数据，包括大型固定翼飞机、载人直升机、大中小型无人机、街景车、手持式数码相机甚至手机，并直接把这些数据还原成连续真实的三维模型，无论是大型海量城市级数据，还是考古级精细到毫米的模型，都能轻松还原出最接近真实的模型。

（3）典型应用

充分利用影像三维技术的兼容性好的技术特点，在制作大场景影像三维模型时，可利用像 DMC 相机获取的航向重叠度＞ 80%、旁向重叠度＞ 60% 的模型的传统航摄影像，像以色列 A3 相机为代表的扫摆式航摄影像，还有倾斜摄影航空影像、无人机低空遥感影像等。在人像、重点保护物体等单体或小场景影像三维模型制作时，可使用任意的数码相机或者手机拍摄相片就可以生成三维模型。

（4）发展趋势

由于影像三维模型的数据采集、数据处理和产品生产过程不需要人工太多的干预，在技术发展到一定程度时，影像三维模型可实现制作过程的自动化、高效化，成果的高精度、真实化，产品的低廉化和实时化。

3. 移动测量技术

（1）研究现状

移动道路测量系统通过机动车上装配的 GNSS、INS、数码相机、数码摄像机和激光雷达等设备，在车辆高速行进之中，快速采集道路及道路两旁地物的空间位置数据，特别适合于公路、铁路等带状地区的基础信息获取，在电子地图的制作与修测、城市三维建模等领域具有独特的优势。

（2）研究进展

移动道路测量系统集成了已有的多种先进的技术装备，通过自主的理论、方法和技术研究，研制出不同用途的移动测量装备。以武汉大学李清泉教授为主的团队研发的智能路面综合检测装备，该装备的多传感器集成与同步控制方法、基于惯性补偿的平整度测量算法等方面达到了国际同类研究的领先水平，成果整体达到国际先进水平。立得公司推出的 LD2011 型移动道路测量系统，按功能作用划分为了“基础数据采集技术体系”、“数据加工制作技术体系”和“数据应用技术体系”。北京四维远见公司研制了 SSW 车载激光建模测量系统，是刘先林院士率领的科研团队自主研发的，该系统激光射程长、扫描角度大、关键器件国产化程度高，有成熟的单机和综合检校流程。武汉市测绘研究院研制的动道路测量数字全景地图系统加装了 4 台配备了鱼眼镜头的单反相机，拍摄后的相片经过拼接处理可形成 360° 全景影像，其成像更为清晰。重庆数字城市科技有限公司开发的吉信 DPM——数字全景地图系统，成果数据是 360°连续实景影像，相对离散的全景影像来说视觉效果更佳。广州市规划院研制的车载多传感器城市街景移动测量系统，重点解决了时间同步、空间同步的问题，形成了多传感器一体化、数据一体化、功能一体化的新兴测绘装备，有效提升了城市空间数据的快速获取能力。

（3）典型应用

移动道路测量系统的可量测实景影像采集更新更快，可视化效果好、形象生动；作为一种全新的成图方式，技术成熟、测量准确、效率高、低成本；“可视、可量、可挖掘”的近景影像数据可与其他电子地图产品深度融合结合。移动道路测量系统已广泛应用于部件采集、数字城管、智能交通（ITS）、数字公安、汽车导航和影像城市等领域。

（4）发展趋势

1）硬件集成化，组装模块化，载体多元化。通过对硬件系统的高度集成，提高系统的稳定性、安全性，同时尽可能缩小体积、减轻重量，以便于安装、使用、携带和保管。使用标准化接口，实现快速装卸，数据传输可考虑采用蓝牙或 WiFi。可根据需要，在不同的载体（汽车、舰船、火车、摩托车和单人肩扛式等）上使用安装全景移动测量系统，积极拓展在水面、设施内部等使用范围。

2）数据多源化。不同波谱成像将获得与可见光成像不同的属性信息，满足更多的应用需求，因此移动测量技术将向着多波谱段成像方向发展，红外、高光谱、微波等波谱段的成像传感器将逐步得到应用和发展。

3）处理技术自动化。自动化数据处理相关技术也一直是行业内研究的热点，如已经取得阶段性成果的全景影像制作技术、图像模糊化处理技术等都对移动测量数据的应用起到应有的作用。移动测量数据处理的自动化水平还较低，随着技术的不断进步，数据处理将向全自动方向发展。

（四）变形监测技术的进展及典型应用

1. 地铁工程安全监控和评估技术

（1）研究现状与进展

近年来，城市地铁交通成为解决“城市病”的重要基础设施之一，如何确保地铁建设和运营中的安全成为地铁建设和运营部门的一个重要课题。自动化变形监测能够在无人值守情况下完成变形监测，可自动完成测量周期、实时评价测量成果、实时可视化的动态变形信息显示等，做到了信息化施工和管理。自动化监测系统由测量机器人、测量控制装置、数据通信装置及数据自动处理软件构成，具有无人值守持续监测、气象参数的自动化采集、监测数据自动处理与分析、自动报警、远程监控的功能，为地铁运营安全管理部门提供决策支持。

（2）典型应用

徕卡的 ADMS（Automatic Deformation Monitoring System）自动变形监测系统已应用在南京和广州地铁施工中，武汉大学测绘学院研制的广州地铁自动化监测系统已得到应用，南方 SMOS-SUBWAY 地铁隧道自动化监测系统在深圳地铁二号线结构变形监测中得到应用，索佳的 AutoMoS 自动化变形监测系统本系统在广州地铁黄沙站商住发展项目地铁结构变形项目中得到了应用。

（3）发展趋势

随着地铁现代化和自动化技术的发展对运营安全和管理水平要求的不断提高，对信息采集和处理的实效性、监测的自动化和智能化要求越来越高，总体来说，以计算机技术、网络技术、电子测量仪器技术、传感器技术、通信技术为一体的变形监测系统发展迅速，基本取代了传统的变形监测方法，变形监测已进入了自动化、智能化和信息化时代。在几何学、物理学、计算机仿真学等多学科、多领域的融合渗透下，向一体化、自动化、数字化、智能化等方向发展。研究多元传感器及测量设备的数据采集控制管理，实现多种自动化数据采集系统的通用性和兼容性；研究多源海量实测数据融合处理、实时分析，实现科学可靠的测值预报和安全性评估，为地铁工程的安全运营提供保障，成为地铁安全监测的研究热点之一。

2. GBSAR 技术

（1）研究现状

GBSAR 是地面雷达遥感成像系统，它采用干涉测量方法，不仅测量方位向和距离信息，还接收的雷达信号的相位信息，相位信息可以通过干涉测量得到被测目标的地貌和变形信息。GBSAR 的主要应用是变形监测，它能够探测微小变形、监测范围大、成像功能等特点使它跟其他变形监测技术进行互补。GBSAR 可应用于大型露天矿边坡、大坝变形监测、桥梁动态形变、建筑物微变形测量等众多变形监测领域。除此之外，利用 GBSAR 系统可以进行地形测量和大气探测。

（2）研究进展

武汉大学测绘学院徐亚明、邢诚等用步进位移平台进行多组模拟实验，检测系统在位移监测方面的精度水平；黄声享等用 GPS 进行对比实验，检测系统在桥梁扰度测量方面的高动态、高精度特征。武汉大学王鹏等人深入研究了 GBSAR 监测信号中静杂波的产生原因、影响及其去除方法，有助于 GBSAR 测量工作及信号的分析与解译。Noferini L 等将星载 PSInSAR 技术思想引入 GBSAR 中，Teza G 等研究了地面三维激光扫描仪与 GBSAR 在高危滑坡监测中的联合应用，Crosetto M 等提出利用 GBSAR 强度图像的配准方法提取变形信息。这些应用方面的技术发展，促进了 GBSAR 技术的快速发展。

（3）典型应用

受云南昭通鲁甸“8·3”地震影响，在地震中心鲁甸县龙头山镇南偏东 8.2km 处鲁甸县火德红乡李家山村和巧家县包谷垴乡红石岩村交界的牛栏江干流上，北岸山体大规模塌方形成堰塞湖，堰塞体直接威胁下游沿河的鲁甸、巧家、昭阳三县（区）10 个乡镇、3 万余人、2200 公顷耕地，以及下游牛栏江干流上天花板、黄角树等水电站的安全，采用 GBSAR 系统 IBIS–L 对北岸裸露新岩体进行变形监测，取得了良好的效果。

（4）发展趋势

GBSAR 起源于星载 SAR 系统，但在数据处理的步骤、方法和技巧上，具有明显的独特性，加强对 GBSAR 在干涉图滤波、时间维相位解缠、空间维相位解、误差特征分析与改正模型等数据处理过程上的研究。目前，没有成熟的处理 GBSAR 数据的软件，制约了 GBSAR 技术的推广应用，高校、科研院所、厂商共同努力，加快 GBSAR 数据处理软件的系统化和集成化。意大利佛罗伦萨大学电信学院的研究小组与IDS公司合作开发的IBIS系统是主要的GBSAR系统，价格昂贵，推进国内GBSAR系统硬件设备的研制工作，早日实现GBSAR系统国产化。

GBSAR与三维激光扫描仪、近景摄影测量、全球定位系统（GNSS）和无线传感器网络等技术相结合，将各种传感器的优势集中在一起，快速获取自然和工程结构表面空间位置信息和内部物理状态信息，建立动态立体可视化三维形变监测模型，从而在模型上对监测对象上任意空间位置特征点的形变信息进行提取，实现模型上的可视化量测，并对自然和工程结构的变形规律进行分析和预报，为防灾减灾的科学管理与决策支持提供测绘保障，保证自然和工程结构的安全具有重要意义。

3. 物联网安全监测云服务技术

（1）研究现状

物联网和云计算是当前发展速度最快、应用最为广泛的技术，其与自动化监测技术融合，将有力推动测量工作的一体化、自动化和智能化。物联网安全监测云服务技术以物联网络为基础，采用RFID、3G、4G、光纤、蓝牙、ZigBee、WiFi等多种通信技术实现监测设备的实时集成，利用云计算实现海量监测数据的流式处理、分布式存储、并行计算、及时预警。该技术在设备集成方面，突破了以往仅依赖测量机器人、GNSS设备、电子水准仪的限制，可充分应用各种传感器设备进行数据采集，如振弦式、光纤式、微机械、微电子。除几何形变监测外，可对结构应力、环境温度、激励振动进行监测，为监测数据处理与分析理论研究提供了新的契机，从形变趋势预测到内在因素挖掘，单因子模型到多因子变量模型发展。

（2）研究进展

在大数据的背景下，安全监测数据作为一种专业性极强的空间地理信息数据，具有周期性强、精度高的特点，利用物联网安全监测云服务技术，以云计算为基础，搭建分布式的安全监测系统，在数据处理效率、能力、数据安全性上得到了极大提升。流式处理、并行计算使监测数据从前端采集、集中处理、终端发布的时间缩短到1s。利用数理统计、人工智能、空间分析等多种手段进行信息挖掘，可为领导决策提供参考依据。

物联网安全监测云服务系统集数据采集、处理、管理、预警于一体；在监测对象方面，依赖物联网络、可综合应用测量机器人、GNSS技术、摄像测量、三维激光扫描、InSAR技术等，实现监测对象从点、面、到三维立体的全覆盖。在可视化方面，以GIS为基础，进行监测对象的多维多尺度可视化；在数据处理方面，以数理统计、神经网络、时间序列、人工智能方法为核心，进行形变趋势提取，数据建模及预测预报。该系统可满足一般性的安全监测工作，也可应用于应急指挥。

（3）典型应用

物联网安全监测技术近几年得到了推广应用，在大坝工程中最先建立了自动化安全监测系统；借鉴国外经验，新建桥梁须建立健康监测系统，以实现桥梁生命周期内的安全监控；城市的地铁、隧道等基础性设施也在建立全面的监控系统；基于物联网技术的矿山安全监控应用也较为广泛。

重庆市勘测院针对山地城市特点，对物联网安全监测技术做了大量研究工作，自主研制了智能数据集成设备，并研发了覆盖 PC、移动终端的安全监测云服务平台。在重庆市石门嘉陵江大桥、悦来国际会展中心、轨道交通 3 号线上展开应用，降低作业风险，提高工作效率，取得了较好的社会、经济效益。

（4）发展趋势

物联网安全监测技术的进一步推广取决于前端设备的研制与集成，现有传感器的终端采集设备存在通信功能弱，数据采集准确性不足，需针对上述缺点进行终端设备的改进。与此同时，GIS 环境下的监测数据可视化，云环境下的监测数据处理、挖掘算法以及多学科交叉建模也是难点。

（五）大型科学工程测量技术

1. 研究现状与进展

随着我国科学事业的发展，我国相继出现了科学研究的大型工程。如北京正负电子对撞机、兰州重离子加速器和合肥同步辐射装置、大亚湾反应堆中微子实验工程、500m 口径射电望远镜、载人航天和深空探测工程等，这些科学实验工程由于结构复杂和情况特殊，对工程测量要求的精度高、针对性强和差异性大。需要进行针对性强的大型科学工程测量理论方法的研究、技术装备的集成和特殊装备的研制，才能满足安装、运营的要求。

中国科学院遥感与数字地球研究所提出了适用于月面环境的无高精度控制点的立体图像条带网定位方法，为嫦娥三号月面巡视探测器在月表实施科学探测任务提供了空间定位技术支撑。中国科学院高能物理研究所设计和实现了一种利用固定长度配合深度尺量高的方法，提高了三角高程测量精度，解决了大亚湾中微子实验工程中，由于测区地势起伏，核电内路线交通弯曲，高程测量精度低的问题。

2. 典型应用

在港珠澳大桥沉管隧道工程中，中国交通建设集团结合工程特点通过对国内外沉管施工测量技术的研究，通过大量的研究实验，综合利用了 GNSS、声呐和倾斜仪测量技术，先后研发了深水碎石基床铺设测控系统、外海长距离沉管浮运测控系统和深水测量塔法沉管安装测控系统等沉管施工测控系统。保证施工水下 40m 基床铺设精度优于 ±40mm，测量塔至管节底面 54m 高度的平面定位精度优于 ±50mm，满足了设计要求。

信息工程大学综合运用全站仪、激光扫描、数字工业摄影测量等多种测量技术，圆满解决了 65m 射电望远镜设计、制造、安装、校准全过程的测量难题。提出了一种无固定观测墩的精密施工控制网布设方法，克服了软土地质结构条件影响。将激光扫描技术引入 65m 背架整体检测，精度优于 1mm，效率提高 3 倍。

在大型天线的检测和装配工程中，北京航空航天大学采用激光测量跟踪系统，检测天线的 4.6m × 4.8m 紧缩场表面，紧缩场可以在近距离上提供一个性能优良的平面波测试区，利用这个测试区可以对被测天线的辐射和分散射散特性进行测量。该紧缩场静区型面精度达到 26μm，整体型面精度达到，馈源定位在 3 个坐标方向误差在 4027μm 以内，满足了设计要求。

（六）地下管线探测技术

1. 研究现状与进展

《国务院办公厅关于加强城市地下管线建设管理的指导意见》（国办发〔2014〕27 号）指出"2015 年年底前，完成城市地下管线普查，建立综合管理信息系统，编制完成地下管线综合规划"，推进了管线探测技术研究，更好地服务于国家管线普查。目前，对于浅部管线（埋深＜ 5m），金属管线采用探测仪和钎探验证结合，非金属压力管线采用地质雷达和钎探验证结合，排水管 / 渠采用 CCTV 和示踪结合。对于超深管线（埋深≥ 5m），金属、电缆类管线采用剖面观测法，非金属大管采用地震映像法和钎探结合，非金属小管（空管）采用穿线法和陀螺仪（惯性法）结合。近几年，为了提高长输管线的管理水平，准确探测长输管线的位置信息，热红外遥感技术进行管线探测技术得到发展。所有物质，只要其温度超过绝对零度，就会不断发射红外能量。常温的地表物体发射的红外能量主要在大于 3μm 的中远红外区，是热辐射。热红外遥感就是利用星载或机载传感器收集、记录地物的这种热红外信息，并利用这种热红外信息来识别地物和反演地表参数如温度、湿度和热惯量等。超导量子干涉器 SQUID（ Superconducting Quantum Interference Device），是一种极高灵敏度的磁测量传感器，利用超导量子干涉器设计的磁强计，可用以探测极微弱的磁场和磁场的变化。可应用于地下管线和海洋探测、无损检测以及对潜通信、潜艇探测等领域。

2. 典型应用

近年来，随着低空无人机遥感技术的快速发展，热红外成像仪体积的缩小和相关技术的发展。2013 年 3 月，在天津大港油田试验区，利用无人机搭载热红外成像仪探测长距离输油管道进行探测试验，为得到不同地表覆盖情况下地下输油管道在热红外遥感影像上成像情况，选取地表覆盖较为复杂的区域，涉及房屋、硬质地表、草地、泥土、旱地、水面、公路等。结果在空旷裸露的地表，低空热红外遥感相比管线探测仪常规的地面探测，能清晰判读地下输油管道，显示出了其独特的优势。

北京斯奎德量子技术有限公司研制完成了 3S 河川超导地磁图仪，能够对地下 15m 以内空洞、PVC 和水泥管线进行探测，可应用于地下管线、道路空洞和采空区探测，桥梁、山体和堤坝监测，工程施工前测量和竣工验收测量，以及古文化遗址勘测。

（七）研究平台与人才培养

国家经济建设的快速发展，各行业对测绘专业复合型人才的需求量不断增大，对测绘专业人才培养提出了新的要求。我国已经形成了以高等教育和职业教育相结合的人才培养体系。目前国内从事工程测量本科人才培养的院校约 120 所，具有工程测量硕士点的院校约 80 所，具有工程测量博士点的院校约 10 所，具有博士后流动工作站的院校约 10 所，另外，国家测绘地理信息局职业技能鉴定部门每年约培养 21000 个职业技术工人。

为加强人才培养，推动“产学研用”系统工程建设，武汉大学、中南大学等高校实施了测绘工程专业“卓越工程师教育培养计划”，武汉大学建立了首个国家级测绘实验教学示范中心。北京、武汉和广州等城市测绘院建立了博士后工作站和专业性的重点实验室，多渠道培养不同层次的工程技术人员。大部分院校保证教学条件的情况下，大力推进政府、行业、学校、企业多方合作办学，建立了校外实践、实习签基地 500 多个。武汉大学与北京东方道迩合作共建了国家级工程实践教育中心，同时，加强国际合作，培养国际学生，目前，有多所学校招收外国留学生。

工程测量学科方向拥有精密工程与工业测量国家测绘地理信息局重点实验室、现代工程测量国家测绘地理信息局重点实验室和现代城市测绘国家测绘局重点实验室三个国家测绘地理信息局重点实验室研究平台，形成了具有一定特色的科学研究团队。

三、本专业国内外发展比较

工程测量理论、技术与方法的发展与创新，同大型工程的新需求和硬件设备的进步有着密不可分的关系。随着信息技术的发展和国际交流的频繁，加上近 30 年我国社会经济的高速发展，为我国工程测量的发展提供了极好的发展机遇，促进了工程测量的快速发展。因此，我国的工程测量理论、方法的研究与应用与国外相比，整体上并不落后，在有些方面甚至处于国际领先水平。但在智能测量装备与商业化系统软件研制方面，与国外仍存在明显差距。

1. 工程建网理论与放样技术

国外由于缺少大型工程的支撑，对于普通的工程，其工程建网理论和放样技术方面，采用了已有的、可靠的理论与技术（如德国的高铁 KPIII 的轨道放样与检测），结合高精度的智能全站仪、GNSS 技术等，相对而言，较容易达到工程质量要求。因此，基本上没有发展的需求。

在我国高铁、大型桥梁、超长隧道、超高建筑、异形结构等（超）大型工程的陆续建设与建成，在控制网建立理论、放样技术、设备安装方面，积累了丰富的经验，整体上处于国际先进水平。例如在高铁测量中，通过对德国控制网技术的引进，结合的我国实际，研究了一些新的方法，如 CPIII 中间法三角高程测量、CPIII 三维网平差；利用自由测站边角交会的测量方式构建隧道洞内 CPII 和二等高程控制网等，为轨道精密放样与调试提供了精密基准。组合后验方差检验法灵敏度的探测可在地铁监测现场对基准点稳定性进行简单、快速判定；将港珠澳大桥 GNSS 连续运行参考站系统与其周边的 IGS 站相结合，建立

50km 长港珠澳大桥的首级三维坐标框架基准等。

信息工程大学在大型 DRAPL 轧钢辊系精密测量中，基于激光跟踪仪任意姿态下的三维边角网平差模型并顾及边角合理赋权，在狭长空间内建立高精度的首级三维控制网，控制网的点位均方根误差为 0.18mm，控制网平均边长为 35.6 m，相对中误差为 1/20 万。

2. 移动数据采集系统

移动测量系统可对道路、城市等进行快速而高效地数据采集、处理和建模。它仍然是当今测绘界处于前沿的科技之一。目前国内在移动测量技术领域的研发实力和技术水平与发达国家相比还存在一定差距，主要硬件需要进口，软件的商用化亟待突破。

国外的产业化速度和规模要先于我国。同时，国外测绘公司也没有停止对其移动测量系统在硬件和软件的升级换代，如更新后的 Trimble MX8、Topcon IP-S2 HD、optech Lynx SG1 等。

我国很多测绘单位与大专院校和科研所合作，已研制出了多款具有自主知识产权的移动数据采集系统。这些外业数据采集系统的稳定性、功能和采集精度和效率基本不亚于国外的同类型的移动数据采集系统，个别指标更优，有明显的价格优势。软件系统日臻完善。这些系统已在城市基础测绘、城市部件普查与城市三维建模之中发挥了重要作用。

中海达 iScan 一体化三维移动测量系统封装在刚性平台之中，可方便安装于汽车、船舶或其他移动载体上，在载体高速移动过程中，快速获取高精度定位定姿数据、高密度三维点云和高清连续全景影像数据，且可通过系统配备的数据加工处理、海量数据管理和应用服务软件，完成矢量地图数据建库、三维地理数据制作和街景数据生产。

北京四维远见公司研制 SSW 车载激光建模测量系统具有激光射程长，达到 300m，扫描角度为 360°，激光器的频率高达 200K；该系统采用的 IMU 的精度高，每小时飘移仅 0.05°；关键器件（激光，IMU）国产，有成熟的单机和综合检校流程。

3. 自动化变形监测与数据处理

变形监测与数据处理在任何国家、任何阶段都是一个需要研究的课题。因此，如何实现变形的自动化、智能化监测与数据处理是目前国内外的研究热点。

在国外，主要采用智能全站仪、GPS 进行各种工程的表面几何变形的自动化监测，对地面三维激光扫描技术进行变形研究也逐步升温，如德国每年一次的地面三维激光扫描专题研讨会，就有较多的变形监测方面的研究。在 SAR，特别是地基 SAR 方面，在国际性的学术会议中都会有大量论文涉猎。但由于硬件和底层数据由国外把握，总体而言，我们与国外研究还有较大差距。

国内目前利用智能全站仪和数据通信技术，在北京、上海、广州等多个大城市的地铁施工和运营过程中出现的结构形变实现了全天候的自动监测与预警；利用 GPS 和智能全站仪进行很多大坝和滑坡的自动化监测预警上取得了很多成果。在地面三维激光扫描技术的变形应用方面，集中在桥梁变形、矿山变形、滑坡变形、建筑物变形、大坝变形、基坑变形等，利用基于点云建模、人工标志点、自然特征点、点云本身等方式来计算变形量，对其应用的可能性和特点做了比较全面的研究，为后续的工程应用打下了很好的基础。

基于 SAR 技术的变形监测等方面，由于该技术引进时间不长，没有核心硬件支撑，目前国内的研究主要集中在大坝、滑坡、建筑物、桥梁等工程的变形监测试验，通过试验中出现的问题并加以解决，表现在与全站仪、三维激光扫描仪等数据的融合和对大气影响的改正。

4. 点云数据处理

由于硬件制造的落后，地面三维激光扫描仪几乎来自于国外厂家，如 Leica、Optech、Riegl 等。相应的，对激光点云数据和处理关键技术的研究、随机软件研制以及第三方的商业化处理软件，我们都存在较大差距，在本领域主要是跟踪国际研究前沿。

因此，国内主要利用已有国外商业化软件进行实际产品制作，包括建模和成图。针对利用激光雷达的实际工程应用时，在点云配准、去噪、分割、特征提取、建模和与影像融合等一些关键问题上，提出了有价值的理论、方法与策略，如基于剖面特征和表面特征的建模策略、基于图像法的边界特征的提取方法。精细建模与三维重构在多项工程中得到应用。另外，一些具有自主知识产权的专用点云处理软件建设也初具规模，有待于完善。

5. 硬件装备制造

我国高端数据采集传感器的研发与制造方面，与国外还有很大的差距，如高精度、高性能的测量机器人、工业全站仪、数字水准仪、GNSS 接收机、IMU、数码相机、激光雷达、陀螺仪、激光跟踪仪等都出自国外公司。我国所研发的新产品，大部分都是以集成为主，而其核心传感器，绝大部分都还是依赖于进口。

当然，针对我国实际工程中的特殊问题，如变形自动化监测、设备几何检测等方面，国内研发了不少产品，如广铁集团 GJ-5 型准高速动态轨检车和南方新型轨道几何状态测量仪——轨检小车，基本达到国外同类产品的技术要求，而且价格低廉；利用 CCD 相机和数字影像处理技术实现大坝引张线和垂线变化自动监测的引张线坐标测量仪和垂线坐标测量仪，精度在 0.1mm，应用于丹江口大坝变形监测中。

6. 工业测量

目前的一些高精度的工业测量硬件和软件系统，比如 V-STAR 工业摄影测量系统、激光跟踪系统、iGPS 测量系统以及亚毫米级的高精度工业全站仪，主要来自于国外，其性能和精度较国内产品有明显的优势。

近年来，中国人民解放军信息工程大学、天津大学、武汉大学、山东科技大学、同济大学等都研制了一些工业测量系统、软件和一些理论与方法，解决了我国工业测量中（如大型天线的质量控制、大型机组的安装调试、粒子加速器、武器装备的定位、工业零件的质量检测与安装）的技术难题。最新的研究主要是利用已有的工业测量技术针对具体工程，对理论和算法加以改进和创新。例如大尺寸条件下，利用激光跟踪仪建立的三维控制网可取得优于 0.1mm 的相对精度；大部件对接中对 iGPS 高精度位姿测量进行优化设计、采用全局最优算法实现工业测量中三维基准高精度转换；上海天马 65m 射电望远镜进行了归心测量以及天线副反射面调整机构的标定等，综合采用了高精度工业全站仪、激光跟踪仪和 GNSS 接收机等测量技术完成。

7. 研究平台和人才培养

为满足我国经济建设需求，在工程测量人才培养方面，建立了以高等教育和职业教育相结合的不同层次的人才培养体系。与国外相比，招生规模大。学生就业机会多。在研究平台方面，建立了许多学校与企业合作，建立了不同层次的研究平台，以解决工程中各类工程测量技术难题，所取得的一些成果优于国际水平。

四、发展趋势及对策

随着我国经济飞速发展，建设“丝绸之路经济带”和“21 世纪海上丝绸之路”战略设想的实施，“中国制造 2025”加速推进，互联网技术的发展，在信息化测绘背景下，我国工程测量必将向“测量方案科学化与合理化、数据获取集成化与动态化、数据处理自动化与智能化、测量成果数字化与可视化、数据管理海量化与多源化、数据共享网络化与社会化”方向发展，需要开展如下研究工作。

（一）高精度三维工程测量参考框架建立及其实时动态传递的理论与方法

高精度工程测量参考框架是工程建设项目按设计规格进行建造的测量基准。随着我国国家基础设施建设的快速发展，对工程测量参考框架提出了更高的要求。工程测量参考框架从二维到三维、从静态到动态、从地上到地下、从小范围到大范围、从普通精度到高精度，当前的建立工程测量参考框架的理论方法和技术还不能很好地满足这些新变化提出的要求，需要开展高精度三维工程测量参考框架建立及其实时动态传递的理论与方法，主要研究内容有：

（1）研究利用 GNSS 和 TPS 建立三维高精度工程测量参考框架的理论与方法，建立毫米级似大地水准面模型并引入到 GNSS 高程测量中，改进垂线偏差及大气折光对 TPS 观测量的影响模型，实现 GNSS 与 TPS 相结合的高精度正常高测量技术，实现高精度平面定位与正常高的实时同步测量；

（2）研究三维工程测量参考框架的实时动态传递体系，为移动测量系统实时提供三维位置基准，建立工程施工机械局部独立坐标框架与测绘地理信息数据参考框架的实时动态转换，实现智能施工系统机械手动态定位与避障导向；

（3）探索重大工程施工控制网的优化设计体系，完善测量观测值系统误差模型，提高工程测量参考框架的准确度，提高工程施工测量参考框架与工程设计所用坐标系统的兼容性；

（4）随着工程设计从二维走向三维，需研究在弯曲的地球表面的工程几何要素的三维量测方法及其与工程控制网的参考框架的统一，建立满足国家重大工程施工测量要求的三维地理空间参考框架。

（二）多传感器集成的工程测量信息智能获取装备

2014 年 7 月 18 日，国家发展与改革委员会和国家测绘地理信息局联合发布了《国家地理信息产业发展规划（2014—2020 年）》，规划中重点领域和主要任务提到发展高端地面测绘装备，发展数字水准仪、智能化全站仪、三维激光扫描仪、现代工程测量与监控系统等现代测绘地理信息技术装备以及海洋地理信息获取装备，国内市场占有率力争达到 50% 以上。这为我国工程测量信息智能获取装备的研制带来了前所未有的契机。

1. 测量装备功能的多样化

高精度的 GNSS 接收机、全站仪、地面三维激光扫描仪和 CCD 相机等装备发展的已相当成熟。集成两种或多种设备的全部或部分功能，充分发挥其技术优势，是测绘设备创新的一个方向。例如全站仪与 GNSS 集成的超站仪、扫描仪中集成全站仪部分功能、全站仪集成扫描仪部分功能和全站仪中集成 CCD 相机等硬件集成设备的推出，增加了功能、方便了使用。

2. 测量装备的专用化

地基雷达干涉测量测量系统 IBIS 实现远程的微变形遥测，基于结构光原理的遥测坐标系统进行大坝正倒锤线自动化监测，移动测量车能够快速高效地采集城市地物的多种信息，铁路轨道检测车能够精密快速检验轨道的重要几何参数等，都是针对特殊工程问题而研制的集成装备。随着工程建设的复杂化、个性化和精密化，需要研究新的专用装备解决工程测量问题，如智能管道检测机器人、地下空间信息采集机器人和城市道路挖掘机器人等。

3. 测量装备的便携化

目前，IBIS–L 测量系统、地面三维激光扫描仪、高精度陀螺全站仪以及其他集成装备系统等，笨重而移动困难，限制了其发挥更大的作用。需要进行设备和技术创新，减轻重量和缩小体积，以方便地适用于建设工程的各种复杂情况，提高工作效率。设备的轻便化，也是衡量装备的一项重要指标。

4. 测量装备的低成本化

自动化变形监测系统主要使用了国外的高精度 GNSS 接收机、测量机器人和倾斜仪等传感器，价格昂贵、维护成本高，无法普遍适用于城市的高层建筑、高架桥、高铁、地铁等公共基础设施的运行安全监测。随着装备制造技术的发展和国产化程度的提高，将极大降低设备的成本，大范围使用这些装备成为可能。

5. 测量装备的网络化

物联网时代的到来，测量装备可以看成是物联网端点上的信息获取单元，未来的测量装备之间必须能互联互通，测量装备与数据中心必须能进行信息的相互传递。

6. 软件的智能化

软件是硬件的灵魂。现有装备，其自动化测量、智能化测量和简便的操作都离不开装备中相应的软件支撑。研究更多更好、高效可靠的算法，实现数据采集过程中数据的自动过滤和自动处理，将会大大提高后续数据处理的效率。

（三）基于异构多源数据融合的工程测量信息处理与可视化

为满足工程测量信息获取，需要各种传感器支撑，而每种传感器都有自身特点，在测量范围、测量精度、测量速度、测量密度和自动化程度等各方面各有所长，如何综合处理与分析各类传感器数据，实现“点式测量”数据与“面式测量”数据的融合，几何信息与物理信息的融合，并进行可视化表达，满足工程建设的需求。研制工程测量数据智能信息处理平台，不同坐标系、不同数据源的融合平台，直观化、关联化、艺术化和交互化的展示平台，是工程测量领域今后的研究重点。

（四）基于云计算和物联网技术的工程信息增值服务

随着大型工程建设中测量信息的不断积累，可将分布在不同区域、不同类型的大型工程测量信息汇总在一起，形成工程测量海量数据库，采用面向服务的体系结构（SOA），利用云计算和物联网技术，让用户方便高效地操作海量数据，以发现隐含信息，从而引导出新的预见和更高效的决策。因此，针对工程测量海量数据，研究数据管理、数据挖掘与信息增值服务的关键技术与方法，建立相应的工程信息系统；在统一的工程测量参考框架体系下，规范各种工程测量数据标准；研究测绘工程信息管理和增值服务的标准化体系；通过云计算对工程测量增值服务系统进行部署，利用物联网对分布式测量传感器进行控制和操作，为特定用户提供更加全面的工程信息增值服务，更好地解决工程建设中的各种测量难题。

（五）基于北斗导航系统的国家基础设施与重大工程安全监测与预警服务

李克强总理在《2014 年政府工作报告》中提到：“加强基础设施建设，推进地下管网等城市基础设施建设。我国的铁路、高速公路运营里程均超过 10 万千米，其中高速铁路运营里程达到 1.1 万千米，居世界首位。”为了保障国家基础设施和重大工程的安全运营与使用，需要建立我国自主的安全监测与预警服务系统。我国的北斗导航系统除了具有定位、导航与授时功能外，还具有双向通信功能，在国家基础设施与重大工程施工监控和灾害监测与预警等方面必将发挥重要作用，如何将北斗导航系统与其他定位系统及传感器进行集成，实现一体化协同作业和联合数据处理，提高国家基础设施与重大工程的高精度时空信息获取水平，研究可视化动态安全监测模型的理论与方法，建立基于专家知识库的智能预警平台，构建工程环境与灾害动态集成监测理论、方法与技术体系，革新传统的安全监测预警模式，建立我国自主的重大工程测绘保障系统，都是需要进一步研究和解决的问题。

（六）工程测量标准化体系建设与国际化竞争水平提升

工程测量涉及国民经济建设的各行各业，尽管我国在工程测量领域颁布实施了一批国家规范和行业标准，但由于项目特点不同，在使用过程中出现了标准之间精度和技术指标不一致、不协调等问题，相关规范和标准跟不上技术的发展，需要进一步完善和修订工程测量标准体系，建立适当的标准协调机制。国家测绘地理信息局在“十三五”规划中会进一步重视测绘地理信息标准化体系建设，加强顶层设计，转变管理模式，将市场与应用作为工程测量标准化工作的重要驱动力量。

目前我国承担的国际大型工程项目逐年增加，由于我国相关工程测量规范和标准经常与国际标准不一致，而使相关的测量工作受到限制。尽管我国参与了相关国际标准的制定，但主导的 ISO 国际标准仍然不够，为了提升我国在工程测量领域的国际化竞争水平，需要争取更多地以我国为主导的 ISO 国际标准项目。

（七）室内定位技术

室内定位面临着技术挑战，主要包括精度、覆盖范围、可靠性、成本、功耗、可扩展性和响应时间。室内定位技术尽管已经有了长足的发展，但这些发展不能满足各类应用要求。当前室内定位技术的发展趋势是研究新的定位技术以及多种技术结合的混合定位方法，例如研究基于惯性传感器的辅助定位和地图匹配技术相结合以提高惯性传感器位置推算的精度。研究完整的传感器 /WiFi/BLE 的混合定位方法，以满足各种室内环境和应用场景的需求。未来 10 年，世界将被人工智能云计算技术改变。基于日益发展的物联网和云计算平台，云计算平台将为各个行业（能源、电力、医疗、城市、交通、教育等）提供数据采集、分析、处理和报告。而室内定位技术的发展与应用（室内精准导航、大数据分析、个性化营销和社交网络等），正是人工智能云技术的一个组成部分。

—— 参考文献 ——

[1] 张正禄. 工程测量学 [M]. 武汉：武汉大学出版社，2014.

[2] 中国测绘学会. 中国测绘科学发展蓝皮书（2010–2011 卷）[M]. 北京：测绘出版社，2012.

[3] 中国测绘学会. 中国测绘科学发展蓝皮书（2011–2012 卷）[M]. 北京：测绘出版社，2013.

[4] Yong J J，Pyo Y，Iwashita Y，et al. High–precision three–dimensional laser measurement system bycooperative multiple mobile robots [J]. 2012 IEEE/SICE International Symposium on System Integration，2012，413（1）：198–205.

[5] Kim S，Choi S，Lee B G. A Joint Algorithm for Base Station Operation and User Association in Heterogeneous Networks [J]. IEEE COMMUNICATIONS LETTERS，2013，17（18）：1552–1555.

[6] Xie X，Yang L，Chen X，et al. Review and Comparison of Temporal– and Spatial–Phase Shift Speckle Pattern Interferometry for 3D Deformation Measurement [J]. Sixth International Symposium on Precision Mechanical

Measurements，2013（8916）.

[7] Eling C，Klingbeil L，Wieland M，et al. A Precise Position and Attitude Determination System for Lightweight Unmanned Aerial Vehicles [J]. ISPRS，2013：113–118.

[8] Dupuis J，Mahlein A K，Kuhlmann H. Surface feature based classification of plant organs from 3D laserscanned point clouds for plant phenotyping [J]. BMC Bioinforma，2013，14（1）：238.

[9] Mankoff K D，Russo T A. A low–cost，high–resolution，short–range，3D camera [J]. Earth Surface Processes & Landforms，2013，38（9）：926–936.

[10] Zhang S J，Teizer J，Lee J K，et al. Building Information Modeling（BIM）and Safety：Automatic Safety Checking of Construction Models and Schedules [J]. Automation in Construction，2013，29（4）：183－195.

[11] Marks E，Teizer J. Method for testing proximity detection and alert technology for safe construction equipment operation [J]. Construction Management and Economics，2013，31（6）：636–646.

[12] Pradhananga N，Teizer J.Automatic spatio–temporal analysis of construction equipment operations using GPS data [J]. Automation in Construction，2013，29：107–122.

[13] Melzner J，Zhang S，Teizer J，et al. Quantification and visualization of U.S. and German fall protection standards using automated safety–rule checking in Building Information Models（BIM）[J]. Construction Management and Economics，2013，31（6）.

[14] Bozzano F，Cipriani I，Mazzanti P，et al. Displacement patterns of a landslide affected by human activities：insights from ground–based InSAR monitoring[J]. Natural Hazards，2011，59（3）：1377–1396.

[15] Iglesias R，Fabregas X，Aguasca A，et al. Atmospheric phase screen compensation in ground–based SAR with a multiple–regression model over mountainous regions [J]. IEEE Transactions on Geoscience & Remote Sensing，2014，52（5）：2436–2449.

[16] Tapete D，Casagli N，Luzi G，et al. Integrating radar and laser–based remote sensing techniques for monitoring structural deformation of archaeological monuments [J]. Journal of Archaeological Science，2013，40（1）：176–189.

[17] Noferini L，Takayama T，Pieraccini M，et al. Analysis of ground–based SAR data with diverse temporal baselines [J]. IEEE Transactions on Geoscience & Remote Sensing，2008，46（6）：1614–1623.

撰稿人：陈品祥

矿山测量专业发展研究

一、引言

矿山测量作为一门独立的学科始于德国、苏联和东欧等国家，它的发展与社会的需求和科学技术的发展进步密切相关，并显示出不同时代的特点和内涵。矿山测量科学技术及其人才培养一直深受重视，发展较快。联合国早在1969年就成立了国际矿山测量协会（ISM）。

在中国，矿山测量是在新中国成立后逐步形成和发展起来的。已经在矿山部门形成和采矿、地质、环保、计算机技术与应用等学科相互独立，又彼此渗透、交融的态势，近60年来矿山测量事业得到全面迅速的发展。自从1953年北京矿业学院（现中国矿业大学）创办了中国第一个矿山测量本科专业后，陆续有诸多院校开设此专业，培养大批本专科毕业生，1953年开始培养我国首届矿山测量专业研究生，1981年获硕士学位授予权，1986年成为博士学位授权点，优秀专业人才的培养满足了众多矿山和勘测企业的需求。

在我国“矿山测量”早期定义为：涵盖矿山的地质勘探、建设、设计和生产运营等阶段，主要进行矿山地面与地下点几何位置的研究和测定，以得到矿体开采和沉陷等方面的空间几何信息，并对这些信息进行分析和处理，编制出多种比例尺的矿山开采图件，对矿山的生产具有指导、参谋、监督和保障作用。近年来，矿山测量的内涵已经和正在发生深刻的变化。矿山测量不限于几何量测与分析，还包括矿山采场环境、矿区地表环境等非几何量的观测与分析；测量手段不限于常规的测绘仪器设备，还包括地球物理仪器、环境参数物联网传感器等。近年来，矿山测量综合运用测绘、地质、采矿工程和生态环境等多个学科的理论、技术方法，研究从地面到井下，从矿体（煤层）到围岩的各种空间几何、资源和环境等问题。矿山测量学科的内涵可表述为：以空间信息学和系统工程理论为基础，综合运用测绘遥感、地球物理、物联网等手段，观测并感知矿山全生命周期、矿区全方位对象的几何、物性及其空间关系变化，处理并解决矿产资源保护、矿山开发优化、生产环境安全、开采沉陷控制、矿区生态修复等科学与技术难题。当前由于矿山的开采强度和开采深度越来越大，开采条件日趋困难，采矿工艺和技术也日益先进、复杂，以及采后土地复垦问题、生态环境保护问题也越来越紧迫，这给矿山测量工作提出了更高的要求。因此矿山测量正冲破传统认识，朝着由简单到复杂、由单一向多元化、由手工到半手工作业向数字化、自动化、智慧化方向迅速迈进。

二、我国矿山测量的发展现状

（一）矿山测量专业近年来的新观点、新理论、新方法、新技术、新成果等发展现状

1. 本学科的学术新进展

（1）基于 InSAR 的矿区变形监测

我国矿山测量研究人员利用 SBAS、永久散射体技术等时序 InSAR 技术对矿区进行了时序形变监测研究，研究了基于 DInSAR 的老采空区地表残余沉降监测地基稳定性评价技术[1-3]。针对老采空区残余沉降监测资料匮乏、形变量小、持续时间长等问题，将 DInSAR 与时序 SAR（PS-InSAR、SBAS、SqueeSAR、CR-InSAR）技术相结合，系统研究大气、噪声、形变相位的精确分离方法，然后采用非线性预计理论建立了煤矿区老采空区地基稳定性评价体系，为废弃老采空区地表安全建设和利用提供了设计依据，取得较好的结果。

2013 年矿山测量研究人员提出利用强度偏移算法估计矿区的大量级下沉，并应用于内蒙古某矿区，发现该矿区的最大沉降值达到 4.5m，其监测精度大约为 0.2m。该方法大大提高了 InSAR 在矿区形变监测中可检测的最大形变值，扩展了 InSAR 的应用范围，为 InSAR 矿区大量级形变监测提供了新的技术支撑。2014 年，有矿山测量研究人员提出利用时域离散 InSAR 干涉对（可用 InSAR 干涉对不能覆盖整个时间段）并基于 logistic 模型估计了矿区地表时序形变[4]。该方法不仅克服了传统矿区时序方法基于时域离散 InSAR 干涉对获取时序形变的局限，由于考虑到沉降本身的规律，其结果可靠性较高。2014 年，矿山测量研究人员提出融合沉降盆地中心点的部分水准监测和 InSAR 监测值反演概率积分法模型与下沉值有关的参数，并以此预计矿区全盆地垂直沉降[5]。2015 年，矿山测量研究人员基于矿区水平移动与下沉之间的比例关系，提出利用单个 InSAR 干涉对监测矿区地表三维形变，通过安徽钱营孜矿区应用后发现，该方法获得的矿区水平移动和垂直下沉的中误差分别为 1.4cm 和 2.7cm。该方法大大降低了 InSAR 矿区地表三维形变监测的局限，降低了监测成本，提高了监测精度，为矿区高效率、低成本、高精度监测提供了新的技术方法和手段。2015 年，矿山测量研究人员基于利用雷达成像原理，提出顾及 InSAR 三维形变信息的概率积分法参数反演技术，基于 DInSAR 的开采沉陷参数沉陷规律分析。利用不同波段、不同平台合成孔径雷达（SAR）数据的优势，结合 DInSAR 观测结果和矿区地

质采矿资料，采用物理模拟、数值模拟、现场实测、综合分析提取山区、平原矿区开采沉陷参数，并预计了安徽钱营孜矿区地表三维形变，取得了较好的结果。该方法实现了矿区地表三维形变预计，大大拓宽了 InSAR 的应用前景，拓展了开采沉陷预计理论。目前，矿山测量学者还基于雷达干涉测量（InSAR）技术，进行非法开采监测预警，基于 InSAR 时间序列监测结果，判断井下开采位置、方向及速度[6-8]；根据实时监测数据，监测可能存在的非法开采、误采、越界开采、超层越界、重叠开采；可对井下开采可能遇到的危险进行预警等。

（2）矿山沉陷 LUCC 遥感监测

围绕对混合像元进行分解开展理论与应用研究：引入扩展到多维空间的数学形态学算子对多光谱遥感图像进行端元提取[9-11]，提出了 AMEE 算法流程图；利用多时相 CBERS CCD 图像对某煤矿塌陷地进行土地利用与土地腹背变化（LUCC）检测与分析，提出了 LUCC 检测技术路线；根据煤矿塌陷区域内地物类型实际情况，设定水体、建筑用地、农田和土壤四种端元类型。

（3）数字矿山空间信息集成建模与应用

突破了矿山地上下多源异构空间数据分裂、地层矿体模型与井巷模型不耦合、三维空间模型与采矿安全分析模型不统一、矿山三维模型更新维护极其困难等数字矿山技术难题，提出了一批矿山三维空间模型、处理方法与分析方法，开发了系列软件。建立了数字矿山体系框架，提出数字矿山关键技术体系[12]，明确了矿山空间信息集成建模与数字矿山基础平台研发方向；提出适用于煤矿与金属矿山复杂地层、地质结构、矿体及井巷工程三维空间集成建模的系列模型与方法；提出适用于煤矿与金属矿山的三维空间分析系列方法；结合我国煤矿与金属矿山储量动态管理、金属矿体采场顶板可视化维护、中东部煤矿“三下”压煤开采优化，以及煤矿安全集成监控与隐患可视化分析需要，基于数字矿山基础平台开发了多个应用系统。

（4）开采沉陷规律与“三下”开采

首次开展了新建井筒留设小保护煤柱与抗变形技术研究，提出留设方法和计算依据[13，14]，形成了小保护煤柱条件下新建井筒的抗变形技术体系。系统开展了地表大型水体下综采放顶煤开采技术研究，形成了一套完整的水体下采煤技术体系和安全技术措施。成功开展了综采放顶煤村庄房屋破坏规律与保护技术研究，探索出厚煤层矿区不搬迁村庄下采煤的新技术和新途径。深入研究了综采放顶煤地表沉陷规律与覆岩破坏规律[15]，为厚煤层矿区合理留设保护煤柱、科学开展“三下”采煤奠定了基础。

（5）固体充填开采沉陷控制

通过大量相似材料模拟试验和数值模拟试验研究，归纳了矸石充填岩层移动模式，总结了岩层移动特征与充填率，充填体压缩率等地质采矿条件之间的关系；揭示了固体材料压实、流变特性及其与力学性质之间的关系；基于等价采高沉陷预计思路，给出了矸石充填应用于水体下，建（构）筑物下压煤开采的沉陷控制设计思路。

（6）采煤沉陷区地基处理与工程建设技术

提出了矸石与土分层回填建筑地基的复垦技术及煤矸石回填建筑地基的无损检测方法；通过室内试验及现场取样测试试验，明确了煤矸石回填地基的环境效应，为煤矸石回填地基复垦技术推广应用提供依据。

通过采空区注浆试验，完善了采空区地基处理及探测、检测技术，提出了“物探+少量钻探+钻孔电视”的采空区注浆效果的检测方法。

完善了采空区钻探及物探技术，确定了应用 EH-4 电导率系统探测老采矿区的范围，解决了我国采空区综合探测技术的难题。

（7）综合 PPP、CORS 及三维激光扫描地表沉陷监测

联合周围国际全球导航卫星系统服务（IGS）跟踪站并利用精密基线解算软件求解监测网点基于国际地球参考框架（ITRF）下的精确坐标[16]。矿山 CORS 平台及其协同灾害监测、预警系统的关键理论及技术。围绕动态矿山 CORS 组网、建网及基准点稳定性、可靠性控制理论与技术等关键问题开展系统研究[17, 18]。将 RTK 与三维激光扫描觇进行集成，实现了开采影响区地表动态变化过程中测站及标靶点实时点位的动态测量，研究确认其精度可满足采煤沉陷区变形监测要求。确定了三维激光扫描技术获取地表沉陷预测参数的工作流程，在选点、扫描、数据处理及参数反演等方面提出了具体的精度要求。

（8）地表火灾害多源监测

我国一些矿区古窑开采、小煤窑私挖滥采形成了众多在地表浅层燃烧的暗火区。如何快速、准确确定燃烧点的位置及范围，在此基础上开发有效地治理技术已成为矿井火区治理亟待解决的重大技术难题。

1）TM/ETM/MODISz 融合热场检测技术。构建煤火区的无人机、遥感、GPS、InSAR、热红外成像仪、三维激光扫描仪等立体监测技术体系，建立了 TM/MODIS 不同分辨率的热红外波段 STARTM 融合温度反演模型。

2）火区温度场地面热红外近景检测技术。建立了采用热红外成像仪测量煤层露头、废弃小煤窑及浅部煤火温度场的方法体系，提出一种温度场监测方案。

3）遥感与无人机的煤火区地裂缝监测与煤火治理方案。建立了基于无人机的火灾构造裂隙的精准监测技术，开发了基于灰度值、分形特征、植被覆盖等知识的构造裂隙遥感影像自动提取法，开发了同煤火与地裂信息系统及废弃物裂隙充填新技术，并对火区与地裂缝进行了治理。

（9）资源型城市工矿区废弃地恢复再利用技术

资源型城市拥有大量废弃工矿土地，这些土地综合整治可再利用。针对资源型城市工矿区废弃地在地质、土壤、环境等方面的特殊性，提出工矿区废弃地修复技术、塌陷区土地再利用技术以及工矿废弃地利用规划设计技术。

（10）基于城乡统筹的矿区塌陷地生态修复集成技术与规划

为加快采煤塌陷地的综合治理和利用，促进矿区产业转型，系统地研究了“矿、城、

乡”空间体系下采煤塌陷地的生态修复集成技术和规划方法体系，研究范围面积约为 $200km^2$，总人口约 42 万，涉及 29 个煤矿，33 对矿井，分为规划区、实验区和启动区三个层次。

1）基于 CORS 系统和 Landsat、SPORT 多源遥感影像数据，结合现场调研、实地踏勘，系统研究了矿区 1.6 万余公顷采煤塌陷地的成因、数量、分布、生态状况、土地利用现状及其演替规律，建立了矿区采煤塌陷地基础数据库及示范区遥感影像库。

2）利用 3S 技术和开采沉陷预计理论，自主研发了开采沉陷预计系统，全面定量预测了实验区各矿煤炭开采结束后采煤塌陷地的范围、开采破坏情况、地表移动变形及下沉稳定状况。

3）综合分析影响采煤塌陷区建设适宜性的各种因素，建立了采煤塌陷区建设适宜性评价体系，采用 GIS 软件分析对实验区采煤塌陷地的建设适宜性进行评价，针对不同类型的建设区域提出了适宜的结构形式及抗变形措施。

4）在分析矿区产业转型机理的基础上，创新性地提出了塌陷地再利用的产业转型模式和矿区经济转型的复合型循环经济发展模式，基于模糊综合评判和 AHP 构建产业转型绩效评价指标体系，提出相应政策建议。

（11）矿区资源与环境协调开发中的空间信息决策技术的应用

结合皖北、大同、徐州、神华、淮南、平顶山等矿区实际，就面向矿区资源开发与环境保护的空间信息决策支持技术进行了系统研究。

1）结合矿区实际，利用高光谱高分辨率遥感、InSAR、DInSAR、GPS 等技术，配合常规观测，形成了实用、可行的开采损害“天地一体化”协同监测、数据融合剂处理的方法，取得了较高的精度。

2）提出了基于 GDT 和约简概念格集成的 GDTCL 缺省规则知识挖掘模型，通过 GDT 的概括强度的知识发现，获取了矿山采煤方式决策规则集，较好地辅助了矿山工程决策。

3）构建了矿区资源—环境—经济系统动力学模型，投入产出模型、矿区资源环境系统安全演化的尖点突变模型。

4）运用空间信息技术，结合传统的资源环境监测手段，从主要资源环境因子数量质量到物质损害最终统一到经济指标，提出了煤炭开发对矿区资源环境影响的表征理论、方法、模型，进行了实际测度与分析。

5）开发了开采沉陷控制及开发优化空间信息决策支持系统。实现了集数据采集、处理、分析和预计为一体，以多维、动态为特征，集开采沉陷分析预计与可视化表达、地表沉陷过程动态及三维模拟、开采沉陷损害评价、“三下”资源开采经济估计、矿井景观三维可视化分析等一体，为最佳开采模式选择提供了科学的决策工具及方法支持。

6）提出了与环境协调的矿区资源开采模式及实现途径，即运用空间信息技术，将地下开采优化、地表沉陷控制、生态景观保护欲重建构成有机整体，通过不同开采方案及降沉措施引起的地表沉陷及损害景观动态演变显示，采后矿区生态景观规划，总开发受益评价，挑选出最优方案。

7）构建了由景观类型结构偏离累积度指数、景观格局干扰累积度指数和生态敏感性退化度指数所组成的煤矿区景观空间累积负荷表征模型。建立了适用于矿区水、土利用演变模拟的T-ANNCA模型；建立了时空累积效应SD-CA-GIS模型；基于幕景分析原理，设定不同的幕景形式，对矿区不同时期的生态环境变化进行了分析和对比。

8）提出了改进的DFSA算法的原理与算法流程，讨论了定位区域内标签数量的估计方法和算法中帧长度与定位标签数量之间的关系、对标签进行分组的方法，分析了改进的DFSA算法性能，解揭示了人员定位误差与井下传感器布设方式的关系，提出了基于LANDMARC的矿井人员定位系统，开发了基于Ajax与ArcIMS的瓦斯实时监测系统人员定位系统。

（12）航天遥感技术

遥感技术（RS）是从物体的光特性出发，达到了解和认识物体的目的。遥感技术在矿山地质测量尤其是危险区域地质条件测量方面有着无与伦比的优势，有着广阔的应用前景。航空遥感资料可作为矿区地形图测绘的资料来源，通过照片校正、目视判读、野外调绘等工作，完成地形图的测绘。应用遥感资料，可获取矿区实时、动态、综合的信息源，对矿区环境进行监测，为矿区环境保护提供决策支持。遥感技术在矿山中的应用还包括：煤田区域地质调查；煤田储存预测；煤田地质填图；煤炭自燃监测；发火区圈定；界线划分；灭火作业及效果评估；矿井防治水；地面采空沉陷；矿区地面地质灾害调查；矿区土地复垦等。

2. 矿山测量仪器的新发展

（1）防爆全站仪

防爆全站仪有别于普通电子全站仪的最大一点就是：防爆全站仪既能在井上使用又能在井下使用。在井上由于其普通测量功能具有在测量模式下直接测得三维坐标的观测数据并可将点的坐标观测记录存储到仪器内部存储器中，实现采集数据向计算机和打印机的传输，使观测成果的处理变得异常简便。

（2）陀螺全站仪

陀螺全站仪是将陀螺仪和全站仪结合在一起用作定向的仪器，利用高速旋转的陀螺具有指北的特性来实现定向的。其使用不受时间和环境限制，同时观测简单，效率高，又能保证较高的定向精度，是一种比较先进的定向仪器。近年来，随着矿山开采深度不断加深和开采范围的一再扩大，无论是大型贯通测量和井筒定向等都离不开陀螺全站仪，它具有快速定位、减少误差累积、检验测量中不易发现的方位粗差等优点，同时陀螺全站仪的工作不受外界磁场的影响，它可以在地理南北纬75°范围内，自主快速地测出测站点的真北，在矿山开采领域发挥很大的作用。通过多次井下巷道贯通应用，采用陀螺全站仪加测导线边，减少了长距离贯通导线测角误差的累积影响，贯通精度高，提高工作效率，降低生产成本[19, 20]。

（3）激光扫描仪

三维激光扫描仪与全球定位系统（GPS）的结合是数字测图的又一次创新和进步，其具有简捷、高效、高清晰的数据获取能力，与传统测绘相比具有劳动强度低、时间短、测图的灵活性强，智能化、兼容性强等优势[21]，已广泛应用于煤矿安全生产[22, 23]、滑坡监测[24]、建筑物的三维建模[25]等方面。三维激光扫描仪由一台高速精确的激光测距仪，配上一组可以引导激光并以均匀角速度扫描的反射棱镜为主要构造组成。其工作方式为激光测距仪主动发射激光，同时接受由自然物表面反射的信号从而可以进行测距，针对每一个扫描点可测得测站至扫描点的斜距，再配合扫描的水平和垂直方向角，得到每一扫描点与测站的空间相对坐标，如果测站的空间坐标是已知的，那么则可以求得每一个扫描点的三维坐标。整个系统由地面三维激光扫描仪、数码相机、数据后处理软件、电源以及附属设备构成，采用非接触式高速激光测量方式，获取地形或者复杂物体的几何图形数据和影像数据。最终由后处理软件对采集的点云数据和影像数据进行处理转换成绝对坐标系中的空间位置坐标或模型，以多种不同的格式输出，满足空间信息数据库的数据源和不同应用的需要。

（二）矿山测量专业在学术建制、人才培养等方面的进展

信息时代的矿山测量教育是一个薄弱环节。应大力开办高等职业教育的矿山测量专业，从矿区招收学生，定向培养。国家对培养这类人才的大专院校进行政策倾斜，充分调动其积极性，同时在招生录取和学费管理上制定特殊政策，以吸引学生，建立矿山测量师制度，矿山测量师需要经过严格培训和考试，要求具有丰富的采矿、地质、安全等方面的知识和经验，定期举办测绘新技术新仪器培训班，要求各类矿山的测绘人员定期进行系统职业培训，以保持矿山测绘科技进步与技术创新的活力。

（三）简要介绍矿山测量专业在研究平台、重要研究团队等方面的进展

1. 研究平台

煤矿区环境破坏遥感监测因其特殊性和复杂性，常规遥感物理、模型和方法不足以支撑。为开展矿区环境遥感方法、模型与技术体系研究，亟须建设一个面向矿区遥感的对地观测协同感知的基础研究、技术试验和验证分析综合试验场所。针对矿区遥感的遥感物理真实性检验、星 / 空形变监测几何标定和地上下传感网同步协同三大基础问题，中国矿业大学主导建设了矿区环境空天地协同观测综合实验场（The Mining Area Environment Synergic Observation Proving Ground，MAESTRO）。MAESTRO 旨在面向国内外开放，形成矿区遥感特色的国际联合试验基地，强调多尺度、多手段、多模式、多学科协同，采取“固定性地面场地 + 常态性基础设施 + 项目性实验观测”的模式，分三期有序建设。

一期建设时间为 2012—2014 年。主要考虑在中国矿业大学南湖校区内建立约 1km^2 的小尺度试验场，重点建设土壤实验田、通量观测塔、大气遥感观测站、遥感地面标识点、几何标定标牌、可调控 SAR 角反射器、数据存储中心等基础设施。针对卫星雷达遥感地面沉降监测及航空遥感立体成像精度问题，不定期开展 SAR 图像处理和 UAV 观测系

统标定的实证分析研究；针对土壤－植物中污染物的迁移机理及其遥感方法问题，定期开展场地土壤－作物光谱特征实验；针对地表能量平衡特征及其遥感方法问题，长期开展辐射通量、潜热通量、感热通量、土壤热通量、碳通量等的连续观测；针对煤电工业城市大气污染遥感精细监测方法问题，长期开展大气气溶胶光学物理特性（光学厚度、吸收系数、散射系数、颗粒物粒径分布等）的连续观测。

二期建设时间为2015—2017年。主要以徐州北部煤电产区辐射周围约50km^{2}建立中尺度的试验场。针对煤炭开发及利用（燃煤电厂、煤矿固废物再利用等）引起的土壤重金属、土壤盐渍化、植被健康、大气污染等多种环境问题，以土壤－植被（作物）－大气环境多参数耦合效应机理及遥感方法为主旨，布设数十个土壤－植被（作物）固定采样点，开展多次多传感器（红外成像仪、微波辐射计、激光雷达、高光谱成像仪等）的航空遥感和地面同步观测试验。

三期建设时间为2018—2020年。主要在以徐州为中心、南北延伸至淮北、永城、淮南、枣庄、兖州、新汶等大型煤炭生产基地约1000km^{2}范围，建立大尺度试验场。拟建设若干个矿区遥感几何校正与辐射校正实验区、建设矿区环境综合感知的协同观测传感网，开展多传感器（红外成像仪、微波辐射计、激光雷达、高光谱成像仪等）的卫星和航空遥感及地面观测互相配合的多尺度综合观测试验。

首期3年，已经在中国矿业大学南湖校区完成了MAESTRO一期建设。建成了通量观测塔，搭载涡度相关系统、净辐射仪、空气温湿度传感器、红外辐射计、土壤温湿度传感器、土壤热通量板等仪器，长期开展辐射通量、潜热通量、感热通量、土壤热通量、碳通量等的连续观测。建成了大气遥感观测站，装备有CE318太阳光度计、GRIMM180颗粒物粒径谱仪、AE42黑炭分析仪、差分吸收光谱气体监测系统、MiniVolTAS便携式空气采样器、Vantage Pro2气象站等仪器，可24小时连续监测当地的大气污染和气象参数，其气溶胶光学特性监测数据直接并入国际气溶胶监测网（AERONET：Aerosol RObtic NETwork，http：//aeronet.gsfc.nasa.gov/）是目前国内正在运行的6个站点之一。

2014年11月，中国矿业大学和东北大学联合，在中国矿业大学南湖校区、徐州北部煤电产区开展了高光谱成像仪的航空遥感和地面同步观测试验。航空实验采用运－5运输机搭载HeadWall和Hyspex成像光谱仪各1台、IMU/GPS惯导测量装置1台，获取了波谱范围400～2500nm内的高光谱影像；地面实验使用ASD FieldSpec 3-Hi-Res地物光谱仪4台、SVC地物光谱仪1台、土壤重金属分析仪1台。数据采集与分析包括：①采集实验区麦苗光谱数据，同时分析麦苗生物量、叶片、叶绿素含量、叶片和根系重金属含量，分析光谱数据与重金属数据之间的相关性，同时分析粉煤灰以及区域内扬尘对小麦幼苗的影响；②采集本土植被叶片样品，分析积灰状态和清灰状态下的光谱信息，监测叶片的积灰量，分析叶片、积灰中重金属的含量，同时分析粉煤灰的形态、重金属含量；③分析粉煤灰堆场附近水体色度、浊度以及相关光谱信息；④记录区域不同地物条件主要区域内主要优势植被，同时采集光谱信息。

2. 重要研究团队

中国矿业大学吴立新教授领衔获得了江苏省双创团队支持。该团队成员包括从事大气环境、数学分析、土地环境、植被生态、遥感应用、GIS 应用、物联网等专业的教授、副教授、讲师等 15 人。团队立足测绘学科、面向矿区遥感、围绕六项任务（建立一套矿区环境与生态指标分类体系、建设一个矿区遥感协同观测综合试验场、建立一套矿区典型地物及胁迫光谱库、进行矿区生态环境碳源 / 汇研究、形成一套矿区遥感综合反演技术）；团队以测绘学科为主体的，通过建设创新科研平台，充分发挥引进人才优势、培养青年教师队伍。

三、矿山测量专业国内外发展比较

国际地球观测联盟（GEO）围绕其九大主题领域问题，特别强调能源矿产、资源开发对地球环境的影响，尤其关注煤炭资源勘探、开发、加工、燃烧等利用全过程的环境载荷问题，提出加强卫星对煤炭 – 环境问题的遥感监测与分析服务。

近年，国外积极开展了矿区和工矿城市的环境整治、生态环境重建恢复工作。矿区生态环境监测、分析评价、调控、土地复垦、环境恢复或重建、复原，采矿对社会和环境的影响及其防控日益受到关注。在矿区塌陷测量方面墨西哥的学者们在标准的雷达技术的基础上运用永久散射体雷达技术，利用其可以得到目标区域的位移的历史数据，同时进行高密度检测，精度高的特点可以更好地检测墨西哥因地下水抽取而造成地表面的沉降，为治理提供更适宜的建议。在环境检测以及矿山建设与复原方面，国外学者利用遥感技术获取矿区高分辨率的影像，通过分析地形、地貌等情况减少地面调查的工作量，并可以实现动态检测，比如日本、美国等发达国家经常利用其作为地震监测的手段，西班牙学者目前利用其作为汞矿开发检测的重要手段。随着数字地球的提出，国外学者也在更好地研究与开发 GPS 技术以及 GIS 技术，利用其高精度，可以全天候检测等特点，并且对各地形貌等处理迅速等特点，更好地对矿区的开发利用提供适宜的方案，目前已成为全球矿山测量方面的热点。

在测量仪器方面，国外仍处于领先地位。一些用于地面和地下空间断面测量及二维建模的激光扫描仪器也已商业化，例如，德国 Callidus 公司生产的 GmbH 型和瑞士 Leica Geosystems 公司生产的 Cyrax 2500 型激光扫描仪等。这类仪器不需要反射器，采用脉冲测距的方式按极坐标原理对测量目标进行扫描测量，类似于数字摄影测量法，可获得目标物的点云（Cloud of Points）数据。将点云测量数据输入数据处理系统后，可生成测量目标的断面图、等值线图及三维模型。这种技术设备可在地面建筑物形态测量、地下洞室测量和巷（隧）道形状变化的监测中发挥独特功用。国外在仪器制造方面也处于领先优势，一些精密仪器仍然需要从外国引进，这也制约着我国矿山测量的发展。我国的全站仪与国际先进水平相差很大，性能以及可靠性都没有得到进一步的检验。

在矿山测量学科建设方面，目前，俄罗斯、德国、波兰、捷克、斯洛伐克和匈牙利等东欧国家以及印度、澳大利亚等国家的矿山测量学术活动比较活跃。在专业人员培养、教育方面，德国的克劳斯托技术大学、俄罗斯的莫斯科矿业大学、新西伯利亚大学、乌克兰的顿涅茨克工业大学、波兰的 AGH 科技大学（原克拉科夫矿冶大学）、捷克的俄斯特拉发（Ostrava）技术大学、匈牙利的米什科尔茨大学等都设立有矿山测量或工程测量（大地测量）与矿山测量学院（系），可授予矿山测量学的学士、硕士和博士学位。在西欧、澳洲和印度等国家，矿山测量科学技术及其人才培养也一直比较受重视。在英国，有多所综合性工业大学或学校中设有矿山测量专业，皇家学会矿山测量师的资职（职称）一直延续至今。在澳大利亚的昆士兰大学、卡坦宁技术大学和卡坦尼大学、西澳大利亚矿业学院等院校中设有资源地质与矿山测量系、矿山与工程测量系或采矿工程与矿山测量系等，专门培养矿山测量科技人才。在印度的多所矿业学院及多所综合技术大学中可分别培养具有大专、本科或硕士学历的矿山测量人才。

2012 年以来，我国矿山测量学科承担国家自然科学基金项目、“973”项目、“863”项目、国家科技支撑计划项目等总计百余项；国际矿山测量协会（ISM）在中国徐州、德国亚琛举行了国际研讨会；我国矿山测量研究者首次在《科学》上发表论文；完成的“矿山采动灾害多源遥感关键技术与应用”、“地矿三维集成建模关键技术与数字矿山应用”、“基于城乡统筹的徐州矿区塌陷地生态修复集成技术与规划研究”、“基于 GIS 的煤矿生产技术管理信息系统的研究与应用”、“干旱半干旱区煤矸石山丛技菌根生态重建理论与应用研究”等获得中国测绘科技进步奖一等奖、中国地理信息科技进步奖一等奖、中国煤炭工业科技进步奖一等奖及山东省科技进步奖一等奖。相关单位建立了国土环境与灾害监测国家测绘地理信息局重点实验室、矿山信息技术国家测绘地理信息局重点实验室、感知矿山国家地方联合工程实验室、省级资源环境信息工程重点实验室、省级煤基 CO_2 捕集与地址储存重点实验室、矿山生态修复教育部工程研究中心、省级 3S 与国土信息研究中心等省部级以上科研平台。建成了由地下采空区及破裂岩体探测、相似材料模型配套应力应变测试及装置、地表震动变形灾害监测等构成的“矿区沉陷变形灾害监测与测试系统”“基于多源信息集成的矿区环境及灾害雷达差分干涉测量监测与预警系统”“矿区环境及灾害监测与预警信息三维模拟仿真系统”等系统。

四、我国矿山测量的发展趋势及对策

（一）矿山测量仪器的发展方向

对经济效益相对较差的煤矿，防爆测距仪仍然是近阶段需要选择的主要仪器，如配备防爆型的电子手簿，同时也能够实现井下测量数据采集的自动化。因此应该生产精准度适中、质量稳定同时体积小的防爆型测距仪，用来满足现阶段一些小型煤矿对仪器的需求以及一些老式防爆测距仪的更新。

矿山测量中测距仪和电子经纬仪都是过渡性仪器，而智能化全站仪是我国矿山测量仪器的开发重点。国外在仪器制造方面仍具有领先优势，要开发完全国产的全站仪首先应该进行防爆的改装，用来满足国内煤矿生产的需求。等到技术发展到一定程度之后，进一步生产完成国产的防爆全站仪以及矿山测量软件。

此外，需要加速开发适用于在煤矿井下、便于瞄准的反射棱镜系统以及井下防爆无线电通信系统等附属设备，来提高工作效率和测量精度。

（二）现代矿山测量面临的新形势和新任务

1. 煤矿安全生产呼唤矿山测量的回归，急需修订测量技术规程规范

矿难屡屡发生固然与安全投入不足，历史欠账太多，安全规章制度不健全、不落实，现场安全管理不力等有关，但也与煤矿基础性工作尤其是矿山测量这一环薄弱有关。它为矿山安全提供基础性材料：生产计划和开采决策提供井下采掘工程平面图、井上下平面对照图等，井下复杂的地质构造、瓦斯埋藏情况、老窑水、老空水和断层水等空间分布情况等。

2. 坚持矿区可持续发展和绿色开采理念，建立矿区资源与环境信息系统（MREIS）

绿色开采更需要矿山测量作为其技术支撑。主要表现在岩层移动和变形监测、地表变形和监测、井下采空区体积量测、充填材料运输路径优化设计等。为了绿色开采和矿产资源管理，将 3S 技术引入到绿色开采中，实施全国矿山基础测绘信息大调查工程，形成全国性和地区性的、以行政管理和绿色开采为目标的矿区资源与环境信息系统。将矿区土地资源和矿产资源信息整合起来管理，从国家层面上彻底解决矿区土地破坏和资源开采之间长期存在的体制性障碍和不断增多的矿界纠纷。

3. 加强自主创新能力，创新理论与技术

目前除了三下采煤技术方法、数字矿山理论与关键技术外，一般多为学习、跟踪国内外相关领域的先进理念与技术方法，缺少原创，一些重要技术如高光谱遥感与探地雷达技术应用、深井大型贯通测量技术与方法、巷道断面及围岩变形自动监测等均引进消化或集成应用。

信息时代的矿山测量教育是一个薄弱环节。应大力开办高等职业教育的矿山测量专业，从矿区招收学生，定向培养。国家对培养这类人才的大专院校进行政策倾斜，充分调动其积极性，同时在招生录取和学费管理上制定特殊政策，以吸引学生，建立矿山测量师制度，矿山测量师需要经过严格培训和考试，要求具有丰富的采矿、地质、安全等方面的知识和经验，定期举办测绘新技术新仪器培训班，要求各类矿山的测绘人员定期进行系统职业培训，以保持矿山测绘科技进步与技术创新的活力。

（三）矿山测量科学研究展望

2013 年国际地球观测联盟（GEO）第三次部长级峰会及第十次全会期间，成立了由中国矿业大学牵头的 GEO 煤炭 – 环境工作组（GEO CEWG），并召开了首次国际交流会。未来，GEO CEWG 将加强全球对地观测数据的矿区应用研究、监测分析与评估服务，为发展中国家尤其是第三世界国家的煤炭资源开发与环境影响评估提供技术支持；中国矿业大学矿山测量学科将引领我国相关高校、科研机构的矿山测量学科参与这一过程，面向中国乃至全球煤炭能源洁净开发利用和矿区生态环境保护做出积极贡献。

近年来随着经济的快速发展，矿山为我国经济发展提供重要的资源支持，所以在矿山测量仪器方面要高度重视，加大投入力度研发与矿山法测量的质量与精度要求相适应得仪器，使未来仪器主要是向自动化、智能化、人性化方面发展，更加突出人机交流的能力。再者要加强测量技术水平的提升，实现矿山资源的可持续利用发展是当前重要任务。加强测量技术的技术含量，使其具有更先进性，同时还要加强测量人员自身综合素质水平的提升，促进矿山测量向着数字化、智能化、仿真化、自动化、可视化、科学化方向发展，推动我国矿山事业健康发展。

我国的矿山测量工作必须与国际先进的测绘技术接轨，实现从矿山地理信息系统的采集、存储、处理、变换、交换、管理以及内业成图等全部自动化过程。为实现这一目标必须首先实现外业采集设备的电子化，因此必须研发地面、井下通用的防爆型电子仪器及其他相关仪器。如防爆型全站仪、自动化陀螺仪，新型的半导体激光指向系列产品、便于瞄准的反射棱镜系统，无线电通信系统等。对于既有仪器，在提高其精度方面，还应当提高设备的可靠性、发展遥控设备。

在矿山测量教育方面，应当引入最先进的科学技术的成果进行教学，培养出合乎时代要求的人才。提高教学起点，相应地也要提高师资队伍的水平。宜将当前的抽象理论与具体内容相结合，建立起一套实用性的理论。适当的以个别矿山为试点，将理论成果与实践结合起来，以便能够顺利推广。

在最新的理论研究方面，具有很多可进一步探索研究的热点问题，如：① 当前复杂地层体建模一直是研究的难点和热点，现有的模型中还只能处理一些不太复杂的情况，因而模型和算法都需要改进。当前断层、透镜体 / 侵入体、尖灭、褶皱等地质体的集成建模并作实例验证值得进一步研究。在地质体模型的基础上，进行三维可视化的研究，尤其是体绘制与光线跟踪算法融合技术的研究。② 惯性导航元件用于矿下导航定位时，由于部分噪声与行走有用信号频段接近、难以区分，采用 FIR 设计滤波器消除噪声时，极易过滤部分有用信号，引起较大误差。如何对噪声特征进行更为细致的分析和分类，设计多通道滤波器分别消除不同频段特征噪声将有助于提高惯性导航的精度。③ 随着雷达干涉测量的进一步研究，动态、快速、准确监测大范围地面沉降过程成为热点，如何更为有效解决数据处理过程中的各种误差影响、提高点目标的数量和识别区域，拓展时序差分干涉技术的应用范围也是以后的发展趋势。④ 在三下采矿中需要解决的问题有，充填能力和生产能力不协调，开采与填充工艺互相制约，影响生产效率；充填成本高，经济效益低；开采仍会造成地表损坏；煤矿充填开采或部分充填开采覆岩与地表移动相关理论研究成果较少，理论有待完善和深化。

参考文献

[1] 刘振国. DInSAR 技术在矿区地表重复采动开采沉陷监测中的应用研究 [D]. 徐州：中国矿业大学，2014.
[2] 张静. InSAR 时序监测及应用中的质量控制研究 [D]. 西安：长安大学，2014.
[3] 王哲. 应用 InSAR 时序分析方法对大同地区的形变监测研究 [D]. 西安：长安大学，2013.
[4] 杨泽发，李志伟，朱建军，等. 利用单个 InSAR 干涉对监测矿区地表三维形变 [A]. 2014 年中国地球科学联合学术年会——专题25：InSAR 技术、卫星热红外与地壳运动论文集 [C]. 北京：中国地球物理学会，2014.
[5] Fan H D，Wei G U，Qin Y，et al. A model for extracting large deformation mining subsidence using D-InSAR technique and probability integral method [J]. Transactions of Nonferrous Metals Society of China，2014，24 (4)：1242-1247.
[6] 刘媛媛. 基于多源 SAR 数据的时间序列 InSAR 地表形变监测研究 [D]. 西安：长安大学，2014.
[7] 朱煜峰. 矿区地面沉降的 InSAR 监测及参数反演 [D]. 长沙：西南大学，2013.
[8] 张学东. 工矿区地表沉陷 D-InSAR 监测模式与关键技术研究 [D]. 北京：中国矿业大学（北京），2012.
[9] 牛贝贝. 高光谱遥感影像端元提取算法研究及应用 [D]. 长沙：西南大学，2014.
[10] 杜会建，赵银娣，蔡燕. 一种顾及上下文的高光谱遥感图像端元提取方法 [J]. 测绘科学，2012，37 (2)：126-128.
[11] 王瀛，梁楠，郭雷. 一种基于修正扩展形态学算子的高光谱遥感图像端元提取算法 [J]. 光子学报，2012，41 (6)：672-677.
[12] 吴立新，汪云甲，丁恩杰，等. 三论数字矿山——借力物联网报账矿山安全与智能采矿 [J]. 煤炭学报，2012，37 (3)：357-365.
[13] 滕永海，卫修君，唐志新，等. 新建千米井筒留设小保护煤柱与抗变形技术 [J]. 煤炭学报，2012，37 (8)：1281-1284.
[14] 郭轲轶，张永彬，王建娥. 新建井筒小保护煤柱尺寸的确定方法 [J]. 矿山测量，2014，(6)：66-69.
[15] 顾伟. 厚松散层下开采覆岩及地表移动规律研究 [D]. 徐州：中国矿业大学，2013.
[16] 卞和方. 区域增强 PPP 技术及其在矿区变形监测应用研究 [D]. 徐州：中国矿业大学，2013.
[17] 尚洪俊. CORS 系统的构建及其在矿山测量中的应用 [D]. 北京：中国地质大学（北京），2014.
[18] 姜卫平，袁鹏，田挚，等. 区域 CORS 组网中的坐标基准统一方法 [J]. 武汉大学学报：信息科学版，2014，39 (5)：566-569.
[19] 王涛，杨志强，石震，等. 新型陀螺全站仪方位定向误差分析及工程应用 [J]. 煤炭科学技术，2014，42 (11)：90-92.
[20] 杨艳红，张利. 陀螺全站仪在贯通测量中的应用分析 [J]. 山西建筑，2013，39 (23)：195-196.
[21] 官云兰，程效军，詹新武，等. 地面三维激光扫描仪系统误差标定 [J]. 测绘学报，2014，43 (7)：735-738.
[22] 邢宝振，吴雨. 三维激光扫描仪在煤矿安全生产中的应用综述 [J]. 中国安全生产科学技术，2013，9 (2)：135-139.
[23] 敖剑锋. 动态沉陷区地面激光扫描数据处理关键问题研究 [D]. 徐州：中国矿业大学，2013.
[24] 姚艳丽，蒋胜平，王红平. 基于地面三维激光扫描技术的滑坡模型监测与预测 [J]. 测绘科学，2014，39 (11)：42-46.
[25] 朱庆伟，马宇佼. 基于三维激光扫描仪的建筑物建模应用研究 [J]. 地理与地理信息科学，2014，30 (6)：31-35.

[26] 盛耀彬. 基于时序SAR影像的地下资源开采导致的地表形变监测方法与应用[D]. 徐州：中国矿业大学，2011.

[27] 尹宏杰，朱建军，李志伟，等. 基于SBAS的矿区形变监测研究[J]. 测绘学报，2011, 40 (1)：52-58.

[28] 朱建军，杨泽发，李志伟，等. 一种利用单个InSAR干涉对获取矿区地表三维形变场的方法[A]. 中国地球科学联合学术年会——专题25：insar技术、卫星热红外与地壳运动[C]. 北京：中国地球物理学会，2014.

[29] 郭增长. 煤炭开采沉陷学[M]. 北京：煤炭工业出版社，2013.

[30] 吴凯，汪云甲，王岁权. 矿山开采沉陷监测及预测新技术[M]. 北京：中国环境科学出版社，2012.

[31] 车德福，陈学习，瓜广义. 三棱柱三维地质建模及应用[M]. 北京：煤炭工业出版社，2013.

[32] 徐忠印，刘善军，吴立新，等. 常温下花岗岩受力热红外光谱变化与敏感响应波段[J]. 红外与毫米波学报，2013，32 (1)：44-49.

[33] 李增科，高井祥，王坚. 基于捷联惯性测量的井下车辆高精度导航系统[J]. 中国矿业大学学报，2013，42 (3)：483-488.

[34] Bian Z，Miao X，Lei S，et al. The challenges of reusing mining and mineral-processing wastes [J]. Science，2012，337 (10)：703.

[35] Tian F，Wang Y，Fensholt R，et al. Mapping and evaluation of NDVI trends fron synthetic time series obtained by blending Landsat and MODIS data around a coalfield on the loess plateau [J]. Remote Sensing，2013，5 (9)：4255-4279.

[36] Hu Z，Wu X. Optimization of concurrent mining and reclamation plans for single coal seam：a case study in northern Anhui China [J]. Environment Earth Sciences，2013，68 (5)：1247-1254.

[37] James L，Walsh S，Bishop M. Geospatial technologies and geomorphological mapping [J]. Geomorphology，2012，137 (1)：1-4.

[38] Osmanoğlu B，Dixon T H，Wdowinski S，et al. Mexico City subsidence observed with persistent scatterer InSAR [J]. International Journal of Applied Earth Observation and Geoinformation，2011，13 (1)：1-12.

[39] Cigna F，Osmanoglu B，Cabral C E. Monitoring land subsidence and its induced geological hazard with Synthetic Aperture Radar Interferometry：A case study in Morelia，Mexico[J]. Remote Sensing of Environment，2012，117(1)：146-161.

[40] 邓喀中，谭志祥，张宏贞，等. 长壁老采矿区残余沉降计算方法研究[J]. 煤炭学报，2012，37 (10)：1601-1605.

[41] 黄奕，汪云甲，王猛，等. 黄土高原山地采煤沉陷对土壤侵蚀的影响[J]. 农业工程学报，2014 (1)：228-235.

[42] 赵超英. 差分干涉雷达技术用于不连续形变的监测研究[D]. 西安：长安大学，2009.

撰稿人：汪云甲　张书毕　朱建军　吴立新　刘继宝　杨　敏　张　静　蒋　晨

地籍与房产测绘专业发展研究

一、引言

地籍与房产测绘专业是一门古老的技术性学科，中国是历史上最早发明和使用土地丈量技术的国家之一，积累了大量的土地丈量测量经验，建立了严格的地籍管理制度。《山海经》中就记录了禹命人竖亥测量、计算大地的东西长度；各封建朝代大都重视土地调查和地籍清查工作；我国于 20 世纪 80 年代开始地籍信息化的建设。目前，地籍的发展已从税收地籍、产权地籍向现代多用途地籍方向延伸。

人口的不断增长、城镇化步伐的加快、土地资源的限制，人地矛盾愈演愈烈，土地及房屋的价值日趋明显，对地籍与房产测绘技术提出了更高精度、更高质量的要求。同时随着国家《不动产统一登记暂行条例》的出台，测绘是不动产统一登记的必要环节，通过地籍与房产测绘为不动产统一登记提供“四至清楚、面积准确、权属无争议”的测绘与地理信息技术支持，积极推进不动产登记“信息平台”的统一。

以全球导航卫星系统（Global Navigation Satellite System，GNSS）、遥感技术（Remote Sensing，RS）及地理信息系统（Geography Information System，GIS）为代表的现代测绘技术体系的建立，以及高精度、高效率的新型测绘仪器和测绘手段的出现为背景，地籍与房产测绘和现代测绘新技术的结合逐渐紧密，极大地促进了地籍与房产测绘专业的发展。本文结合地籍与房产测绘专业近年来的发展，从土地调查、房产测绘、信息化建设等 3 个方面综述了 2013 年以来本专业的研究进展，对比了国内外发展现状，评述了本专业的发展趋势。

二、专业国内发展现状

（一）土地调查

土地调查领域技术不断发展，取得丰富成果。随着现代测绘与地理信息技术的迅猛发展，3S 技术在土地信息获取、处理、评价、可视化、建模及信息系统建设等方面的应用日趋广泛。利用 3S 技术提高土地管理工作的效率和精度成为当前研究和应用的重点之一。

1. 土地资源调查

（1）土地利用现状调查

完成了第二次全国土地调查。在 3S 技术的支持下，第二次全国土地调查对全国各类土地的利用状况、基本农田状况进行了调查，并建设了土地调查数据库，实现调查信息的互联共享。2013 年，国务院新闻办公室发布了《关于第二次全国土地调查主要数据成果的公报》，并公布第二次全国土地调查主要数据成果：截至 2009 年 12 月 31 日，全国耕地 13538.5 万公顷（20.31 亿亩）、园地 1481.2 万公顷（2.22 亿亩）、林地 25395 万公顷（38.09 亿亩）、草地 28731.4 万公顷（43.1 亿亩）；全国基本农田 10405.3 万公顷（15.61 亿亩），标志着第二次全国土地调查已经完成。随着第二次全国土地调查与年度变更调查成果的公布，如何利用这些调查成果是近年来专业发展的热点。成果数据的应用为合理地进行农业生产布局、耕地质量评价、优质耕地资源保护提供了科学依据和数据支撑。

土地利用专项调查工作蓬勃发展。以土地利用现状调查为基础，以 RS 和 GIS 技术为主要手段，开展了以低效用地调查、标准农田核查、工业用地调查、耕地后备资源调查、土地流转调查等多项土地利用专项调查工作。

（2）土地利用动态监测

土地利用变化遥感监测技术和方法进一步得到改进。以遥感影像为数据源，通过分析各类地物的光谱特征，构建土地利用自动分类规则，可快速准确识别水体、未利用地、居民点、林地和耕地；基于无人机航拍的高分辨率航空数码真彩色影像，运用面向对象的多尺度影像分割信息提取技术，可快速、准确地提取土地利用信息；针对中国海岸带土地利用的地域多样性，从陆海耦合的角度提出全国尺度的海岸带土地利用遥感分类体系。利用景观类型的尺度响应特征进行土地利用变化信息提取，能够准确、迅速提取城市变化范围；将变化矢量分析法与主成分分析法相结合，可以在建设用地内部划分居住、工业、交通用地。

监测分类更加细化，监测内容更加丰富。以植被覆盖度为主要评价指标，可以对荒漠化现状和动态变化进行快速监测；基于现有的遥感数据处理方法，利用“资源一号”02C 卫星影像数据，在土地利用遥感监测方面能够达到较好的效果。基于多源遥感数据可实现在土地覆盖变化监测中的定性与定量分析；利用 HJ–1 CCD 数据，建立填海类型的解译标志，可以提取港口用海、城镇用海、围垦用海、盐田用海、围海养殖等不同的填海工程类型。

土地利用变化模型模拟是定量预测土地利用变化的基础。模拟土地利用变化的 GIS 模型主要有土地利用变化及效应模型（CLUE）、马尔可夫模型（Markov）、元胞自动机模型（CA）、智能体模型（Agent）和系统动力学模型。改进基于局部化转化规则的 CA 土地利用模型，可以提高土地利用变化的数据解释能力和模拟精度；采用适用于景观格局过程分析的 Spatial-Markov 模型分析沿海地区土地利用和景观格局变化；利用综合的 Binary Logistic 和 CA-Markov 模型对土地利用变化与格局进行模拟预测；将元胞变化的马尔科夫趋势与城市发展用地约束因子的多准则评价相结合，制定元胞转换规则，构建复合因子元胞自动机预测模型并进行模拟；利用多智能体方法模拟微观主体的决策行为，可以自下而上地探究土地利用变化的内在机制。

开展年度全国土地变更调查与遥感监测。为准确掌握年度的全国土地利用变化情况，持续更新全国土地调查数据，有效支撑国土资源综合监管。采用 GIS 技术、遥感技术、数据库管理系统和计算机网络等信息技术手段，在全国第二次土地调查的基础上，采用每年最新覆盖全国的遥感影像数据，加工制作分县（市、区）土地利用遥感正射影像，提取每年度遥感监测图斑，并追踪、核实以往年度工作中相关图斑情况，开展年度全国土地变更调查与遥感监测工作，保持土地利用现状调查成果的现势性和准确性。

2. 地籍调查

地籍调查是依照国家的规定，通过权属调查和地籍测量，查清宗地的权属、界址线、面积、用途和位置等情况，形成数据、图件、表册等调查资料，为土地注册、登记、核发证书提供依据的一项技术性工作。

（1）土地权属调查

土地权属调查是地籍调查的重要程序，然而我国的城镇地籍和农村地籍多年来实际上按照不同的体系在独立运作，尤其是农村地籍工作开展相对滞后。农村土地确权是近年土地产权研究的重点之一，农村土地确权不但是保障农民利益的需要，也是促进农业可持续发展的需要。

农村土地承包确权试点。2011—2013 年农业部以乡镇为单位，在数百个县开展试点；2014 年以县为单位，在已有试点基础上，又选择了山东、安徽、四川等 3 个省深入推进农村土地承包确权工作，同时选择 27 个县开展相关工作。2015 年新增江苏、江西、湖北、湖南、甘肃、宁夏、吉林、贵州、河南等 9 个省纳入“整省推进”的试点中。农村土地承包确权登记工作受到社会各界的高度关注，为了推进和规范农村土地承包确权调查工作，2014 年农业部发布了《农村土地承包经营权调查规程》（NY/T 2037-2014），该标准规定了农村土地承包经营权调查的任务、内容、步骤、方法、指标、成果和要求等。此外，农业部同时发布了农村土地承包确权登记工作的另外两个行业标准——《农村土地承包经营权要素编码规则》（NY/T 2538-2014）和《农村土地承包经营权确权登记数据库规范》（NY/T 2539-2014）。

基本完成农村集体土地所有权确权登记发证。截至 2013 年 5 月底，全国农村集体土地所有权登记发证率为97%，其中有24个省份的发证率在95%以上，6个省份在90%～95%。2014年，全国农村集体土地所有权确权登记发证已经基本完成，实现了全覆盖，下一步将继续深化完善已有成果，农村宅基地和集体建设用地使用权登记发证工作将加快推进。

（2）地籍测量

GPS RTK技术是目前地籍测量的主流技术。GPS卫星定位技术的迅速发展，给地籍测量工作带来了巨大的影响。相对常规测量来说，GPS测量具有测量精度高、测站间无需通视、观测时间短、仪器操作简便、全天候作业、提供三维坐标等优势。应用GPS快速静态定位能够满足地籍控制测量的精度要求，RTK能够满足地籍测绘、界址点测量的精度要求，GPS在国内地籍控制测量、地籍碎部测量和地籍调查中得以广泛应用。

常规静态测量、快速静态测量、RTK技术已经成为地籍控制测量的主要手段。GPS RTK的特点避免了常规地籍测量控制时，控制点位选取的局限条件，并且布设成GPS网状结构对网精度的影响也较小。RTK技术误差分布均匀，各点之间不存在误差累计，避免了地籍控制测量中由于边长过长等因素带来的误差累计，很大程度上提高了作业效率。使GPS RTK技术在城镇地籍控制测量中得到了广泛的应用。

在地籍碎部测量与土地勘测定界中，RTK技术使作业精度、作业效率和实时性达到了最佳的融合。与全站仪相比，RTK不需要通视、不需要频繁换站，减少了全站仪频繁换站所花的时间，而且可以多个流动站同时工作，测量精度和可靠性都能满足要求。

网络RTK也称基准站RTK，是近年来在常规RTK和差分GPS的基础上建立起来的一种新技术，目的是克服RTK技术上的缺陷，即将RTK的基站固定，基站向各流动站发送的各种信号和信息由电台发送改为移动信号网络传播，它具有操作简单、成本低、精度高、实时性强等优点。在连续运行卫星定位系统（CORS）覆盖区域，能够实时完成地籍图修测、土地勘测定界，极大地缩短了地籍测绘工作的周期，提高了工作效率。

（二）房产测绘

房屋是人民生产和生活的基本物质要素，这一要素信息的采集和表达，必须经过房产测绘，所以房产测绘是房地产管理工作的重要基础，为房产产权、产籍管理、房地产开发利用、交易、征收税费以及城镇规划建设提供数据和资料。现行制度中基本上都是以房屋的建筑面积为计价单位，房屋面积是影响商品房总价的关键因素，是直接关系到消费者的切身利益，所以社会关注度极高；另一方面，房产测绘是利用测绘技术和方法，采集和表述房屋及房屋用地的各类相关信息，因此成果质量也成为讨论的焦点。在此背景下，迫切的要求推动技术的发展，目前房产测绘已达到了较高的技术水平。

1. 房屋面积量算

随着GPS RTK技术的成熟以及城市CORS系统的建立，房产分丘、分幅平面图测量方法的技术水平有了很大的提高。通过GPS RTK技术，在野外只需几秒钟，即可获得厘米级精度的图根控制点坐标，再利用全站仪无棱镜反射模式，测定出界址点、界址线、行政边界、丘界线和地形要素等各类要素，并通过电子手簿或直接实现自动记录、存储和输出。较之传统方式，能有效避免控制点被破坏、导线控制误差累计、碎部点精度不均匀、数据丢失等缺陷，效率和精度双方面得到提高。

房屋面积主要采用实地量距法量测，目前手持测距仪全面替代钢（皮）尺，精度上完全能够满足。其难点是在于外业数据采集时，如何保证必要观测值数量，减少重复观测，并增加适量多余观测值进行检核。在目前国家标准《房产测量规范》暂未统一房产测绘作业程序的现状之下，各地房产测绘机构依据地方的特点，结合实践经验，并对建筑物施工放样等相近行业进行技术分析，总结了一套适合于本地区（本单位）的房产测绘外业操作规程。同时参与 ISO 认证，在单位内部贯标，制定质量管理体系，以确保高效、准确的全员和全过程的质量活动。

房产测绘的内业工作采用专业软件进行。针对房产测绘的特殊要求，开发了集“几何面积计算，分摊模型建立，属性数据入库”于一体的专业软件，制定“绘图，计算，生成报告”一站式解决方案，具备自动计算面积功能、半自动分摊功能、自动生成报表功能，从而避免了人工统计错误，各部门数据格式不兼容等问题，提高了工作效率。

2. 技术规范的完善

国家标准《房产测量规范》（GB/T 17986.1-2000）的颁布促进了我国房产测量的规范化、标准化、科学化。但是,《房产测量规范》中重点强调的是各类建筑形态计算面积的方式，按此方式测算的成果作为房屋交易的依据，并记载于房屋所有权证中，以测绘的房屋图形确定权属范围，通过面积计算确定房屋的价值。而对于不计面积的部分，许多城市往往忽略其存在。因此基于《房产测量规范》，杭州、厦门、济南等部分地区先后出台了相关的房产测量实施细则，就房屋测量过程中存在的问题进行探讨，对完善技术规范具有重要的实践意义。复式层中的内楼梯、虚拟分割的产权测绘、坡屋顶房屋的面积与消防连廊等都是经常探讨的问题。

2007 年 10 月施行的《中华人民共和国物权法》中明确指出：物权，是指权利人依法对特定的物享有直接支配和排他的权利，包括所有权、用益物权和担保物权。按照条款的内涵，房屋作为不动产进行登记，还应包括不计算面积的建筑物及构筑物。依照《物权法》精神，现今部分城市已开始改进其测绘方式，即使某区域不计建筑面积，也要按照其外围投影测量尺寸，与其他计算面积的部位一样在房产分层分户平面图上予以绘制，在图面上加以相关文字注记，属于建筑物专有部分的，在权证附图上反映时，可通过程序控制将权属范围线加粗。计算面积的部位用阴影填充，便于区分不计算面积的部分。

（三）信息化建设

1. 不动产统一登记

2014 年国务院出台《不动产登记暂行条例》，指出不动产包括指土地、海域以及房屋、林木等定着物。基本做到登记机构、登记簿册、登记依据和信息平台“四统一”。不动产测绘是进行不动产登记的前提，对不动产登记的意义重大。当前涉及不动产测绘的主要有房产测绘、地籍测量及海洋测绘等这些专业测绘工作，然而这些测绘工作往往是由隶属不同行业的部门进行管理和执行，同时由于他们采用地理空间基准、技术规范等不同，导致测量成果差别较大，难以统一。在测绘标准上，除了林业没有相关的技术规范外，已有相关的国家标准或者行业标准有《地籍调查规程》（TD/T 1001–2012）《房产测量规范》（GB/T 17986.1–2000）、《海籍调查规范》（HY/T 124–2009）及《农村土地承包经营权调查规程》（NY/T 2537–2014）等。

随着不动产统一登记工作的开展，不动产统一登记数据库建设、不动产统一登记信息系统开发、不动产数据整合集成是不动产统一登记需要解决的关键技术，也是目前乃至今后地籍与房产测绘技术的研究重点。

2. PDA+GPS 的土地调查系统

基于 PDA GPS 的土地信息调查采集系统是集成软件工程技术、移动 GIS 技术、GPS 技术、无线通信网络技术等现代技术手段来实现土地调查的一个应用解决方案。在部分地区的土地整理、土地巡查、地籍调查、土地集约利用评价及地理国情普查等工程中，都已开始使用该技术作为数据采集手段。在土地监察工作中，采用移动 GIS 手段，有利于实现实时、快速执行土地违法勘察、执法动态监察等工作，为建立完善的土地管理长效机制提供技术支持；开发基于 3G 和 3S 技术的国土资源动态监察系统可以促进执法监察工作规范、高效和常态化，显著降低了办公成本。在地籍调查中利用嵌入式 GIS 技术在 PDA 上设计了地籍测量、地籍查询、地籍量算、地籍统计、界址指标分析和宗地草图绘制等功能模块，将图、文、声、像等多媒体信息表现的地籍空间与属性信息，包括权属调查、变更调查、地籍测量、土地登记信息及地籍管理法规、文件等，通过先进的嵌入式 GIS 技术、数据库与网络技术，在 PDA 等移动平台上有机集成并管理。

3. “一张图”与监管平台

国土资源“一张图”核心数据库是基于统一的基础地理空间参考，以高分辨率正射影像为统一的数据本底，整合、关联和分层叠加各类土地、地质矿产基础数据的国土资源数据体系。地籍数据作为土地权属管理的根本，是“一张图”核心数据库之一。

综合监管平台由动态信息采集与监测系统和数据综合分析系统组成，具有信息集聚、动态监测、在线分析、辅助决策等功能。开展综合监管平台建设，以“一张图”核心数据库为基础，集成整合覆盖全国、贯穿各级的各类国土资源信息，通过图上比对核查、信息关联印证、数据综合分析，实现对国土资源管理行为、市场交易、开发利用的全程全覆盖实时动态监管，以及国土资源形势的科学分析研判。

4. 地籍管理信息系统

地籍管理信息系统是一个在计算机和现代技术支持下，以“宗地”为核心实体，实现地籍信息的输入、贮存、检索、处理、综合分析、辅助决策以及结果输出的信息系统。基于工作流和 ArcSDE 技术，很好地解决了传统地籍管理中大量的图属分离、更新不及时的问题，并将城乡地籍管理业务数据统一管理和地籍日常业务审批自动化紧密结合，实现了城乡一体化管理。城乡二元结构的管理模式导致了城镇地籍与农村地籍的分离，两者相对独立，缺乏统一的参考规范，相互之间没有任何联系，信息共享困难。随着不动产统一登记、农村集体土地改革，已有学者开始关注城乡地籍一体化管理，研究建立满足需要的一体化现代不动产权籍管理技术体系。

随着产业化和城镇化的快速推进，对土地的开发和利用逐步向立体方向发展。国内少数发达省市已经尝试登记土地的空间权利，但是仍按照二维宗地的登记模式，这已经不能满足管理地上或地下三维空间权利的需要。同时随着 3D GIS 研究的不断深入，并与地籍管理的实际需求相结合，逐渐产生了三维地籍的概念，是近年来地籍管理研究的热点与前沿。当前，三维地籍的研究主要集中在三维地籍登记方法和数据模型建立与可视化两个方面，具体包括地籍标准化、三维地籍登记管理、三维数据模型、可视化与系统开发等方面的研究。有学者同时考虑时间维，开始了四维地籍的探索研究，提出了时空宗地的概念，探讨了时空宗地的演化过程。

5. 土地登记管理信息系统

土地登记信息包括宗地的位置、面积、用途、权利人等土地登记结果，以及在土地登记过程中获取的土地使用权转让、抵押等土地市场信息，是重要的土地参与宏观调控的核心信息，具有准确、现势、权威等特点。全国土地登记信息动态监管查询系统是将全国土地登记信息作为监管查询对象的信息系统，它利用现代信息技术，通过构建网络环境下部、省、市、县四级土地登记信息管理，应用与联动更新的技术体系，将分散在各县（市）的土地登记信息实时动态地传输到部，使部能够实时动态掌握土地登记信息，通过综合分析，最终达到土地登记信息动态监管查询的目的。

6. 房产管理信息系统

利用 GIS 技术建立房产管理信息系统，是实现房、屋、图、文一体化管理的基础，将促进房产测绘工作更规范、更科学、更高效，大大提高房产测绘成果的数据质量、信息含量、应用层次和利用效率。

房产管理信息系统的主要特点是空间数据与非空间数据的联合处理与存储。要想实现“以图管房”，必须建立房产的 GIS 系统，将产权人、产权面积、交易价格等信息，依附于该房屋所在的地理位置，房产测绘即是空间数据的直接来源。房产 GIS 系统的建立，为房产管理（包括产权、产籍、交易、开发管理）和城市房屋拆迁改造，房产评估、征税、收费、仲裁、鉴定等活动提供各种信息，为城市规划、城市建设提供基础数据和资料。房产 GIS 系统的建立，改变了传统纸质资料不易保管、不易更新的管理方式，为房产管理数字化提供了一种新的科学方法。房产 GIS 系统能够借助服务器存储系统容纳整个城市的海量房产信息，甚至能够通过互联网实现全国房产信息的数据共享。房产 GIS 系统还可大大地提高资料的查询速度。一般来说，对于给定限制条件的查询，几秒钟内就可显示资料数据，从而大大地提高了房产管理效率。房产 GIS 系统还可为房产管理决策服务，它通过一系列科学的方法（系统方法、运筹学、控制论等）和模型，利用数据库中的大量数据，按照确定目标，通过模型运算、知识推理等选择出最优的决策方案为管理人员提供决策支持。

三、本专业国内外发展比较

（一）国际地籍和房产测绘学科发展现状

随着计算机技术、网络技术、通信技术、虚拟现实技术、航空航天遥感技术、GIS、GPS 等科学技术的发展，现代测绘技术不断完善，地籍和房产测绘技术和手段也不断提高，当前国际上地籍和房产测绘学科的进展主要表现在以下几方面。

国外主要利用 3S 技术研究土地利用调查、土地利用动态监测等问题。通过拓展 3S 技术应用、优化土地利用变化信息获取途径、探索遥感影像处理方法，实现土地调查与动态监测中土地利用信息的快速识别，不断提升数据的准确性、可靠性，为科学判断土地利用变化信息提供依据。

地籍和房产测绘实现内、外业一体化。由于现代测绘技术可以实现内业和外业的一体化，使地籍和房产测绘的作业方式、生产手段、组织形式逐步向以计算机技术为媒体的高度集成化方向发展，它标志着地籍和房产测绘技术已逐步跨入信息化时代。

地籍和房产信息处理走向实时化和动态化。基于计算机和网络技术、3S 技术和先进的测绘手段如全站仪、电子经纬仪、激光指向仪等的现代测绘技术提供了一个快速、实时获取测绘成果的快捷方式，具备了能够满足社会发展对测绘信息需求的实时性要求的能力。在现在测绘技术的支撑下，地籍和房产测绘信息的获取和处理也逐步走向实时化和动态化。

在先进的计算机技术和网络技术的支撑下，地籍和房产信息的管理由自动化向智能化、标准化方向发展，三维空间数据管理技术得到广泛应用，基于网格计算、云计算理论的地籍和房产信息管理解决方案迅速出现。由全球 56 个地产界专业组织成立的国际房产测量标准联盟，于 2014 年正式发布《国际房产测量标准》，让全球各地现存数 10 套不同的标准能按同一准则换算和比较，为全球房地产市场带来透明、统一的测量规范。

（二）我国地籍与房产测绘学科主要进展对比

与发达国家的地籍与房产测绘学科发展水平相比，我国的测绘科技水平仍然存在较大差距。虽然我国成功了发射系列传输型遥感卫星，但其分辨率较低，难以满足应用需求，高分辨率遥感卫星数据仍然依赖进口，直接导致了地理信息更新相对滞后；地籍和房产信息的获取、处理、集成化管理和信息化建设，仍依赖国外软件平台，拥有自主知识产权的测绘技术装备水平及研发能力较弱，无法有效满足地籍与房产测绘事业发展的需要。但自“十二五”以来，紧密结合我国地籍与房产测绘事业发展实际需要，我国已基本建立了符合自身发展规律、支撑有力的测绘科技创新组织体系，自主创新能力明显增强；以地理信息数据获取实时化、处理自动化、服务网络化和应用社会化为标志的信息化测绘体系取得了初步进展，地籍与房产测绘学科也获得了新的发展。

四、本专业发展趋势与对策

随着城镇化进程的不断加快、不动产统一登记的实施，土地与房产管理将面临更加精细和高效要求的新形势，作为技术支撑的地籍与房产测绘工作必将向新的方向发展。

（一）地籍与房产测绘和基础测绘协同发展

随着现代测绘技术的快速发展，依托卫星定位系统、地理信息系统及遥感技术、计算机与互联网技术为基础的现代测绘技术体系，已初步实现地理信息的快速获取、更新、自动化处理以及一体化管理、网络化生产与社会化分发服务，显著提升了地理空间数据的获取、处理、管理以及服务水平。地籍与房产测绘技术将进一步集成整合现代测绘技术和方法，更加充分地应用基础测绘成果，向更高效、更精准的技术方向发展。

（二）不动产权籍调查与测量

在不动产统一登记的新形势下，分散在土地、房屋、林业、海洋等不同部门的测绘工作急需整合升级，联合测绘。不动产统一登记数据库建设、不动产统一登记信息系统开发、不动产数据整合集成等问题是今后不动产权籍调查与测量技术需要解决的问题。

（三）三维不动产权籍信息管理

随着地下空间的不断开发利用，土地权利已经发展成为涉及地上、地表和地下的立体权利体系，传统的二维地籍与房产测绘已难以满足土地权利空间化管理的要求，地籍与房产管理将从二维管理向三维不动产权籍信息管理方向发展。

—— 参考文献 ——

[1] 郭谁琼，黄贤金，白晓飞，等. 土地利用变更调查数据的应用研究现状与前景［J］. 中国土地科学，2013，27（12）：18-24.

[2] 刘顺喜，王忠武，尤淑撑. 中国民用陆地资源卫星在土地资源调查监测中的应用现状与发展建议［J］. 中国土地科学，2013，27（4）：91-96.

[3] 孙同贺，闫国庆. 基于遥感技术的土地利用分类方法［J］. 测绘与空间地理信息，2013，36（1）：5-8.

[4] 何少林，徐京华，张帅毅. 面向对象的多尺度无人机影像土地利用信息提取［J］. 国土资源遥感，2013（2）：107-112.

[5] 邸向红，侯西勇，吴莉. 中国海岸带土地利用遥感分类系统研究［J］. 资源科学，2014，36（3）：463-472.

[6] 王丽云，李艳，汪禹芹．基于对象变化矢量分析的土地利用变化检测方法研究［J］．地球信息科学学报，2014，16（2）：307-313.
[7] 王亚琴，王正兴，刁慧娟．多源遥感数据在土地覆盖变化监测中的应用［J］．地理研究，2014，33（6）：1085-1096.
[8] 徐进勇，张增祥，赵晓丽，等．围填海遥感监测方法研究［J］．测绘通报，2014（5）：60-63.
[9] 宇林军，孙丹峰，彭仲仁，等．基于局部化转换规则的元胞自动机土地利用模型［J］．地理研究，2013，32（4）：671-682.
[10] 吴莉，侯西勇，徐新良，等．山东沿海地区土地利用和景观格局变化［J］．农业工程学报，2013，29（5）：207-216.
[11] 林坚，张禹平，李婧怡，等．2013 年土地科学研究重点进展评述及 2014 年展望——土地利用与规划分报告［J］．中国土地科学，2014，28（2）：3-19.
[12] 李婧怡，林坚，刘松雪，等．2014 年土地科学研究重点进展评述及 2015 年展望——土地利用与规划分报告［J］．中国土地科学，2015，29（3）：3-12.
[13] 侯树兵，李伟．农村集体土地使用权地籍调查探讨［J］．测绘工程，2014，23（5）：46-50.
[14] NY/T 2537-2014，农村土地承包经营权调查规程［S］．北京：中国农业出版社，2014.
[15] NY/T 2538-2014，农村土地承包经营权要素编码规则［S］．北京：中国农业出版社，2014.
[16] NY/T 2539-2014，农村土地承包经营权确权登记数据库规范［S］．北京：中国农业出版社，2014.
[17] 李铭，沈陈华，朱欣焰，等．城乡一体化地籍联动变更规则及模型研究［J］．武汉大学学报：信息科学版，2013，38（10）：1253-1256.
[18] 臧妻斌，傅建春．地籍测量相关技术标准的比较研究［J］．测绘标准化，2013，29（2）：5-8.
[19] 吴飔，王振兴，周文斌，等．地籍变更空间要素自动重构研究［J］．测绘科学，2013，38（2）：152-155.
[20] 岳龙．GPS RTK 技术在地籍测量中的应用研究［J］．测绘与空间地理信息，2014，37（3）：158-160.
[21] 姜友谊．基于遥感影像的农村宅基地地籍测量方法研究［J］．测绘通报，2013（2）：31-33.
[22] 陈丽金，帅剑平．厦门市房产测绘数据整理系统的研究与实现［J］．测绘与空间地理信息，2012，35（10）：94-96.
[23] 来丽芳，王炼刚．土地监察移动数据库技术及其应用［J］．浙江大学学报（理学版），2013，40（3）：362-366.
[24] 张园玉．基于工作流和 ARCSDE 技术的地籍管理信息系统设计与实现［J］．中国土地科学，2013，28（1）：67-71.
[25] 史云飞，郭仁忠，李霖，等．四维地籍的建立与分析［J］．武汉大学学报：信息科学版，2014，29（3）：322-326.
[26] 李培成．时态地籍信息系统的建立［J］．测绘与空间地理信息，2013，36（11）：135-137.
[27] 应申，郭仁忠．三维地籍［M］．北京：科学出版社，2014.
[28] 王林伟，王向东，张弛．三维地籍数据模型的构建与技术实现［J］．中国土地科学，2012，26（12）：35-40.
[29] 史云飞，贺彪．三维地籍空间拓扑数据模型研究与实现［J］．测绘科学，2013，38（2）：12-14.
[30] 丁远，孙在宏，吴长彬，等．基于 LADM 的三维地籍管理模型构建及应用［J］．地球信息科学学报，2013，15（1）：106-114.
[31] 郭仁忠，应申，李霖．基于面片集合的三维地籍产权体的拓扑自动构建［J］．测绘学报，2012，41（4）：620-626.
[32] 史云飞，张玲玲，李霖．混合 3 维地籍空间数据模型［J］．遥感学报，2013，17（2）：327-334.
[33] 汤开文，文小岳．多层次三维地籍产权体模型的语义表达研究［J］．测绘通报，2012（12）：32-36.
[34] 陈凤，张新长，罗国玮，等．面向 RIA 模式的地籍测绘数据管理服务研究［J］．测绘通报，2014（6）：

112–115.
［35］汪洋，唐华. 基于 GIS 的南京地籍楼幢数据库设计与实现［J］. 测绘与空间地理信息，2014，37（5）：88–90.
［36］赵根，严彦，刘婕. 重庆市住房保障信息系统建设及应用［J］. 国土资源信息化，2013（4）：37–39.

撰稿人：方剑强　汤富平　崔　巍　来丽芳

海洋测绘专业发展研究

一、引言

海洋测绘是研究与海洋和陆地水域有关的地理空间信息采集、处理、表示、管理和应用的科学与技术，既具测绘学科各分支的综合性，又有其独特性。海洋测绘是一切水域活动的先导，具有国际性、全局性和基础性等特征，不仅为航行安全和军事行动提供保障，也为开展地球形状、海底地质构造运动和海洋环境等科学研究，以及开展海洋资源开发和实施海洋工程建设提供基础资料。

本报告阐述了近3年来海洋测绘在海底地形地貌测量、机载海洋测绘、海岛礁陆海一体化测绘、海洋重磁测量、电子海图和数字海洋地理信息六个技术领域以及学术机构和人才培养方面取得的进展，并与国际同类水平进行了比较，进而展望了本专业的发展趋势。

二、本专业国内发展现状

（一）海底地形地貌测量

随着卫星导航定位、声学探测、数据通信、计算机数据处理与可视化、图像学和图形学以及现代测量数据处理理论和方法等相关领域的发展，我国的海底地形地貌信息获取技术正在向高精度、高分辨率、自主集成、综合化和标准化方向发展。

1. 全海域立体获取技术体系已初步形成

传统海底地形地貌测量主要借助船载多波束测深系统和侧扫声呐系统来获取，随着卫星重力技术的发展，借助重力梯度变化的海底地形大尺度反演技术已经出现；基于可见光的水色遥感技术，通过借助可见光在水体中传播和反射后的光谱变化构建反演模型，实现了大面积水域的海底地形地貌信息获取，并在一些重点水域开展了初步的应用；机载激光测深技术已在海岛礁调查、岸滩水下地形地貌测量中得到了很好的应用。以 AUV/ROV 为平台，携载多波束测深系统、侧扫声呐系统和水下摄影系统于一体的深海海底地形地貌测量系统已经出现，并在我国一些重点勘测水域和工程中得到了成功应用。从太空、空中、水面到水下的“立体”海底地形地貌信息获取技术体系已初步形成。

2. 自主知识产权的多波束测深系统已研制成功

该领域突破了多脉冲发射技术和双条幅检测技术，在保持小声学脚印条件下，实现了高密度信号采集与处理；采用 Dolph–Tchebyshev 屏蔽技术，减少了垂直航迹方向的旁瓣效应；综合采用频率双系统、双模式切换、动态聚焦和窄波束设计等技术，并联合不确定度测深估计等技术，提高了多波束测深的数据质量、分辨率和可信性；提出了新的相位差解模糊方法和利用可变带宽滤波器改进相位差序列估计精度方法，提高了测深精度和质量；结合设备工艺改进研究，研制了具有自主知识产权的浅水高分辨率多波束系统，并成功实现了商业化。

3. 深海高分辨率地形地貌信息获取

针对多波束和侧扫声呐系统在深海分辨率降低的技术瓶颈，一是通过采用多脉冲发射技术和双条幅检测技术，提高多波束和侧扫声呐系统的分辨率；二是以 AUV/ROV 为平台，接近海底获取信息；三是根据多波束和侧扫声呐的互补性，提出了基于二者信息融合的获取方法；四是提出了基于高分辨率侧扫声呐图像反演高精度高分辨率海底地形的新方法。深海高分辨率地形地貌信息获取难题正逐步得到解决。

4. 数据处理方法

重点开展了环境因素和观测过程的动态特性影响与补偿方法研究，特别是水位观测及归算、声速测定及改正量精确计算、测量载体姿态测定和表示等，有效提高了海底地形地貌探测的精度和数据处理的效率；进一步完善和改进了深度基准面确定和多波束测深数据处理方法，提出了远海航渡水深测量水位改正方法与流程，论证制定了多波束测深成果质量评定标准；提出了侧扫声呐系统的分段匹配方法，实现了多条带侧扫声呐图像的拼接以及高质量海底地貌图像的生成。

5. 软件研制

研发了海道测量水位改正通用软件，并从内、外符合精度方面对其水位改正效果进行了检验评估；研制了具有自主知识产权的多波束测深数据处理软件、侧扫声呐条带图像数据处理软件，功能与国外软件相当，但数据处理质量优于国外，并在南海海洋调查、渤海海事测绘中得到了成果应用。

6. 重大事件及国际合作

2014 年 3 月发生的马航 MH370 航班失联事件吸引了全球关注，我国先后派遣海巡引轮、海巡 01 轮和海军 872 船，综合运用卫星定位系统、多波束声呐、侧扫声呐、海洋磁力仪等探测设备开展目标搜寻；12 月亚航 QA8501 航班在印尼爪哇海域失事，我国派遣南海救 101 前往失事海域参与残骸搜寻扫测工作。这两次国际应急搜寻行动提升了我国海洋测绘水平的国际认知度，同时也暴露了我国在深海探测作业基础装备与专业技术力量方面，与国际先进水平相比还存在较大的差距，无疑对发展和完善我国海底地形测量理论和技术装备具有重要的启示意义和推动作用。

（二）陆海一体化测绘技术

1. 海域无缝垂直基准构建

以地球椭球面作为根本的海域无缝垂直基准面，建立了深度基准面与地球椭球面差异的数值模型——深度基准分离模型。其实质是利用高分辨率的潮汐模型，按统一的公式计算深度基准网格模型，通过采用高分辨率数值模型来表示深度基准面与平均海面的垂直偏差，使得深度基准面由传统方法根据验潮站离散信息的表示模式演进为近连续化的表达形式。

提出将陆海两类大地水准面各自外推形成陆海边界区域的重叠带，对重叠带两类大地水准面的差值进行多项式拟合，并利用拟合多项式对海洋测高大地水准面的系统差进行校正；提出了根据各海域潮汐特点分别选取适宜的垂直基准面，并在临界海域建立过渡模型，最终确定适用于全部海域的海洋无缝垂直基准体系的对策。

2. GNSS 无验潮水深测量

提出并验证了 GNSS 无验潮水深测量系统主要技术指标检测的常规方法及相应的操作流程；研究并验证了基于精密单点定位技术模式与基于双频差分模式获取的无验潮水深测量成果具有同等的精度，解决了水深测量中差分定位技术模式作业距离受限的问题；研究了 GNSS 无验潮水深测量中影响测深精度的几种因素，提出了相应的控制方法。通过陆海大地水准面精化研究，解决了高程异常对无验潮水深测量成果的影响。我国的 GNSS 无验潮水深测量理论和方法体系已相对成熟，并已被写入《水运工程测量规范》。

3. 岸线地形测量

发展了两种新的岸线地形测量方法，一是以潮汐预报和水位推算技术为代表的岸线综合测定理论和方法，利用潮汐模型或验潮站实测水位数据计算确定待测点的平均大潮高潮位，再将该特征潮位的基准转换至国家高程基准，通过计算方法确定岸线高程，并利用等值线跟踪技术确定岸线形状，从而实现岸线的平面定位；二是通过利用影像或扫描图像上可判读的瞬时水边线信息，提出了应用潮汐信息计算的瞬时水位、平均大潮高潮位以及二者之间的高差，进而确定岸线的技术；并分析了上述两种技术方案确定岸线高程的精度。

广泛应用了低空无人机航空摄影测量、三维激光扫描、机载 LIDAR 等非接触测量技术，研发了具有自主知识产权的船载多传感器水上水下一体化测量系统，建立了完整的水上水下一体化测量工程解决方案。

4. 无人水面测量船

开展了多种无人水面测量船的研制、测试与试生产，攻克了自主航行、自动目标识别、智能避碰等技术难题，研制了以河川、湖泊、海岸、港湾、水库等水域为观测对象的无人水域测量机器人。以无人船为载体，采用高精度 GNSS 接收机定位，并自由选择搭载地形地貌、水文测量和辅助测量等多种传感器，通过远距离无线传输的方式，实时获取测区水下地形、地貌、水文及水质等信息，满足了近岸浅滩、礁石区等困难区域的水下地形测量。

（三）机载海洋测绘技术

1. 海洋航空重力测量

实现了国产自主知识产权海洋航空重力测量系统研发关键技术的重大突破，进入工程样机试验阶段，组织实施了国内乃至国际上规模最大的多型航空重力仪同机测试试验。采用运八飞机平台，同机加装 4 型 5 套航空重力仪，在西沙海域测试了俄罗斯 GT-1A 航空重力仪和美国 TAGS（L&R S158）航空重力仪两型国际上最为经典的商用航空重力仪的运行性能，并对国内自主研制的 SGA-WZ01 捷联式航空重力仪、GDP-1 重力仪进行了全面检验测试。

研究并试验验证了基于差分定位处理模式所获得的航空重力测量成果精度，与基于 GPS 精密单点定位模式处理所获得的成果精度基本一致，为远离大陆海区实施航空重力测量作业提供了技术支撑。研究了航空重力测量数据向下延拓技术，提出了一种独立于观测数据、基于外部数据源的向下延拓新思路。在海域，提出了利用卫星测高重力向上延拓和超高阶位模型直接计算海域延拓改正数的两种方案；在陆地，提出了联合使用位模型和地形高信息计算延拓改正数新方法。两种延拓方法巧妙避开了传统求解逆 Poisson 积分方法固有的不稳定性问题，有效简化了向下延拓的计算过程和解算难度，提高了延拓计算精度。

2. 海洋航空摄影测量与内业制图

研究了高精度 POS 直接定向技术在海岛礁航测生产中的应用，提出了一种海岸带水边线等高约束条件控制下的光束法区域网空三测量方法，提高了海岸带和海岛礁稀少控制区域测图的几何定位精度；基于 GNSS 差分技术与精密单点定位技术，提出了无控空三航摄作业方案。提出采用高精度、高分辨率的 DTU10 全球卫星测高平均海面模型，实现大地高到当地平均海面高的高程基准转换，解决了远离大陆海岛礁航空摄影测量高程基准确定问题。

针对海岛（礁）航测作业区域特点，提出了依据地形走向设计航线、增加潮汐约束和等水位控制并加载定位定姿设备等策略；开展了海岸地形无人机测绘系统论证与试验测试；突破了海岸带 DEM 和 DOM 的自动化生产技术，研究了航测影像基于 DEM 和 DOM 的高精度自动配准、网络化同步编辑、海岸带纹理稀少及复杂地形条件下 DSM/DEM 的全自动提取、基于 GPU 并行运算及自动影像匹配的正射影像高效生成及自动镶嵌等关键技术。

3. 机载激光海岸带和水深测量技术

运用机载 LiDAR 开展了海岛城市高精度 DEM 数据获取和滩涂地形 4D 产品快速制作；综合运用 DOM 影像痕迹线和岸线理论高程值立体精细修测变化海岸线；基于机载 LiDAR 获取的正射影像解译瞬时水边线及提取的 DEM，推算出了砂质岸线和基岩岸线；基于机载 LiDAR 点云数据和局部几何特征优化数据，实现了岛礁的准确提取。

机载激光测深技术正处于引进论证与自主研发并重阶段。依托国家重大科学仪器开发专项，正在开展机载激光测深设备的自主深化研制。持续开展了机载激光测深系统引进论证与试验检核工作，采取与国际厂商合作的方式，在黄海和南海海域相继开展了两型机载激光测深设备的测量试验，均取得了可靠、可信的结果，达到了测深精度要求，但在水质透明度较差海域，无法获取真实海底数据，针对此类区域的水深提取算法还有待进一步提高、完善。

（四）船载海洋重磁测量技术

1. 船载海洋重力测量

取得了引进海洋重力仪装备型号多样化、国产设备研制突破关键技术并开展工程应用试验的新进展。形成了由美国 Micro-g LaCoste 公司的 L&R S 系列、德国 Bodenseewerk 公司的KSS系列、俄罗斯的GT-2M与CHEKAN-AM等多种型号海洋重力仪构成的设备体系。国产海空重力仪研制取得突破性进展，通过同时加装 SGA-WZ01 型捷联重力仪和 GDP-1 型重力仪，以及引进的俄罗斯 CHEKAN 重力仪和美国产 L&R S II 型海空重力仪等 4 套重力仪的同船测试试验表明，2 型国产重力仪的船载重力测量精度与 L&R SII 型海空重力仪相当。

海洋重力测量数据处理技术进展体现在四个方面：一是海洋重力测量数据采集与处理实现全过程自动化与智能化；二是重力仪性能评价实现了技术流程标准化和评价指标的系统化与定量化；三是精细化海洋重力测量数据处理方法体系更趋科学严密，测量成果精度显著提高；四是构建了多源海洋重力数据融合处理理论。

探讨了海洋重力仪稳定性测评的技术流程和数据处理方法，重点分析了环境因素和重力固体潮效应对测试结果的影响，提出了由多参数联合组成的海洋重力仪稳定性能评估指标体系，分析论证并提出了重力仪零漂非线性变化的限定指标要求。针对采用重复线开展重力仪动态精度性能评估问题，推出了以组合参数代替传统单一参数为评估指标的新的重复测线内符合精度评估公式，为重力仪动态性能评估提出了更精细的评估指标。

提出了一种基于互相关分析的交叉耦合效应修正法，对高动态海洋重力测量数据实施综合误差补偿和精细处理，并使用典型恶劣海况条件下的观测数据对该方法的有效性进行了验证，较好地解决了恶劣海况条件下的海洋重力测量数据处理难题。

基于 Tikhonov 正则化方法，构建了多源重力数据融合的正则化配置模型；提出联合使用 Tikhonov 正则化方法和移去－恢复技术，构建了多源重力数据融合的正则化点质量模型；研究分析了多源重力数据融合统计法和解析法的内在关联与差异，特别针对同类多源重力数据融合问题，提出了融合多源重力数据的纯解析方法

2. 船载海洋磁力测量

开展了南海海底地磁日变站布放选址方法研究，通过引进海底日变站，有效地解决了

远海区域的海洋磁力测量日变改正难题。开展了磁力仪拖鱼入水深度计算与控制研究，建立并验证了拖鱼入水深度与配重、拖缆长度和船速相互间的影响机制，提高测量数据的获取质量。采用傅立叶谱分析技术，合理地实现了磁平静日变和磁扰改正的相互分离，有效地解决了强烈磁扰期间的日变改正问题。

3. 海岛礁地磁测量

实现了地磁经纬仪、陀螺经纬仪、天文观测和 GNSS 高精度定位与定向等多系统一体化集成应用。以陆地成熟的流动地磁测量技术为基础，以地磁三分量为观测对象，结合海岛礁磁偏角测量的特殊性，提出了完整的海岛礁地磁三分量测量技术流程，编制了海岛礁地磁测量技术规程，构建了海岛礁地磁测量技术体系，建立了完整的地磁测量数据处理模型。

针对海岛礁地磁测量中出现的观测基线较短的问题，提出了基于陀螺经纬仪的超短基线磁偏角测量方法，代替现有的 GNSS 作业模式，可使观测基线从 200m 缩短至 50m；提出基于天文方位角观测的无基线磁偏角测量方法，解决了孤立小岛礁磁偏角测量技术难题。

研究了依托太阳进行磁偏角测量的原理及其可行性，提出了实施技术流程，构建了完整的数据处理模型，有效弥补了采用 GPS 进行磁偏角测量的不足，拓展了磁偏角测量技术手段。

（五）电子海图技术

1. 电子海图生产

基于 IHO 相关标准和规范，采用文本描述法，设计了“所见即所得”的海图符号编辑器；提出了一种基于字符颜色扩展的海图水深注记表示新方法；研究了海岛礁符号分类，实现了海岛礁符号的科学编码，确立了海岛礁符号设计的一般方法，开发了适应于海岛礁图制图软件的符号库系统。

研究了海图配准、电子海图中数字接边、数字化海图制图中点状要素注记自动配置和航海图书生产流程中的色彩管理方案等问题，提出了一种英版航海通告信息自动搜集与处理技术，进一步完善了电子海图生产工艺。

2. 电子海图应用

提出了电子海图云服务概念，设计了云环境下的海图集合论数据模型，提出了海图集合的云存储策略，建立了云环境下的空间索引模型，提出了全球电子海图的云可视化服务方案，研究了云计算环境下电子海图网络服务的部署方法。以自主知识产权电子海图控件为显示核心，建立电子海图功能服务并按照网络地图服务标准发布，实现了浏览器 / 服务器模式的电子海图的发布。利用 MapServer 平台的开源、开放、跨平台特性以及支持 S-57 电子海图数据的功能，深入研究基于 MapFile 的海图数据访问、制图表达等关键问题，更好地促进 Web 电子海图的应用。

研究了电子海图在AUV区域搜索任务中的应用，开发了电子海图遥感溢油识别显示应用平台，设计了基于电子海图基础平台的海洋调查方案辅助生成系统，深化了电子海图的专业化应用。

3. e–航海（e–Navigation）发展现状

开展了中国海区e–航海原型系统技术架构研究，对中国海区e–航海建设进行了全面论述，提出了以e–航海系统为关键环节的“智慧港口”概念，提出了以服务天津港复式航道通航安全为核心的天津港e–航海试点工程建设的总体设想。

4. 相关国际标准研究进展

分析了S–100的框架与机制，比较了S–100与S–57的不同，展望了基于S–100的S–101电子海图生产规范的发展情况。对水深表面产品规范标准S–102进行了分析研究，提出了关于S–102的建议，探讨了S–99 1.1.0版相比S–99 1.0.0的主要变化。

（六）数字海洋地理信息技术

1. 技术研究

深入研究了海洋地理信息系统理论构成体系中的时空数据模型、时空场特征分析、信息可视化和信息服务等技术，通过Multipatch格式扩充CDC数据，实现了从二维CDC格式数字海图和海洋测量数据快速构建三维空间的方法；研究了数字海洋系统中电子海图数据融合可视化问题，提出了温跃层数据的自动提取和三维表达的理论与实现方法，实现了可视化海洋环境空间数据的动态演示，形象地表达了海洋环境空间分布。

2. 数字海洋地理信息数据建设

沿用S–57标准数据结构的部分特性，以面向对象的思想，设计出了满足ENC_SDE要求的系统电子海图空间数据库的空间数据模型，支持了电子海图空间数据的统一管理；提出了一种优化的两级空间索引算法，设计了数据库存储文件的空间数据组织结构，以适应海量电子海图空间数据的存储和管理需求；提出了港口航行信息数据集成的组织方法，构建了港口信息数据模型；提出了海洋测绘产品的标准化、海洋测绘质量管理体系的标准化和海洋测绘生产体系的标准化等构想。

3. 数字海洋地理信息应用

从数据特征和用户需求出发，研发了集成数据管理与查询、数据处理与分析和数据可视化功能于一体的南海海洋信息集成服务系统；提出了“虚拟港湾”的概念，并以天津海岸带“虚拟港湾”仿真平台建设为原型，详细说明了“虚拟港湾”仿真平台建设的技术原理和技术路线；积极推进了“数字海洋”建设，实现了数据采集、全景图像生成技术、三维全景实景建库等关键技术，研发了数据库服务、三维全景实景显示漫游和渔政地图等子系统。

研制了海洋多源异构数据转换系统，设计了可实现海洋数据解译与再存储的统一数据存储结构，搭建了海洋水文环境要素可视化系统，基于面向数字海洋应用的虚拟海洋三维可视化仿真引擎——i4Ocean，模拟了海上溢油现象。

（七）学术机构和人才培养

海军大连舰艇学院持续开展了海道测量和海图制图两个专业的海洋测绘本科学历教育，相继获得了硕士、博士学位授予权，并建立了海洋测绘工程军队重点实验室和海洋测绘学科博士后科研流动站。近年来，按国际海道测量组织、国际测量师联合会、国际制图协会联合授权认证的课程标准，实施了国际海道测量师和国际海图制图师培训，并持续面向全国招收、培养测绘工程硕士研究生。

海洋测绘是测绘科学与技术学科的重要组成部分，已由国务院学位委员会、教育部批准正式设立为测绘科学与技术学科下的二级学科，目前开展海洋测绘专业研究生层次培养的地方高校与院所主要有武汉大学、山东科技大学和国家海洋局第一、二海洋研究所。山东科技大学自 2009 年开始设立了测绘工程（海洋测绘）专业，单独招生，单独制定海洋测绘专业培养方案进行本科生培养。上海海洋大学和淮海工学院在海洋技术专业设立了海洋测绘方向，天津大学、浙江大学等高校则成立了海洋学院。

山东科技大学拥有与海洋测绘相关的海陆地理信息集成与应用国家地方联合工程研究中心、海岛（礁）测绘技术重点实验室、山东省高校海洋测绘重点实验室、青岛市海洋测绘工程实验室，主要开展海洋、海岸带与海岛礁测绘关键技术研究。国家海洋局第一海洋研究所拥有国家海洋局系统唯一的与海洋测绘相关的学术机构——海洋测绘与工程信息中心，主要开展海洋工程测量关键技术研究。上海海洋大学拥有海洋测绘应用研究中心，主要开展动态海洋地理国情监测研究。武汉大学拥有海洋测绘研究中心，主要开展卫星测高、海陆高程统一、无缝海洋垂直基准、高精度高分辨率海底地形地貌信息获取、高精度海底导航定位、海洋水文、海洋物探及底质结构解译等领域的研究。

三、本专业国内外发展比较

（一）海洋测量

在海底地形地貌测量方面，国内所采用的观测平台、仪器设备和测量方法与国际保持同步，技术指标要求则存在一定差别。国际海道测量组织的通用标准以及美国、加拿大、澳大利亚等国的相关标准，不仅强调海底探测的不确定度或精度，同时关注探测的分辨率指标。我国的《海道测量规范》对测量分辨率指标关注度不足，并重点强调过程控制指标。迄今为止，我国海底地形地貌测量仍停留在水深测量概念层面，与国际上以海底地貌形态和特征地物的精准探测理念存在较大差距。

我国船载海洋重力测量数据处理技术水平与世界先进水平保持一致，在高动态环境效应补偿理论与方法研究方面处于领先地位，但海洋重力仪装备型号以 L&R 重力仪为主，与国际海洋重力仪型号多样化存在差距。船载海洋磁力测量、海岛礁三分量磁力测量数据处理与应用技术水平与国际水平存在差距。

海岛礁陆海一体化测绘技术近年来在我国得到了高度重视，促进了海洋测绘与其他测绘科学技术分支的融合，并加速了学科理论和技术水平的提升，航空摄影测量和遥感技术在海岸带和海岛礁地形测绘和海岛礁识别定位中得到了广泛应用。无人水面测量船和船载陆海一体化地形测量技术集成取得明显进展，已进入工程应用测试阶段。船载平台的近景摄影测量技术和激光测距定位技术得以应用。陆海大地水准面精化、潮汐模型构建与应用、陆海垂直基准转换、基于特征潮位的岸线综合测定等技术都取得了实质进展。陆海一体化测绘理论技术体系基本建成，缩短了与美国为代表的发达海洋测绘国家的差距。对海洋测量数据精细处理技术进行了较为深入的研究、论证和试验，自主知识产权软件研发工作稳步推进。

（二）电子海图与数字海洋地理信息技术

电子海图生产与应用是一项涉及多个领域和部门的系统工程，国内现有电子海图系统在保证舰艇航行安全、减轻舰艇航海人员工作负担等方面发挥了重要作用，但在总体协调规划、标准化体系建设、数据可用性、系统功能、支持维护、决策功能开发等方面尚不尽完善，与国际先进水平尚有差距，国外在此方面起步早、发展快、水平高，其先进经验值得借鉴。

数字海洋地理信息基础框架建设完成了我国“数字海洋”从科学概念到工程实体建设的重要一步，我国数字海洋地理信息基础框架建设已取得了丰硕的成果。但是，就数字海洋地理建设和应用服务的整体水平来看，我国同国际上发达国家相比仍存在较大的差距，主要体现在：数据获取体系和能力建设仍明显不足，还不能有效保障数字海洋的持续信息更新；我国自主的数字海洋地理技术体系仍不够完善，亟须通过引进和吸收加强自主创新能力；数字海洋地理应用体系和服务模式尚不完善，尚未形成从技术研究、产品研发、系统建设到产业化应用健全的社会化应用服务模式。

（三）学术机构与人才培养

国外一些发达国家一般都设有海洋测绘相关的学术机构，知名的有加拿大 New Brunswick 大学海洋测绘研究组（OMG）、美国 New Hampshire 大学海岸与海洋成图 / 海道测量联合中心（CCOM/JHC）和美国 Woods Hole 海洋研究所海洋与海底观测中心（COSMOS）。上述三个机构在国际海洋测绘领域享有较高的知名度，OMG 主要发展海洋测绘关键技术及装备；CCOM/JHC 主要发展海洋测绘关键技术、培养海道测量和海图制图技术人才；COSMOS 主要为全球海洋与海底观测系统提供技术与设备，发展海洋观测自治机器人及新型传感器。相对于国外，我国的海洋测绘理论研究与国外差距不大，但在工程实用化方面尚需深入；在硬件设备研制方面，虽然已研制少量设备并实现了工程化，但主体仍处于引进消化、集成创新阶段，同国外同类机构相比差距明显。

国外开展海洋测绘人才培养的主要机构有加拿大 New Brunswick 大学、美国 New Hampshire 大学、美国夏威夷大学等，通常设有海道测量或海底成图专业，开设的主干课程有声呐成像、海洋学概论、海道测量、多波束声呐、海图制图、海洋地理信息系统等，整体与国内大专院校海洋测绘学科设置的主干课程类似；在人才培养数量方面，无论是本科、硕士或博士，我国明显多于国外；但在实践环节，我国高校的软硬件实验条件明显落后于国外。

四、本专业发展趋势及对策

（一）海洋测量

加强海底地形地貌测量理论和技术的系统研究，将其与以保障舰船航行安全为主要目标的水深测量相分离，形成面向海洋地理空间信息获取的独立性基础学科分支，以海底地形地貌的精细测绘为目标，突出其基础性测绘工作特征，开展相关技术标准的制定和技术方法创新。

重点加强海洋测绘基准基础设施建设，系统建立海洋测绘基准与大地测量基准的联系与维持，实现海洋测绘数据与陆地数据的基准转换与无缝拼接，开展海岛礁测绘一期工程系列基准成果的测试与检核，大力提高已有基准成果的精度和工程化应用水平；继续完善陆海一体化水上水下地形测绘理论与技术方法，优化改进陆海一体化测绘软硬件装备，制订相应的技术标准，推进工程化应用。

进一步加强海洋测量数据处理核心理论与方法的研究，完善自主知识产权的多波束数据、侧扫声呐数据处理软件系统；开展引进 GT-2M 海洋重力仪自主数据处理理论与方法研究，进一步优化海洋磁力数据处理模型；开展海岛礁三分量磁测数据的通化处理方法研究，突破海岛礁磁测数据工程应用的技术瓶颈。

开展 BDS 卫星导航定位系统在海洋测绘领域的应用研究，持续推进无人水面测量船、无人机海岸测绘系统、海岛礁航空摄影测量和机载 Lidar 地形测量系统测试与生产；开展机载激光测深、机载海洋重磁测量等新型测量数据处理理论与方法研究，采取引进、消化与集成创新相结合的方式，加速构建机载海洋测绘技术体系。

（二）电子海图与数字海洋地理信息

推进电子海图的标准化、集成化和智能化仍将是较长时间内电子海图生产与应用的主题。近年来，如何将电子海图转向更成熟的应用，如国际标准的不断完善、全球电子海图数据库的建设、适应船舶配备要求等，成为一种更明显的趋势。我国应更积极、主动参与 IHO 的活动，在解决电子海图应用技术问题方面起引领作用。同时，要紧跟国际电子海图技术发展前沿，结合我国自身特色，进一步做好电子海图生产、应用的顶层设计，适应海图产品不断多样化的需求，加强海图生产的质量控制，进一步完善海图数字化生产技术，加快基于数据库的一体化海图生产体系建设。

基于三维虚拟地球的海洋时空数据多维动态可视化研究，不仅是计算机图形学、虚拟现实技术、地理信息科学、海洋科学技术等多门学科的结合，而且是对计算机图形显示技术的挑战，更是时空数据表达与分析方法的理论突破。通过开展海洋环境时空数据的多维动态可视化技术的研究，不仅可以为海洋数据的展示和分析提供新思路，而且可为具有明显时空特征的应用提供借鉴，以期为不同用户提供客观科学的辅助决策支持。

在吸收和借鉴国内外相关领域工作经验的基础上，积极开展数字海洋地理发展战略规划研究，谋划具有中国特色的数字海洋建设之路；加大数字海洋地理信息关键技术研发力量投入，增强自主创新能力，尽快建立自主知识产权的数字海洋地理信息基础平台；建立健全海洋地理信息更新能力和机制保障，建立权威的海洋地理信息基础平台，搭建起通畅的海洋地理信息交换共享服务渠道；全面启动数字海洋地理系统工程，探索符合我国国情的海洋地理信息化建设与应用服务模式，使之在为海洋地理信息各项工作和社会公众提供信息服务方面发挥越来越重要的作用。

（三）学术机构与人才培养

地方高校因国务院学位委员会、教育部尚未设立海洋测绘专业，开办海洋测绘专业的人才培养院校较少，无法满足民用海洋测绘人才的迫切需求。根据对国家测绘地理信息、海洋调查、交通运输涉及海部门的大量调研，从事海洋测绘专业的技术人员主要来自于测绘工程、海洋地质、海洋技术等专业，这种现状与国家海洋强国战略和海洋经济建设快速发展对海洋测绘专业人才的需求极不相称。为此有必要在我国设立海洋测绘专业，鼓励更多的高校和科研院所开办海洋测绘专业，设立国家级的海洋测绘学术机构，培养海洋测绘高层次人才，以适应国家重大海洋测绘任务、海洋工程建设和海洋基础科学研究的迫切需要。

参考文献

［1］暴景阳，许军，崔杨. 海域无缝垂直基准面表征和维持体系论证［J］. 海洋测绘，2013（2）：1–5.

［2］暴景阳，许军，于彩霞. 航空摄影测量模式下的海岸线综合推算技术［J］. 海洋测绘，2013，33（6）：1–4.

［3］陈超，刘灿由，张威，等. 基于 Silverlight 和 WCF 服务的标准电子海图发布研究［J］. 海洋测绘，2012，32（5）：35–38.

［4］陈义兰，刘乐军，刘晓瑜，等. 深海油气勘探中的海底地形勘测技术 . 海洋测绘［J］，2015，35（2）：18–22.

［5］崔杨，暴景阳，许军，等. 关于海洋无缝垂直基准体系建立的思考［J］. 测绘通报，2014（2）：125–127.

［6］丁继胜，董立峰，唐秋华，等. 高分辨率多波束声呐系统海底目标物检测技术［J］. 海洋测绘，2014，34（5）：62–64.

［7］丁继胜，杨龙，李杰，等. 综合多波束测深系统和三维激光扫描的一体化测绘技术［A］. 第 26 届海洋测绘综合性学术研讨会论文集［C］. 宁夏银川：中国测绘地理信息学会海洋测绘专业委员会，2014.

[8] 葛婷婷. 机载 LiDAR 技术在滩涂地形图生产中的应用 [J]. 数字技术与应用，2014 (2)：48–49.

[9] 郭海涛，申家双，李海滨，等. 水边线等高条件控制下的空中三角测量 [J]. 海洋测绘，2013，33 (1)：12–14.

[10] 郭忠磊，滕惠忠，赵俊生，等. 一种远海岛礁区域高程基准转换的新方法 [J]. 测绘通报，2014 (4)：18–21.

[11] 郭忠磊，翟京生，滕惠忠，等. 基于 ADS40 无控条件的海岛礁地形测量方法研究 [J]. 海洋测绘，2014，34 (2)：31–34.

[12] 郭忠磊，翟京生，张靓，等. 无人机航测系统的海岛礁测绘应用研究 [J]. 海洋测绘，2014，34 (4)：55–57，61.

[13] 胡敏章，李建成，邢乐林，等. 海底地形反演方法比较 [J]. 大地测量与地球动力学，2014，5：11–16.

[14] 黄辰虎，陆秀平，欧阳永忠，等. 多波束水深测量误差源分析与成果质量评定 [J]. 海洋测绘，2014，2：1–6.

[15] 黄谟涛，刘敏，孙岚，等. 海洋重力测量动态环境效应分析与补偿 [J]. 海洋测绘，2015，35 (1)：1–6.

[16] 黄谟涛，刘敏，孙岚，等. 海洋重力仪稳定性测试与零点漂移问题 [J]. 海洋测绘，2014，34 (1)：1–7.

[17] 黄谟涛，欧阳永忠，刘敏，等. 海域航空重力测量数据向下延拓的实用方法 [J]. 武汉大学学报：信息科学版，2014，39 (10)：1147–1152.

[18] 黄谟涛，欧阳永忠，翟国君，等. 海域多源重力数据融合处理的解析方法 [J]. 武汉大学学报：信息科学版，2013，38 (11)：1261–1265.

[19] 黄谟涛，欧阳永忠，翟国君，等. 融合海域多源重力数据的 Tikhonov 正则化配置法 [J]. 海洋测绘，2013，33 (3)：7–12.

[20] 黄谟涛，欧阳永忠，翟国君，等. 海面与航空重力测量重复测线精度评估公式注记 [J]. 武汉大学学报：信息科学版，2013，38 (10)：1175–1177.

[21] 黄文骞. 海岛礁测绘的主要技术及方法 [J]. 测绘通报，2014，5：123–126.

[22] 柯灝，张红梅，鄂栋臣，等. 利用调和常数内插的局域无缝深度基准面构建方法 [J]. 武汉大学学报：信息科学版，2014，5：616–620.

[23] 李东明. 捷联式移动平台重力仪地面测试结果 [A]. 惯性技术发展动态发展方向研讨会论文集 [C]. 重庆：中国惯性技术学会，2014：9–13.

[24] 李宁，田震，张立华，等. 网格低潮面模型构建及精度分析 [J]. 测绘科学，2014，39 (12)：15–19.

[25] 李宁，张立华，田震，等. 一种基于多源数据的沿岸低潮面模型构建方法 [J]. 武汉大学学报：信息科学版，2014 (5)：611–615，625.

[26] 刘灿由，翟京生，陆毅，等. 一种构建标准电子海图网络服务的新方法 [J]. 测绘通报，2013 (4)：101–104.

[27] 陆毅，庞云，陈长林. ECDIS 中海图数据更新机制与技术研究 [J]. 海洋测绘，2013，33 (2)：57–60.

[28] 毛卫华，徐胜攀，左志权，等. LidarStation 在浙江省海岸带区域的 DEM 生产应用试验 [J]. 测绘通报，2014 (4)：132–133.

[29] 穆敬，赵俊生，刘强. 依托太阳的磁偏角测量方法 [J]. 海洋测绘，2014，34 (3)：25–27.

[30] 倪绍起，张杰，马毅，等. 基于机载 LiDAR 与潮汐推算的海岸带自然岸线遥感提取方法研究 [J]. 海洋学研究，2013，31 (3)：55–61.

[31] 宁津生，黄谟涛，欧阳永忠，等. 海空重力测量技术进展 [J]. 海洋测绘，2014，34 (3)：67–72.

[32] 欧阳永忠，邓凯亮，陆秀平，等. 多型航空重力仪同机测试及数据数据分析 [J]. 海洋测绘，2013，33 (4)：6–11.

[33] 欧阳永忠. 海空重力测量数据处理关键技术研究 [D]. 武汉：武汉大学，2013.

[34] 潘明阳，高进，李超，等. 基于 MapFile 的电子海图数据访问和制图表达 [J]. 大连海事大学学报，2014，40 (2)：63–68.

[35] 任来平，范龙，李凯锋．海岛礁磁偏角测量原理与方法［J］．海洋测绘，2013，33（5）：15-17.

[36] 任来平，范龙，林勇，等．海洋磁力仪拖鱼入水深度控制方法［J］．海洋测绘，2013，33（2）：6-8.

[37] 邵关，穆敬．南海海底地磁日变站布放选址方法［J］．海洋测绘，2014，34（1）：47-49.

[38] 汪海．多元数字海图通用调显平台设计［J］．海洋测绘，2013，33（2）：34-37.

[39] 王昭．新一代电子航海图标准 S-101 的研究进展［J］．海洋测绘，2013，33（1）：72-75.

[40] 王志雄，赵朝方，刘元廷，等．遥感溢油识别的电子海图设计与功能实现［J］．海洋测绘，2013，33（5）：38-41.

[41] 武威，赵淑芬，魏彩虹．远距离海岛礁高程基准统一方法研究［J］．海洋测绘，2014（1）：12-15.

[42] 徐超，李海森，陈宝伟，等．多波束相干海底成像技术［J］．哈尔滨工程大学学报，2013，9：1159-1164.

[43] 杨震．海洋磁力日变改正模式研究［D］．青岛：中国海洋大学，2014.

[44] 翟国君，黄谟涛，欧阳永忠，等．机载激光测深系统研制中的关键技术［J］．海洋测绘，2014，3：73-76.

[45] 张岳，张大萍．水深表面产品规范 S-102 分析［J］．海洋测绘，2014，32（1）：80-82.

[46] 张辰．海洋重力测量数据处理方法及其精度评价［A］．惯性技术发展动态发展方向研讨会论文集［C］．重庆：中国惯性技术学会，2014：9-13.

[47] 张靓，滕惠忠，欧阳永忠．南海岛礁航空摄影常见问题及对策［J］．海洋测绘，2014，34（6）：63-66.

[48] 张树凯，史国友，刘正江．基于 S63 标准的电子海图数据保护方案的研究与应用［J］．大连海事大学学报，2014，40（2）：59-68.

[49] 张子山．GDP-1 型重力仪船载试验介绍［A］．惯性技术发展动态发展方向研讨会论文集［C］．重庆：中国惯性技术学会，2014：65-69.

[50] 赵建虎，董江，柯灝，等．远距离高精度 GPS 潮汐观测及垂直基准转换研究［J］．武汉大学学报：信息科学版，2015，6：761-766.

[51] Casal G，Sa'nchez-Carnero N，Dom'nguez-Go'mez J A，et al. Assessment of AHS（Airborne Hyperspectral Scanner）sensor to map macroalgal communities on the R í a de vigo and R í a de Ald ά n coast（NW Spain）[J]. Marine Biology，2012，159（9）：1997-2013.

[52] Millard K，Redden A M，Webster T，et al. Use of GIS and high resolution LiDAR in salt marsh restoration site suitability assessments in the upper Bay of Fundy，Canada［J］．Wetlands Ecol Manage，2013（21）：243 - 262.

[53] Kabiri K，Rezai H，Moradi M，et al. Coral reefs mapping using parasailing aerial photography-feasibility study Kish Island，Persian Gulf[J]．Journal of Coast Conserve，2014（18）：691 - 699.

[54] Lackey L G，Stein E D. Selecting the optimum plot size for a California design-based stream and wetland mapping program［J］．Environ Monit Assess，2014（186）：2599 - 2608.

[55] Wadey M P，Nicholls R J，Haigh I. Understanding a coastal flood event：the 10th March 2008 storm surge event in the Solent[J]．Nat Hazards，2013（67）：829 - 854.

[56] Kloiber S M，Macleod R D，Smith A J，et al. A Semi-Automated，Multi-Source Data Fusion Update of a Wetland Inventory for East-Central Minnesota，USA［J］．Wetlands，2015，35（2）：335-348.

撰稿人：欧阳永忠　郑义东　周兴华　暴景阳　赵建虎　陆　毅　唐秋华
张立华　阳凡林　桑　金　杨　鲲　张　靓　任来平

地理国情监测工作发展研究

一、引言

地理国情是基本国情的重要组成部分。地理国情是空间化可视化的国情信息。地理国情是从地理的角度分析、研究和描述国情，即以地球表层自然、生物和人文现象的空间变化和它们之间的相互关系、特征等为基本内容，对构成国家物质基础的各种条件因素做出宏观性、整体性、综合性的调查、分析和描述。

地理国情监测是准确掌握国情国力的有效途径。地理国情监测，就是综合利用全球导航卫星系统（GNSS）、航空航天遥感技术（RS）、地理信息系统技术（GIS）等现代测绘技术，综合各时期测绘成果档案，对地形、水系、湿地、冰川、沙漠、地表形态、地表覆盖、道路、城镇等要素进行动态和定量化、空间化的监测，并统计分析其变化量、变化频率、分布特征、地域差异、变化趋势等，形成反映各类资源、环境、生态、经济要素的空间分布及其发展变化规律的监测数据、地图图形和研究报告等，从地理空间的角度客观、综合展示国情国力。

从 2009 年 3 月开始，国家测绘地理信息局组织开展了测绘发展战略研究工作，明确了今后 20 年测绘发展的战略方向，提出了“构建智慧中国、监测地理国情，壮大地信产业、建设测绘强国”的发展战略,《测绘地理信息发展“十二五”总体规划纲要》《全国基础测绘“十二五”规划》等均将开展地理国情监测列为重点任务。2012 年 10 月，地理国情监测项目作为重大专项得到财政部立项支持，该项目的首要任务是开展全国地理国情普查。

二、本专业国内发展现状

（一）第一次全国地理国情普查进展

1. 概述

国务院2013年2月28日下发《关于开展第一次全国地理国情普查工作的通知》（国发［2013］9号），决定于2013—2015年利用约3年时间在全国开展第一次全国地理国情普查工作。第一次全国地理国情普查是一项重大的国情国力调查，目的是查清我国自然和人文地理要素的现状和空间分布情况，为开展常态化地理国情监测奠定基础，满足经济社会发展和生态文明建设的需要，提高地理国情信息对政府、企业和公众的服务能力。普查对象是我国陆地国土范围内的地表自然和人文地理要素。自然地理要素的基本情况包括地形地貌、植被覆盖、水域、荒漠与裸露地等的类别、位置、范围、面积等，掌握其空间分布状况；人文地理要素的基本情况包括与人类活动密切相关的交通网络、居民地与设施、地理单元等的类别、位置、范围等，掌握其空间分布现状。

在以张高丽副总理为组长的第一次全国地理国情普查领导小组的统一领导下，全国地理国情普查工作进展顺利。截至2014年年底，全国共投入普查人员4万余人，在统一制定的近20份系列技术文件的指导下，完成高分辨率正射影像图生产、内业解译及工作底图制作、外业调查核查、内业编辑整理、遥感解译样本制作等任务，开始了数据库建设和统计分析工作。2015年4月1日启动标准时点统一核准工作，2015年9月进入普查数据库建设阶段，将在2015年底至2016年初完成建库和部分基本统计工作，为成果发布做好准备。

2. 第一次全国地理国情普查内容与指标

第一次全国地理国情普查包括地形地貌普查和11大类地表覆盖情况普查。涉及12个一级类、58个二级类和135个三级类。主要普查内容如下：

（1）地形地貌普查

利用数字高程模型本底数据库，将全国划分14个高程带，重点查清我国5000m以下各高程带（5000m以上为一个高程带）中，实地地表每10m×10m单元的坡度和坡向；在主要人类活动聚集区（即现有1∶1万比例尺地形图覆盖区），查清实地地表每5m×5m单元的坡度和坡向。

（2）地表覆盖情况普查

1）查清我国实地面积大于等于400m^2的耕地、园地、林地和草地等4大类植被覆盖类型的类别、位置、范围、面积等。

2）查清我国实地面积大于等于1600m^2的连片房屋建筑区的空间分布范围，查清我国实地面积大于等于1600m^2的连片废弃房屋建筑区（主要对象为整体搬迁或废弃的村落）以及大于等于200m^2的独立建筑的类别、位置、范围、面积等。

3）查清我国地面宽度大于等于3m、长度大于等于500m的硬化路面位置、范围、面积等。查清我国地面宽度大于等于 5m 的通车公路、城市道路（县级及以上政府驻地所在城镇内）、硬化乡村道路以及所有铁路正线的类型、名称、道路编码等。

4）查清我国实地面积大于等于 $1600m^2$ 的硬化地表、工业设施和其他构筑物的类别、位置、范围、面积等；查清我国实地（岸线）长度大于等于 100m 的码头、隧道、桥梁、车渡、堤坝、输水管道、渡槽以及所有的高速公路出入口的位置、类型等。

5）查清我国实地面积大于等于 $1600m^2$ 的人工堆掘地（包括采掘场、建筑工地、尾矿和垃圾堆放地等）的类别、位置、范围、面积等。

6）查清我国荒漠地区实地面积大于等于 $10000m^2$、非荒漠地区实地面积大于等于 $1600m^2$ 的裸露地表的类别、位置、范围、面积等。

7）查清我国宽度大于等于 3m、长度大于等于 500m 的常流河（常年河）、季节河（时令河）和人工河流（渠）高水位界线的空间位置及现实水面覆盖情况；查清我国面积大于等于 $5000m^2$ 的湖泊、水库及面积大于等于 $1000m^2$ 的坑塘的空间位置及现实水面覆盖情况；查清我国实地面积大于等于 $10000m^2$ 的冰川和常年积雪的类别、位置、范围、面积等。

8）查清我国地级和地级以上城市面积大于等于 $5000m^2$ 的居住小区空间范围信息；查清该区域内水厂、电厂和污水处理厂空间定位信息；查清该区域内城乡全日制教育大、中、小学校和一、二、三级十等医院、有等级的国家和社会组织举办的社会福利机构、乡级以上政府、机场、港口、长途汽车站（枢纽）、三等及三等以上火车站空间定位信息；查清该区域内面积大于等于 $50000m^2$ 的休闲娱乐、景区的空间范围信息，以及面积大于等于 $10000m^2$ 的大型体育场馆、名胜古迹和宗教场所的空间范围信息；查清我国行政村空间定位与统计用区划代码信息。

（3）地理单元采集

充分利用各类资料，采集作为地理国情统计分析基本单元的我国乡镇级及乡镇级以上行政区划单元及界线；采集多类社会经济区域单元和自然地理单元等，如主体功能区、国家级开发区和保税区、风景名胜区、流域、湿地保护区、沼泽区、地形分区和地貌区划单元等。

3. 第一次全国地理国情普查技术路线与方法

根据普查目标要求，主要利用分辨率优于 1m 的多源航空航天遥感影像数据，部分地区利用我国资源 3 号、天绘系列和高分 1 号等卫星影像数据资料，在生产符合技术规定要求的遥感正射影像后，以此为基础，利用收集整理的基础地理信息和其他专业部门的资料，采用自动分类提取与人工解译相结合的方式，开展地表覆盖类型内业判读与解译，同时，补充或更新水域、交通、构筑物以及地理单元等重要地理国情实体要素，提取要素属性，形成相应的数据集。通过外业调查对内业分类与判译工作中无法确定边界和属性的地理要素实体，以及无法准确确定类型的地表覆盖分类图斑进行核实和补调，发现前期判读过程中的误判，指导修正判读数据。同时，采集代表性地物类型的遥感解译样本，指导自动分类和人工解译。基于外业调查成果，对内业采集信息进行几何位置、属性的编辑、修改，形成地表覆盖分类数据和地理国情要素数据成果。

为保障普查数据反映我国地理国情在 2015 年 6 月 30 日这一时点的实际状况，需以“全面覆盖、突出重点、规范一致”的原则，开展标准时点核准工作。标准时点核准以 2015 年 4 月 1 日至 2015 年 6 月 30 日获取的航空航天遥感影像数据为主，数据采集所采用的技术方法和要求与前期普查数据采集保持一致。

普查内容中各类地表覆盖和重要地理国情要素的空间定位信息和测绘地理信息主管部门定义的属性信息，须严格按照有关技术规定采集；部分需参考相关专业部门资料采集的属性信息，须收集利用权威部门的资料。国家级普查机构统一组织编制普查总报告和专题成果报告，建立国家级普查成果数据库和管理系统、服务平台，组织编制成果图件和开展分析应用工作。国家级普查机构统一组织制定普查数据采集、处理、建库、统计分析、存储、质量检查、审核、传输、共享服务等一体化的系列普查标准与技术规定，规范普查各个技术环节。

4. 第一次全国地理国情普查质量控制

第一次全国地理国情普查成果的质量控制，沿用测绘产品两级检查一级验收的质量管理方式。但与以往不同的是质量控制工作第一次从生产部门分离出来，由完全独立的质量检验机构负责和实施。国务院第一次地理国情普查领导小组办公室质量监督组负责开展质检培训，组织多期过程质量检查和质量抽查、复核等，严格质量监督管理，协调全国普查成果质量。在技术上，为数据建库和后续成果应用需要，提高了自动化检查的范围和效率，增加质量复核、入库数据检查等环节，数据质量检查更严格、更全面。

5. 第一次全国地理国情普查主要成果

通过第一次全国地理国情普查，形成一整套国家级和省级普查成果，主要包括普查成果数据库、信息系统以及通过对普查成果数据的统计分析形成的系列数据成果和有关分析成果等。普查成果数据库包括全国多尺度精细化数字高程模型数据库、全国坡度与坡向数据库、全国高分辨率正射影像数据库、地理国情遥感影像解译样本数据库、全国地表覆盖数据库、全国重要地理国情要素数据库等。信息系统成果包括全国地理国情数据库管理和应用服务系统、地理国情统计分析软件、基于政府内网的地理国情信息发布与服务系统、基于“天地图”的地理国情信息发布与服务系统等。统计分析成果是基于地理国情普查成果数据库进行统计和分析形成的基本统计成果、综合统计成果以及有关统计分析图件、报告等。

（二）地理国情监测研究试验进展

1. 地理国情监测研究试点情况

在开展第一次全国地理国情普查工作的同时，按照“边普查、边监测、边应用”要求，同步开展了地理国情监测关键技术研究和应用试点。

2014 年 4 月，《地理国情监测内容指南》（国地普办〔2014〕15 号）由国务院第一次全国地理国情普查领导小组办公室下发全国各省（区、市）测绘地理信息部门，以指导各地进一步明确监测要求、确立监测对象、遴选监测内容、编制监测方案等。同时，2013—2014 年，组织开展了京津冀地区重要地理国情信息监测、青海三江源区国家生态保护综合试验区生态环境监测、青海湖流域湖泊面积和草地变化监测、区域总体发展规划实施监测试验、板块运动与区域地壳稳定性监测、毛乌素沙地变化监测、海南岛沿海地表覆盖变化监测等监测项。

2. 常态化地理国情监测内容与技术准备

为“十三五”开展常态化地理国情监测，国家测绘地理信息局于 2015 年研究设计了监测内容和工作方案，将常态化地理国情监测分为基础性和专题性两类监测，并开展了相关技术准备工作。基础性监测是以第一次全国地理国情普查形成的本底数据库为基础，采用与之相一致的内容体系，针对全国或大范围区域，面向通用目标或综合考虑多种需求而进行的地理国情监测。专题性监测是面向特定应用目标、按需进行的，即通过对基础性监测成果的深入分析或根据特定需求扩展监测内容而进行的地理国情监测。2015 年主要工作包括：

（1）基础性地理国情监测。开展典型区域基础性地理国情监测和单要素基础性地理国情监测常态化地理国情监测试验，力图形成分区域基础性地理国情监测生产方案，研究全国基础性地理国情监测与基础地理信息动态更新的衔接方式，在充分调研和深入分析的基础上，研究制定全国基础性地理国情监测生产方案。

（2）专题性地理国情监测。选择典型性专题，开展设计或生产性试验；开展监测生产，形成监测数据；对监测数据进行综合统计分析，形成监测报告及图件；完成“十三五”专题性地理国情监测总体方案编制。

3. 地理国情监测成果应用试验情况

部分省级测绘行政主管部门，在第一次全国地理国情普查区的部分成果的基础上，结合本省需求开展了应用试验。如陕西、四川、海南、浙江、河北、江西、河南、湖北、甘肃、青海等省，2012 年以来先后在区域规划、土地管理、生态环境保护、城镇化等方面开展了应用试验，获得有关专业部门好评。

（三）学术建制与人才培养

1. 学术建制

中国测绘地理信息学会 2014 年成立“地理国情监测工作委员会”，作为二级分支机构之一。

武汉大学遥感信息工程学院是集遥感、测绘、信息技术于一体的信息和工程类学院。该学院形成了以院士为学术带头人的教学科研梯队。该学院自 1956 年以来，已形成从学士、硕士、博士到博士后的完整人才培养体系。面向国家对国情国力调查与监测的需要，为满足社会对地理国情监测人才的迫切需求，武汉大学遥感信息工程学院于 2011 年开设全国首个地理国情监测专业（专业代码：080905S）。该专业是以土地资源、环境、农情、森林与湿地、地震、水文、海洋、矿产、生态、公共卫生和气象等领域的监测为知识背景，以地理国情监测理论和方法，包括现代测量、摄影测量、遥感、全球卫星导航定位系统以及地理信息系统为知识基础，培养熟练掌握地理国情数据的获取、处理、变化分析、地理建模、可视化与地理模拟、校验评估、动态信息共享服务和综合应用等专业技术的复合型人才的跨学科门类、综合交叉的工学专业。地理国情监测专业主干课程包括地理监测原理与方法、地理变化检测与分析、地理调查方法与编码、地理数据分析与建模、地表覆盖与土地利用、地理国情模拟与可视化、地理国情专题制图、自然地理学、人文地理学、经济地理学、地理信息系统原理、遥感原理与方法（应用）、摄影测量原理、数字传感器网络技术、时空数据库，其中有 9 门课程为本专业特点的课程。

2. 人才培养

武汉大学遥感信息工程学院地理国情监测专业已于 2012 年招收学生一个班 40 人，2013 年招收 41 人，2014 年招收 60 人，2015 年计划招收 60 人。2016 年将有第一届本专业学生毕业。该专业旨在培养具有扎实的地理国情监测基础理论知识、现代测绘技术和人文社会科学调查技术，具有地理国情信息动态获取、集成处理、综合分析和评估、地理建模、可视化与地理模拟、校验评估、动态信息共享服务和综合应用等能力的复合型高级技术人才。

（四）研究平台与重要研究团队

根据需要，2012 年 1 月，经国家测绘地理信息局批准，国家基础地理信息中心集中 20 多人的核心研发团队，成立了地理国情监测部和地理信息分析部，专门负责地理国情普查和基础性地理国情监测的组织实施，包括各项技术规范的制定和实施过程中各类技术问题的处理；并专注于地理国情情信息的数据库建设以及综合分析应用开展研究开发工作。该团队专业方向涉及地理信息系统、遥感与摄影测量、地图制图、自然地理、生态遥感、灾害预警和统计等。目前该团队研究人员都投入到第一次全国地理国情普查的技术设计、技术指导、组织实施、数据库建设以及监测技术和成果应用等工作中。国家基础地理信息中心搭建了基于云平台和面向服务架构的先进数据库管理和服务系统，正在建设有史以来规模最大（数据量超过 340TB、含 7 个子库）的地理国情普查数据库，以支撑多元化和多维度的大空间数据统计分析处理，并提供对统计分析结果的高效查询和调用服务等。

2012 年 12 月，经国家测绘地理信息局批准，中国测绘科学研究院成立地理国情监测研究中心。该中心挂靠在中国测绘科学研究院地理空间信息工程国家测绘地理信息局重点实验室，整合了大地、航测、遥感、地理信息系统、自然地理、人文地理、统计分析等不同方向的科技力量，组建了近 40 人的跨学科研究团队，致力于开展地理国情监测技术研究。为了加强地理国情监测研究领域的科技创新和成果应用，联合河南省科学院地理研究所、中南大学、湖南省国土资源厅组建了中国测绘科学研究院地理国情监测中原中心、地理国情监测湖南研究中心，共同推进地理国情监测科技进步与成果应用水平，更好地服务于国家和地区的地理国情监测。

三、相关专业国内外发展比较

（一）其他国家地区开展相关监测的情况

1. 欧盟

2003 年，欧盟启动了“全球环境与安全监测计划”（GMES），主要目的是获取影响地球和气候变化的各类环境信息。GMES 项目目前提供的服务主要有 5 大类：陆地监测、海洋监测、应急管理、大气监测和安全。陆地监测服务涵盖诸多领域，如土地利用和土地覆盖变化、土壤固封、水体质量和可用性、空间规划、森林监测和全球粮食安全等；海洋环境监测服务提供关于海洋安全、海洋资源、海洋和海岸环境、气候和季节性预测等信息；大气监测服务涉及领域包括温室气体、影响空气的反射气体、臭氧层和太阳紫外线辐射以及气溶胶等；应急管理服务涉及领域包括：洪水、森林火灾、滑坡、地震、火山喷发、人道主义危机等；安全服务主要为边境监视、海上监视、欧盟对外行动等领域制定相关的政策提供支持。GMES 项目的协调和管理由欧盟委员会负责，欧洲航天局负责对地观测基础设施中空间部分的建设，欧洲环境局和各成员国负责地面部分的建设。

2. 美国

美国国家生态观测站网络（NEON）是美国国家基金委员会（NSF）于 2000 年提出建立的一个国家级网络，目标是针对美国国家层面所面临的重大环境问题，在区域至大陆尺度上开展全面、综合的观测和研究，深入认识环境变化实质，预测环境变化趋势，保证美国的生物和生态安全。NEON 网将美国划分为 20 个生态气候区，每个区域中设置若干观测站点。NEON 项目目前由 NEON 有限公司实施，参与者包括许多美国政府部门和非政府组织，现正处在规划和开发阶段，2010 年后期进入建设阶段。整个 NEON 网络的建设将耗时 5 年，到 2016 年实现完全运行。

2002 年，美国地质调查局（USGS）启动了一个为期 5 年并不断滚动支持的“地理分析和动态监测计划”（GAM），目的是促进对美国所面临的环境、自然资源和生态方面挑战的理解。该计划从空间和时间尺度评估土地覆盖状况。研究领域包括土地覆盖现状与趋势、生态效益和气候变化、社会脆弱性、生态地理、生态系统恢复和物候等。主要研究成果为国家土地覆盖数据库（NLCD）。GAM 的参与者既包括隶属于美国内务部的土地管理局、国家公园服务局、渔业和野火服务局和土地复垦局，也包括环境保护局、森林服务局、海洋和大气管理局（NOAA）、航空航天局（NASA）等其他部门。

3. 日本

日本是个自然灾害频发的国家，经常受到地震、火山喷发、暴雨、台风、洪水、海啸等的威胁。日本官方测绘机构——日本国土地理院（GSI）负责减灾管理，开发并提供与减灾密切相关的各类信息。在自然灾害监测尤其是地壳形变方面，GSI 所做的大量工作包括：①利用分布在日本各地的 GPS 控制点，对地壳实时移动进行持续观测；②精确测量沿着高速公路设置的1.7万多个标志的高程，通过分析这些高程数据，能够获得毫米精度的地壳垂直形变；③在地震或火山等灾害高发区，建立稠密的移动观测站网络；④利用合成孔径雷达（SAR）影像对地壳形变进行观测。

亚太地区环境革新战略项目（APEIS）是日本2001年启动的一个环境方面的重大研究项目，由日本环境省资助，亚太地区各国的相关研究机构参加。环境综合监测子项目（IEM）是APEIS的三个子项目之一，旨在建立和发展一个综合性的环境监测系统，对亚太地区的环境破坏、环境退化和生态脆弱区进行长期有效的监测。IEM起初由日本国立环境研究所（MES）和中国科学院地理科学与资源研究所（IGSNRR）共同合作建设，之后，新加坡国立大学和澳大利亚联邦科学产业研究组织（CSIRO）地球观测中心也宣布加入。

（二）国内相关行业开展自然资源、环境监测情况

1. 土地资源调查与监测

我国政府历来十分重视土地资源的调查与评价工作。1986年6月25日颁布的《中华人民共和国土地管理法》确定了“国家建立土地调查统计制度”；1998年修订后的《土地管理法》中增补了“国家建立土地调查制度”的条文，标志我国土地调查制度的完善步入法制轨道[1]。

1984年5月16日国务院决定开展了第一次全国土地利用现状调查，即土地详查，这次详查于1996年结束，基本查清了城乡土地权属、面积和分布情况，获得了近百万幅的土地利用现状图和地籍图，在中国历史上第一次摸清了全国（未含港、澳、台地区）的土地家底，为全国乃至各地经济社会的发展提供了丰富的土地基础数据和资料。1999年，国土资源部启动了新一轮国土资源大调查，土地资源监测调查是主要内容之一，涵盖了土地利用动态遥感监测、耕地后备资源调查评价、农村集体土地产权调查、城镇土地用现状及潜力调查及地籍公开查询规范化建设、土地资源基础图件与数据更新、城市土地价格调查与集约利用潜力评价、农用地分等定级与估价7个方面的项目。其中土地利用动态遥感监测于2000年全面开展，主要对全国66个50万人口以上城市、618个县（区、市）土地利用变化情况进行了动态监测，监测面积达74.6万km^2，占全国总面积的8%（其中耕地面积为4.28亿亩，占全国耕地总面积的22%）；同期，还从188个生态退耕试点县中选择29个县，实地抽查了土地变更调查生态退耕数据。通过土地利用动态遥感监测，建立了国家直接掌握土地利用真实数据的新方法，了解了监测区内耕地及建设用地的变化、基本农田保护、小城镇建设发展状况、城市规模扩展和土地利用总体规划执行等情况，基本清楚了土地变更调查与土地利用动态遥感监测之间的差异及其存在的问题。2006年12月，国务院印发《关于开展第二次全国土地调查的通知》（国发［2006］38号），部署开展第二次土地调查工作。2007年7月，国务院召开电视电话会议，全面启动调查工作。历时3年，全面查清了全国范围内的土地利用状况，掌握了真实的土地基础数据，建立和完善了我国土地调查、土地统计和土地登记制度。2013年12月30日，国土资源部、国家统计局联

合发布了《关于第二次全国土地调查工作主要数据成果的公报》，公布了全国主要地类数据和全国耕地分布于质量状况。

此外，通过建设国土资源“一张图”及核心数据库，将遥感、土地利用现状、基本农田、遥感监测以及基础地理等多源信息的集合，实现各类国土资源数据汇交、存储、处理、应用、分析、挖掘和安全备份等管理和服务的数据集成，支持国土资源开发利用的“天上看、网上管、地上查”，实现资源动态监管，与往年全国“一张图”本底对比分析，能够实施全国全覆盖监测，从而由国家直接掌握全国新增建设用地情况，并与“批、供、用、补、查”等业务数据库挂接，最终实现“以图管地”、动态监管的目标。

2. 水利普查与监测

为全面了解水利发展状况，提高水利服务经济社会发展能力，实现水资源可持续开发、利用和保护，2010 年 1 月 11 日国务院发布了《国务院关于开展第一次全国水利普查的通知》（国发［2010］4 号），决定于 2010—2012 年开展第一次全国水利普查，对我国境内的所有江河湖泊、水利工程、水利机构以及重点社会经济取用水户进行普查。普查的标准时点为 2011 年 12 月 31 日。第一次全国水利普查全面完成了全国 9900 多万个水利普查对象的清查，900 多万张普查表的发放、填报和回收，4 亿多笔普查数据的采集、处理、审核和汇总，江河湖泊、各类水利工程、水利机构及重点经济社会取用水户空间数据的提取与标绘，形成了迄今为止最全面细致、系统权威的基础水信息体系，为全面建立国家基础水信息平台建立了坚实基础。

为了消除水害以及充分合理利用水资源，我国从 20 个世纪开始实施对水文的监测。2011 年水利部下发了《关于召开全国中小河流水文监测系统建设工作会议的通知》，部署了加强中小河流水文检测系统建设的工作。2011—2014 年共安排中小河流水文监测系统新建、改建水文站 4657 个，新建、改建水位站 3553 个等。中小河流水文监测系统的建设将不仅利于区域、流域防洪安全的监控，更利于生态环境保护和水资源可持续利用。此外，为监测、监督地下水过量开采，防止地下水污染，进一步科学管理地下水资源，我国正着手实施“国家地下水监测工程”。未来几年，我国将投资 17 亿元，建成含有 20445 个监测站点的全国性的地下水监测网，形成完善的国家级地下水信息自动采集传输系统与地下水监测信息应用服务系统，实现地下水监测信息及时获取与应用分析。

3. 农业普查与监测

为准确掌握农业生产要素的规模与结构，进一步查清农村劳动力的使用、转移以及乡镇企业和农村小城镇发展的基本情况，国务院决定在 1997 年进行了第一次全国农业普查。2006 年 8 月 23 日国务院颁布了《全国农业普查条例》，条例确定了我国的农业普查每 10 年进行一次，尾数逢 6 的年份为普查年度，标准时点为普查年度的 12 月 31 日 24 时。

根据国务院决定，我国于 2006 年开展了第二次全国农业普查，该次普查的标准时点是 2006 年 12 月 31 日，时期资料为 2006 年度，2008 年后陆续发布成果。第二次全国农业普查，直接调查的原始指标 600 多个，不仅摸清了农业、农村和农民的家底，掌握了农业主要机械、农村社会服务及农村劳动力资源等方面的信息，还填补了农业服务业、非农住户的农业生产经营活动、农村商业设施及环境卫生、村级经济和农村组织、自然村的基础条件、农民家庭住房和劳动力外出的详细情况等方面缺乏统计数据的空白，丰富和充实了有关农业生产条件、社区基本服务、农村劳动力就业与流动、农户生活状况等常规统计年报的内容，形成一套全面反映农业、农村和农民状况的基础资料。此外，建立健全了农业生产经营户、农业生产经营单位、行政村和乡镇统计信息系统，为完善“三农”统计提供了数据平台，为改进和完善农村统计调查体系提供了基础信息。

此外，新中国成立后的30年里，我国先后开展了两次全国土壤普查，掌握了耕地土壤类型及其理化性状和障碍因素，为开展土地评价、农业区划，调整农业结构和农业布局，以及开展科学种田、科学养殖等提供了重要资料。

4. 林业资源调查与监测

（1）全国湿地资源调查与中国国际重要湿地监测

为满足我国湿地保护管理需要，更好地履行《湿地公约》，2003年我国完成了首次全国湿地资源调查，初步掌握了单块面积100公顷以上湿地的基本情况。10年来，随着经济社会发展，我国湿地生态状况发生了显著变化，国家林业局于2009—2013年组织完成了第二次全国湿地资源调查。第二次调查确定起调面积为8公顷（含8公顷）以上的近海与海岸湿地、湖泊湿地、沼泽湿地、人工湿地以及宽度10m以上、长度5km以上的河流湿地，开展了湿地类型、面积、分布、植被和保护状况调查，对国际重要湿地、国家重要湿地、自然保护区、自然保护小区和湿地公园内的湿地，以及其他特有、分布有濒危物种和红树林等具有特殊保护价值的湿地开展了重点调查。主要包括生物多样性、生态状况、利用和受威胁状况等。第二次全国湿地资源调查掌握了调查范围内符合公约标准的各类湿地面积、分布和保护状况，建立了遥感影像和基础数据库；掌握了国际重要湿地、国家重要湿地、自然保护区、湿地公园和其他重要湿地的生态、野生动植物、保护与利用、社会经济及受威胁状况等；掌握了近10年来100公顷以上湿地面积、保护状况和受威胁状况的动态变化情况。

我国湿地的效益和功能长期未得到应有重视，一些重要湿地面临着城市开发和农田围垦，各种污染、水土流失带来的泥沙淤积、过度开发和不合理利用等多种因素的破坏和威胁[2]。1995年4月，国家林业局成立了湿地资源监测中心，从2002年开始，按照《湿地公约》的要求，开始统一开展国际重要湿地监测活动，2011年发布了《重要湿地监测指标体系》（GB/T 27648-2011）。截至目前，已经完成了辽河三角洲、四川若尔盖、湖南东洞庭等国家重要湿地的专项调查监测，在我国湿地及生物多样性研究和标准化领域进行了实践。

（2）全国森林资源清查

1973年农林部部署全国各省（区、市）开展按行政区县（局）为单位的森林资源清查工作，这是新中国成立以来第一次在全国范围（台湾省暂缺），在比较统一的时间内进行较全面的森林资源清查，这次清查主要是侧重于查清全国森林资源现状，整个清查工作到 1976 年完成，并于 1977 年完成了全国森林资源统计汇总工作。根据《中华人民共和国森林法》的有关规定，我国建立了森林资源定期清查制度，每 5 年完成一轮全国清查工作，形成了完善的森林资源监测体制。截至目前已经完成了 8 次全国森林资源清查工作。第八次全国森林资源清查于 2009 年开始，到 2013 年结束，历时 5 年，组织近 2 万名技术人员，采用国际上公认的“森林资源连续清查方法”，以省（区、市）为调查总体，实测固定样地 41.5 万个，全面采用了遥感等现代技术手段，调查、测量并记载了反映森林资源数量、质量、结构和分布，以及森林生态状况和功能效益等方面的 160 余项调查因子，清查结果显示，我国森林面积和森林蓄积持续增长，森林质量逐步提高，生态功能继续增强。2014 年是第九次全国森林资源清查的第 1 年，完成了吉林、上海、浙江、安徽、湖北、湖南和陕西 7 省（市）森林资源清查工作。2014 年 4 月 11 日，国家林业局办公室印发《关于开展第九次全国森林资源清查 2014 年工作的通知》，森林资源清查的第 1 年，完成了吉林、上海、浙江、安徽、湖北、湖南和陕西 7 省（市）森林资源清查工作。清查结果显示，7 省（市）森林资源总体上呈现出森林资源面积和蓄积继续增加、森林质量和结构有所改善的良好状态。

（3）全国荒漠化和沙化监测

中国是世界上土地荒漠化和沙化严重的国家之一，土地荒漠化、沙化威胁着我国生态安全和经济社会的可持续发展，威胁中华民族的生存和发展。为准确掌握我国荒漠化和沙化土地现状和动态变化趋势，为国家制定防治荒漠化和防沙治沙宏观决策提供科学依据和基础数据，履行《联合国防治荒漠化公约》，国家林业局分别于 1994 年、1999 年组织完成了第一次、第二次全国荒漠化和沙化监测工作[3]。根据《中华人民共和国防沙治沙法》《国务院关于进一步加强防沙治沙工作的决定》的规定及每 5 年开展一次全国荒漠化和沙化监测的既定方针，国家林业局于 2009—2010 年组织相关部门的单位和专家开展了第四次全国荒漠化和沙化监测工作。本次监测共调查图斑 592 万个，获取各类监测数据 2.5 亿个，获得了我国荒漠化和沙化土地现状及动态变化信息。2015 年 1 月 3 日，国家林业局正式启动第五次全国荒漠化和沙化监测工作，以及时掌握中国荒漠化和沙化的最新状况及其动态变化。

5. 生态环境调查与监测

2007 年 10 月 9 日颁布的《全国污染源普查条例》规定“全国污染源普查每 10 年进行 1 次，标准时点为普查年份的 12 月 31 日”。第一次全国污染源普查从 2006 年第四季度开始准备，2008 年开始普查和数据库建设，到 2009 年进行验收、汇总和成果发布。此次普查建立了污染源信息数据库，将全国 592.56 万个普查对象与环境有关的基本数据录入普查信息数据库，并编制了统一的编号代码，为管理和决策提供了重要依据；通过普查，进一步完善主要污染物总量减排指标体系、监测体系和考核体系，提出了核定主要污染物产生和排放的系统方法，锻炼了环境保护队伍，为今后工作打下基础。

为摸清全国生态环境状况和变化趋势，综合评估全国生态系统质量与功能，提出新时期我国生态环境保护对策与建议，服务于生态文明建设，2012—2014年初，环保部、中科院联合开展“全国生态环境10年变化（2000—2010年）遥感调查评估”工作。成果初步揭示了我国生态系统格局与构成、生态系统质量、生态系统服务功能、生态环境问题特征及其变化趋势，明确了我国新时期生态环境所面临的问题，为我国生态国情调查和新时期宏观生态环境管理提供可靠的科学基础。

（三）各类调查监测工作的关系

从各项已经开展的专项普查、调查或监测内容看，各专业部门的普查、调查或监测内容更重成因分析和后续管理决策，注重行业监管需求。从发达国家相关部门开展的工作看，各国都注重对地理环境的动态监测与趋势分析，并把监测结果与资源管理、发展规划的制定、实施与效益评估相结合，从而寻求可持续的发展道路。

测绘地理信息部门通过测绘技术手段，利用掌握的大量测绘地理信息资料，开展地理国情普查和监测，如实量测和对比分析地表空间现象的现状和变化，可以为专业部门提供基础数据参考，也可以与专业部门数据共同结合使用。从一定角度看，测绘地理信息部门开展的地理国情普查和监测，不可避免地与相关业务部门在职责范围内监测的对象有交叉。交叉是由于地理国情的内涵决定的，地理国情信息本身具有跨行业、跨部门、跨学科的特性，正如测绘是一项基础性工作一样，地理国情普查和监测内容涉及多专业部门同时也服务于多专业部门。同时，监测结果的差异也是客观存在的。差异是因不同部门从不同的专业角度开展普查和监测，并借助不同的技术手段而产生。交叉和差异对国家制定并执行发展战略和发展政策都有益处，来自主管部门的数据和非利益相关部门的数据，可以从多个侧面反映现状、发现问题，互为校核，提供效益评估的佐证。

四、地理国情监测发展趋势及对策

地理国情普查与监测是基础测绘的延伸和拓展，是测绘地理信息部门的一项全新的工作，是对传统测绘地理信息事业的深刻变革，将实现从静态向动态、从被动向主动、从后台到前台、从测绘数据生产向国情信息服务的转变，并实现从测绘地理信息管理与服务职能向地理国情监测管理与服务职能拓展，对测绘地理信息事业的技术、服务、生产方式、管理模式和工作机制、人才队伍提出了全新的要求，必将有力推动测绘地理信息事业的转型升级。[6]

2014年12月底召开的全国测绘地理信息工作会议，提出了“加强基础测绘，监测地理国情，强化公共服务，壮大地信产业，维护国家安全，建设测绘强国”的发展战略。2015年是第一次地理国情普查的最后一年，普查完成后的工作将围绕两重点方面展开，一个是科学分析普查成果数据，形成科学有据的普查结论建议，促进科学管理决策，服务生态文明建设，还要着力推广应用，促进普查成果的及时转化和广泛利用；另一个是启动常态化地理国情监测，满足生态文明、美丽中国建设的客观需要，为实现测绘地理信息事业转型升级迈出坚实的步伐。展望未来，地理国情监测将在普查和监测试点经验的基础上，向着完善体制机制，促进其业务化、规范化、常态化方向发展。目前国家测绘地理信息局正在努力推进以下三方面工作：①建立地理国情监测核心业务，形成科学、统一、协调的工作内容、业务流程、技术体系、服务模式和工作机制，形成基础性监测、专题性监测相结合，国家、省、市层次分明、上下联动的地理国情监测业务体系；②加强地理国情监测法定化，力争地理国情监测工作写进法律和规划，有明确职责和预算；③制定地理国情监测有序工作步骤，形成监测能力、扩大监测影响，逐步实现地理国情监测工作从监测到监督、监管的提升。[7]

参考文献

[1] 中国测绘宣传中心. 地理国情普查管理与实践［M］. 北京：测绘出版社，2013.

[2] 国务院第一次全国地理国情普查领导小组办公室. 第一次全国地理国情普查培训教材之一：地理国情普查基础知识［M］. 北京：测绘出版社，2013.

[3] 国务院第一次全国地理国情普查领导小组办公室. 第一次全国地理国情普查培训教材之二：地理国情普查内容与指标［M］. 北京：测绘出版社，2013.

[4] 国务院第一次全国地理国情普查领导小组办公室. 第一次全国地理国情普查培训教材之四：地理国情普查基本统计［M］. 北京：测绘出版社，2013.

[5] 乔朝飞. 国外地理国情监测概况与启示［J］. 测绘通报，2011（11）：81-83.

[6] 李维森. 地理国情监测与测绘地理信息事业的转型升级［J］. 地理信息世界，2013，20（5）：11-14.

[7] 周星，阮于洲，桂德竹，等. 地理国情监测体制机制研究［J］. 遥感信息，2013，22（2）：121-124.

[8] 国土资源部. 2014 中国国土资源公报［EB/OL］. http：//www.mlr.gov.cn/zwgk/zytz/201504/P020150422317433127066.pdf.

[9] 全国绿化委员会办公室. 2014 年中国国土绿化状况公报［EB/OL］. http：//www.forestry.gov.cn/main/58/content-758152.html.

[10] 中华人民共和国水利部. 第一次全国水利普查［EB/OL］. http：//slpc.mwr.gov.cn/.

[11] 国家林业局. 第二次全国湿地资源调查结果［EB/OL］. http：//www.china.com.cn/zhibo/zhuanti/ch-xinwen/2014-01/13/content_31170323.htm.

[12] 国土资源部.《第二次全国土地调查总体方案》系列解读之一［J］. 北京房地产，2007（09）：64-67.

[13] 张明祥，张建军. 中国国际重要湿地监测的指标与方法［J］. 湿地科学，2007，5（1）：1-6.

[14] 国家林业局. 中国荒漠化和沙化状况公报［J］. 中国绿色时报，2005（2）：64-67.

撰稿人：刘若梅　陈新湖　周　旭　王瑞幺　王发良　刘纪平
翟　亮　李力勐　李广泳　陶　舒　贾云鹏　周军其

测绘仪器装备专业发展研究

一、引言

测绘地理信息仪器装备已广泛应用于测绘地理空间信息获取、处理和输出等技术环节，是测绘地理信息技术发展不可或缺的重要组成部分。近年来，测绘地理信息产业迅速兴起并保持高速增长，仪器装备作为获取测绘地理信息数据的主要工具，对推动测绘地理信息产业发展发挥着至关重要的作用。随着激光技术、电子技术、计算机技术、空间技术、信息技术等高科技发展和在测绘中应用，测绘地理信息仪器装备的内涵和外延都发生了深刻变化：不再仅仅是简单地获取角度、距离、坐标等离散数据或模拟影像，还要完成以连续的数字化地理位置为载体的各种属性数据和数字影像的获取、处理、管理和服务；不再是仅仅从地面近距离地获取测量数据，还从空中远距离测量地面目标，从水下、陆地下获取目标数据。

本专题报告主要围绕卫星定位测量、摄影测量与遥感测量、地面测量、地下空间测量、海洋测量、重力测量、测绘仪器计量检测的装备和测绘仪器装备专业的发展趋势及对策进行阐述。

二、本专业发展现状

（一）卫星定位测量装备系列

1. 全球卫星导航系统

全球导航卫星系统（Global Navigation Satellite System，GNSS）是能在地球表面或近地空间的任何地点为用户提供全天候的三维坐标和速度以及时间信息的空基无线电导航定位系统。预计到 2020 年左右美国 GPS、俄罗斯 GLONASS、欧盟 Galileo 和中国 BDS 等 4 大

GNSS 系统将建设或改造完成。在未来几年，GNSS 领域将进入一个 100 多颗导航卫星并存且相互兼容的局面。

“北斗”卫星导航定位系统（BDS）是我国自主建设、独立运行，并与世界其他卫星导航系统兼容共用的全球卫星导航系统。为使北斗卫星导航系统更好地位全球服务，加强北斗卫星导航系统服务与其他导航系统之间的兼容与互操作，促进卫星定位、导航、授时服务的全面发展，中国愿意与其他国家合作，共同发展卫星导航事业。2014 年中国与美国签署《民用卫星导航系统（GNSS）合作声明》，表达了双方探讨北斗与 GPS 及其增强系统的发展与应用合作事宜，加强合作，共同促进北斗和 GPS 的全球应用的意愿。另外，中俄双方在卫星导航领域的合作也十分积极，通过互相在对方境内建设 GLONASS、“北斗”监测站，促进两个系统更好地融合，推动两个系统本身性能的提高。此外，“北斗”也与欧盟，澳大利亚等国家和地区有广泛的合作。

同时“北斗”系统正在逐渐被国际组织认可，2014 年国际海事组织已批准发布了《船载北斗接收机设备性能标准》，另外北斗系统成为国际海事组织认可的全球无线电导航系统的组成部分，这两项标准成果将对北斗船舶应用产业产生深远影响。

全球卫星导航系统已经从单一的 GPS 时代发展到 GPS、GLONASS、BDS 以及 Galileo 四大 GNSS 并存与发展的新时代。另外日本的 QZSS、印度 IRNSS 等区域导航系统也在逐步发展。“北斗”卫星导航系统作为我国自主研发的卫星导航系统正在迅猛发展，并已按计划实现区域定位达到预期指标。世界多国 GNSS 的发展必将导致其功能更全面、覆盖面更广、稳定性更靠、完备性更好以及应用领域越来越广。

2. GNSS 仪器装备的发展

随着 GNSS 技术进步和信息化时代的推进，GNSS 测绘装备在精度不断提高的同时正朝着小型化、高集成度、多功能性方向发展。目前使用最广泛的 GNSS 测绘装备主要包括：基准站接收机、RTK 接收机、手持 GNSS 接收机三类。

GNSS 接收机是卫星导航系统的重要组成部分，是卫星导航市场规模最大和产业化最核心的环节。目前卫星导航接收机的生产制造厂家约有 70 多家，接收机的型号为 500 余种。多模 GNSS 的发展和测绘装备制造技术的进步，不断有新的高性能测绘装备携带新的功能问世并不断向新的领域拓展。当前 GNSS 在大地测量领域的应用已扩展到地球物理、地球动力学等方面，除了地壳运动观测，随着 GNSS 连续观测站的不断增加，观测现象将更加丰富。高精度的 GNSS 技术将成为火山地震、构造地震、全球板块运动等监测的重要手段。

GNSS 手持机能够改善数据精度和工作效率、大大减弱劳动强度，在低精度地理信息采集中得到广泛的应用。例如电力、天然气、基础设施、水资源输送、废水处理以及土地管理等。国内外多家厂商都生产出 GNSS 手持机，包括手持机、GIS 采集器、移动 GIS、高精度 GIS、i-PPP GIS、手持 RTK、测量型 RTK、高精度移动 GIS 平板电脑等。

随着海洋在军事和经济方面地位不断提高，以及通信技术和卫星导航技术的发展，GNSS 正逐渐向海洋测绘领域扩展。将水声测量定位技术与 GNSS 测量相结合，由水声仪器负责测量水深而 GNSS 负责定位，完成海洋测绘任务。水下 GPS 定位系统可用于排雷潜水员跟踪和制导系统、石油与天然气浅水调查、海洋科学和水下考古应用、潜水员或潜水器及水下机器人跟踪，在 500m × 500m 水域实现水下定位米级定位。海上导航定位主要采用 GPS 罗经、星级差分机等设备能够利用星基增强系统信号实现分米级定位和定向精度 0.5° 以下。

GNSS 测绘装备以其高精度、实时、全天候的定位优势为依托，融合数码相机、测高仪、罗盘、惯性导航系统等设备，其功能不断增加应用领域也不断扩，例如石油开采、森林防火、航空摄影测量、铁路建设和维护等领域。

伴随测绘行业的需求更新，高精度 GNSS 接收机未来将会向着多星座、集成化、小型化、智能化、国产化方向发展：

（1）多系统组合兼容互操作。伴随 GPS 与 GLONASS 的现代化以及 Galileo 和 BDS 的空间布局完成，将在 10 年内形成卫星数量达 100 余个的 GNSS 系统，广播多个民用信号，GNSS 接收机向多系统组合与互操作方向发展已成为卫星导航系统不可逆转的总趋势。

（2）卫星导航与无线通信相融合。卫星导航与通信等其他系统的融合和渗透，是其生命力强大的体现，随着卫星导航与蜂窝通信的逐步融合和移动位置服务（LBS）不断进步，实现室内外平滑过渡的无缝导航定位将是未来 GNSS 接收机发展的又一方向。

（3）小型化、低功耗、高集成、简易测量。目前高精度 GNSS 接收技术的发展始终是向着低功耗、小型化和芯片组的商业化，以及系统功能的透明化（嵌入式）和集成化方向发展。

（4）核心板卡国产化。国外进口的高精度 GNSS 板卡的可用性严重受到政治、军事等因素的影响，不能满足国民经济关键领域对可靠性和信息安全性的需求。随着我国北斗导航系统的全球化布局实现及国产高精度 GNSS 板卡的蓬勃发展与日趋成熟，国产高精度 GNSS 接收机终将彻底摆脱国外卫星导航板卡的控制与技术制约，向着符合我国特色市场需求及灵活定制的完全国产化路线迈进。

（5）从功能型转为智能型接收机。传统的测地型 GNSS 接收机主要用于实现高精度空间位置数据定位功能，需要使用专业的移动终端，不能随便更换终端设备，导致系统升级代价高，系统使用范围受限，且作业需要专业人员实现，伴随着现代 IT 应用服务的普及发展潮流，与在测绘应用领域，注重用户体验，从功能化向智能化的应用服务需求日趋明显，未来通过在测量型接收机设备上内置操作系统，开放开发平台，可灵活实现不同测量应用的创新与扩充，通过网络方式与系统进行数据互联通信，可远程操作配置与升级，取消对测量专业采集器的依赖，轻松实现测量作业。

（6）GNSS 软件接收机。就是在接收机设计中融入软件无线电思想，尽可能接近接收机天线处实现灵活可配置的软件化数字处理。突破了以往接收机功能单一，可扩展性差和以硬件为核心的设计局限，凭借其可升级性、功能的可配置性，以及平台的通用性、灵活性、开放性等众多优点，成为卫星导航接收机的新的发展方向。

近年来，国内高精度卫星导航产业也有了突飞猛进的发展，在高精度终端产品方面，最初国内厂家以代理外国产品为主，逐渐过渡到使用国外核心板卡部件进行终端自主集成的产品研制模式。伴随我国自主北斗系统的建立，国产自主研制的高精度 GNSS 板卡日趋成熟，目前部分企业已经采用了自主国产 GNSS 板卡实现进口替代，随着国产 GNSS 终端设备性能的不断改进和完善，已经实现了由零到 80% 的国内市场份额跃进，并纷纷成功实现了海外测绘市场的拓展。

3. 连续运行参考站系统

国外具有代表性的包括国际 GNSS 服务局的 IGS 跟踪站网络、欧洲永久性连续网（EPN）等洲际 CORS，美国的连续运行基准站系统（CORS）、加拿大的主动控制网系统（CACS）、德国的卫星定位与导航服务计划（SOPAC）、日本的 GPS 连续应变监测系统（COSMOS）、英国的连续运行 GPS 基准站系统（COGRS）等国家级 CORS，澳大利亚悉尼网络 RTK 系统（SydNet）等城市级 CORS，美国 CUE、ACCQPOINT 等公司的区域定位导航服务网络，以及其他欧洲国家，即使领土面积比较小的，芬兰、瑞士等也已建成具有类似功能的永久性 GPS 跟踪网，作为国家地理信息系统的基准，为 GPS 差分定位、导航、地球动力学和大气提供科学数据。对于国外的发展，可以从国家级系统和企业系统两个层次进行分析：前者是政府或公益性研究机构投资和管理的，由社会支持的网络，一般是提供无偿的源数据服务，个别地区提供有偿的实时定位服务；后者是由企业或研究机构投资并管理的，采用商业化运营的系统。

中国卫星导航系统管理办公室已经完成了在全国建设北斗地基增强系统的论证，将充分依托行业部门及地方政府现有 GNSS 监测资源，借助各系统陆续升级使用北斗监测接收机的时机，建成性能先进、稳定可靠的北斗地基增强系统，在我国陆地形成北斗高精度优势服务能力，满足行业部门、地方政府以及大众和市场对北斗高精度位置服务的需求，培育高精度位置服务产业，支撑北斗产业快速发展。

（二）摄影测量与遥感测量装备系列

1. 遥感平台

对于传感器平台，它作为搭载传感器的载体，也可理解为支持传感器。这些年来，除了传统的卫星和飞机平台不断优化外，新型的传感器平台或系统也层出不穷：遥感平台有地球同步轨道卫星（35000km）、太阳同步卫星（600 ~ 1000km）、太空飞船（200 ~ 300km）、航天飞机（240 ~ 350km）、探空火箭（200 ~ 1000km），并且还有高、中、低空飞机、升空气球、无人飞机（微型无人机、固定翼无人机、无人直升机、滑翔机等）、移动测量车、GPS/IMU 直接定位定向平台、地理互联网等的也在不断发展，它们将会引领摄影测量与遥感迈向新层次。

2. 成像传感器

（1）高分辨率遥感卫星

随着航天技术的持续发展和遥感观测系统性能的不断改进，遥感技术的发展出现了新的高潮，世界各国竞相研究、开发和发射高分辨率遥感卫星。目前在轨运行的各种民用高分辨率遥感卫星就有十多颗。其中法国 SPOT6/7 提高到 1.5m，俄罗斯的 Resource 系列卫星所用的 KVR–1000、DK–5 和 KFA–3000 型的分辨率均达到了 2 ~ 3m；美国数字地球公司继 QuikBird 系列卫星成功运作后，先后分别发射了具备优秀机动性和几何定位精度、分辨率优于 0.5m 的商业卫星 World–1、WorldView–2 和 WorldView–3 卫星。而中国卫星的发展也是有目共睹的，1999 年中国和巴西联合研制的中巴地球资源卫星即资源一号卫星也发射成功，2012 年中国第一颗自主的民用高分辨率立体测绘卫星资源三号成功发射，2013 年分辨率为 2m 的高分一号发射成功，2014 年亚米级别的高分二号也发射成功。

（2）干涉合成孔径雷达（InSAR）

目前可提供干涉测量数据源的星载 InSAR 系统有日本的地球资源卫星 JERS–1、美国的“航天飞机成像雷达飞行任务”SIR–C/X–SAR、加拿大的资源调查卫星 RADARSAT–1 和欧洲空间局的环境卫星 ENVISAT 等，其中以欧空局和美国的系统影响最大。加拿大的 Radarsat 系列雷达卫星在精细模式下已经能达到 3m 的分辨能力。而德国发射的 Terra–SAR 雷达卫星，其点模式地面分辨率达到 1 ~ 3m，幅宽为 10km；而条带模式地面分辨率为 3 ~ 15m，幅宽 40 ~ 60km; 宽扫描式地面分辨率为 15 ~ 30km，幅宽为 100 ~ 200km。InSAR 是近年来迅速发展起来的一种微波遥感技术，它是利用 SAR 的相位信息提取地表的三维信息和高程变化信息的一项技术，目前已成为国际遥感界的一个研究热点。

（3）航摄仪

航空摄影测量已经从模拟、解析发展到了全数字阶段，航摄相机也从原来的感光胶片模式发展为航空数字相机，航空数字相机按成像原理可分为 2 类，即框幅式相机与推扫式相机。航空数字相机按成像幅面区分大致可分为 3 类，即小于 1500 万像素的小幅面成像系统、4000 像素 ×4000 像素 CCD 阵列的中幅面数字成像系统和较为复杂及昂贵的大幅面数字成像系统。

数字航空摄影相机的发展趋势是：大幅面、高精度、推扫式；一次获取全色与多光谱影像；数字相机与 GPS / IMU 紧耦合集成。

目前国内外的差距主要体现在：第一，国内的数字航空摄影相机，还处于购买国内外的零部件进行集成组装阶段，如购买国外的相机镜头、面阵 CCD 等进行作坊式的设计、生产，没有真正进入产业化阶段；第二，国内可以制造普通的单镜头、多镜头框幅式数字航空摄影相机，但是还没有能力设计、制造如 Leica ADS80 那样的高精度、大幅面、推扫式数字航空摄影相机。

（4）激光雷达测量系统（LiDAR）

机载激光雷达（Light Detection And Ranging，LIDAR）是将激光用于回波测距和定向，并通过位置、径向速度计物体反射特性等信息来识别目标。它体现了特殊的发射、扫描、接收和信号处理技术。近几年，欧美等发达国家许多公司和科研机构先后研制出多种机载激光雷达系统，相继投入商业运作。我国的学者也投入道路激光雷达技术的研究中，也有一些公司从国外引进了机载激光雷达设备用于商业运作。但总体而言，我国在机载激光雷达的硬件研制及理论研究和实践应用方面都落后与发达国家。虽然目前已有多种激光雷达系统在使用，但激光雷达仍是一项处在不断发展中的高新技术，许多新体制激光雷达仍在研制或探索之中。在今后的一段时期内，激光雷达的研究工作将主要集中在不断开发新的激光辐射源、多传感器系统集成和不断探索新的工作体制和用途方面。

（三）地面测量装备系列

1. 地面测量仪器

（1）全站仪

全站型电子速测仪简称全站仪目前依然是地面测量的主流仪器。它能直接测量水平角、竖直角、空间斜距、水平距离、高差及三维坐标。按出厂标称的测角精度分级，全站仪可划分为：0.5″ 级、1″ 级、2″ 级和 6″ 级。

全站仪的核心技术包括：电子测角技术、光电测距技术、倾斜自动补偿技术、轴系设计与精密加工技术、减光马达技术、发光管与接收管技术、目标自动识别技术等。

中国生产的全站仪也发展迅速，在高端全站仪方面，短期内难以赶上国外产品。在中端全站仪方面，已经完全达到了国际先进水平，并且以价格优势占领着中国市场的主要份额。无论国内产全站仪还是国外产全站仪，都呈现如下技术进步特点：

① 使用 Window CE 操作系统（简称 Win 智能全站仪）的越来越多。Win 全站仪不仅是彩色屏幕和具备常规全站仪的测量功能，它还具备掌上机的大部分功能，特别是信息管理以及基于无限数据通信的浏览器和电子邮件功能，还可以安装第三方软件，进行图片浏览。

② 彩色触摸屏，除 Win CE 全站仪外，有的非 Win CE 全站仪也配置了彩色触摸屏。这些仪器配置键盘背景光照明功能，有的还配置环境亮光传感器，自动调节显示屏亮度自动感光窗口。

③ 高精度，多功能。在高端全站仪里，往往配置多种功能，以满足复杂的应用需要。如自动跟踪、自动目标识别或超级搜索。

④ 驱动技术先进，速度快，噪声小。如采用了磁驱伺服技术和压电陶瓷技术等。正倒镜转动时间由过去近 10 秒改进到 2 ~ 3 秒。

⑤ 图像全站仪崭露头角，试图取代传统的人工瞄准测量模式。这些仪器可获取目标的数据影像，通过在影像上点击目标，实现仪器自动旋转，再配合自动目标识别功能，轻松准确地完成测量任务。

⑥ 多种形式通信。从单一数据内存发展为内存、U 盘、CF 卡、SD 卡；从单一的 RS232 发展为 RS232、蓝牙、USB 等通信接口；从支持近距离通信发展为支持因特网远程通信。

⑦ 补偿范围在不断扩大。除部分全站仪的补偿范围仍保持在 3′ ~ 4′外，其他新产品

的补偿范围则最大达到 6′。

（2）经纬仪

经纬仪可以用于测量角度、工程放样以及粗略的距离测量，是测量装备中历史最悠久的产品，也是现代测绘的基础。根据读数方式不同，经纬仪分为光学经纬仪和电子经纬仪，随着全站仪的价格降低、体积减小，经纬仪可能会逐渐被全站仪替代。光学经纬仪几乎没有什么发展，越来越少的用户仍然使用着 20 世纪出产的仪器。但电子经纬仪则随着全站仪的发展也在不断出现新产品，在天文测量、精密工业测量领域得到广泛应用。在中低端电子经纬仪方面，国产仪器占据着绝对市场优势。许多国产电子经纬仪上加装了与望远镜同轴的激光指向器，在工程领域得到广泛应用。

（3）水准仪及水准标尺

水准仪自诞生以来，凭借其精度高、速度快、操作简单等优点得到普及，由于水准仪的高程测量精度大大高于全站仪等其他测量仪器，到目前为止在精密高程控制测量中，还没有其他仪器可以替代。

水准仪可分为三种：① 水准管水准仪，也称气泡式水准仪；② 自动安平水准仪；③ 数字水准仪，也称电子水准仪。

前两种统称光学水准仪，都需要配合均匀刻画的水准标尺。水准管式水准仪因为操作麻烦，已经基本淘汰，国内外市场上的光学水准仪几乎都是自动安平水准仪，动安平水准仪的核心技术是自动安平补偿技术，国内仪器生产厂家已经完全掌握。由于我国劳动力资源优势，光学水准仪产品质优价低，不仅占领了国内绝大部分市场份额，而且走向了世界，每年产量数以 10 万计，已达世界第一，国际市场 90% 的中低精度光学水准仪都是中国制造。

（4）陀螺经纬仪

陀螺经纬仪是陀螺寻北仪器和经纬仪的结合产品，在地下工程测量领域广泛使用。最近几年，出现很多陀螺寻北仪与全站仪结合的产品，有人称其为陀螺全站仪。国际上陀螺经纬仪 10 分钟的定向标准差可达到 3″ ~ 6″；国内陀螺经纬仪 10 分钟的定向标准差可达到 5″ ~ 10″。

（5）手持激光测距仪

手持式激光测距仪是一种以激光为载波，以目标表面漫反射测量为特点，通过脉冲法、相位法等方法测定空间距离的便携式长度测量仪器。按最大测程可分为近程手持式激光测距仪和远程手持式激光测距仪。

近程手持式激光测距仪最大测程一般在 100m 左右，体积小、重量轻，采用了数字测相脉冲展宽细分技术，无需合作目标即可达到毫米级精度。

远程手持式激光测距仪最大测程一般在 1 ~ 5km，国内也称望远镜式测距仪，其测距误差一般在 0.1 ~ 2m。

（6）地面三维激光扫描仪

利用激光测距技术快速获取扫描点三维坐标的测量系统称为激光扫描仪，按照搭载平台分类，划分为四类：星载激光扫描仪、机载激光扫描仪、车载激光扫描仪和地面激光扫描仪。地面激光扫描仪类似一台超高速自动运转的全站仪，是无合作目标激光测距仪与角度测量系统组合的自动化快速测量系统。能以每秒数以万计的速度，获取周围目标点的厘米或毫米级精度三维坐标，广泛应用于矿山测量、考古测量、工业制造、建筑安全监测等领域。

地面三维激光扫描仪的测角精度一般在5″左右，测距模式有相位式和脉冲式，相位式的测程一般在100m以内，点位精度在5mm左右，脉冲式的测程可达2000m，距离100m处的点位精度在10mm左右。国产地面三维激光扫描仪产品已经出现，可以预计，象全站仪的发展历程一样，国产三维激光扫描仪从底端产品开始，也会很快向高端发展。

（7）激光干涉仪

激光干涉仪是利用激光干涉原理测量长度的精密仪器。它以波长作为标准对被测长度进行度量，即使不做细分也可达到微米量级，细分后更可达到纳米量级。测程一般在100m以内，测长相对误差在0.5ppm量级（注：$1ppm = 10^{-6}$）。在测绘领域，激光干涉仪主要用于对因瓦水准标尺进行检测。

（8）垂准仪

垂准仪能够建立铅垂的视准线，将仪器中心点向上或向下投影，主要用在高层建筑施工或竖井开挖工作上。

垂准仪按工作原理可分为水准泡型和自动补偿型。按其一测回垂准测量标准差可分为精密型（1/100000）、普通型（1/40000）和简易型（1/5000）三种。早期的垂准仪主要依靠精密管气泡和人工瞄准建立铅垂线，现代垂准仪一般都具有自动补偿器和激光指向器，很多人称其为激光垂准仪。

我国北京、西安、广州、大连、江浙等地均有生产。国产垂准仪技术已经达到国际先进水平，完全满足了国内建设需求。

2. 地面测量系统

（1）激光跟踪测量系统

激光跟踪测量系统是工业测量系统中一种高精度的大尺寸测量仪器。它集合了激光干涉测距技术、光电探测技术、精密机械技术、计算机及控制技术、现代数值计算理论等各种先进技术，对空间运动目标进行跟踪并实时测量目标的空间三维坐标。它具有高精度、高效率、实时跟踪测量、安装快捷、操作简便等特点，适合于大尺寸工件配装测量。

激光跟踪测量系统基本都是由激光跟踪头（跟踪仪）、控制器、用户计算机、反射器（靶镜）及测量附件等组成。工作基本原理是在目标点上安置一个反射器，跟踪头发出的激光射到反射器上，又返回到跟踪头，当目标移动时，跟踪头调整光束方向来对准目标。同时，返回光束为检测系统所接收，用来测算目标的空间位置。激光跟踪仪的发展趋势是跟踪范围、跟踪速度和测量精度逐步提高，仪器重量和尺寸逐步下降。

（2）近景摄影测量系统

近景摄影测量系统的核心技术与关键部件有：量测摄像机、测量标志与附件、数码相机检校、相片概略定向、像点自动匹配。以数码相机作为图像采集传感器、对所摄图像进行数字处理的系统称为数字近景摄影测量系统。

数字近景摄影测量系统一般分为单台相机的脱机测量系统、多台相机的联机测量系统。此类系统与其他类系统一样具有精度高、非接触测量和便携等特点。

数字摄影测量技术在精密测量领域得到了迅猛发展和广泛应用，其典型测量精度为摄影距离的 1/100000。国内也多家单位也开展了数字工业摄影测量的研发，典型点位测量精度优于摄影距离的 1/80000。随着电子化集成的发展与普及，掌上处理终端在运算速度上已经有望代替台式计算机，将相机与掌上处理终端相结合，配合更高速简便的处理软件，达到现场拍摄实时显示结果。

（3）经纬仪交会测量系统

经纬仪交会测量系统是由两台或两台以上高精度电子经纬仪与计算机联机构成，利用经纬仪的高精度角度测量特点，根据角度空间前方交会测量原理解算空间点的三维坐标，系统的尺度通过对基准尺的测量来确定。可实现高精度、无接触测量。

（4）室内 GPS 测量系统

室内 GPS（英文 indoor GPS，iGPS），iGPS 测量时需要不少于两个以上的信号发射器，通过交会测量空间点的三维坐标，其工作模式类似于 GPS 定位模式，属于小范围实时的高精度三维坐标测量技术。其测量原理更接近经纬仪角度交会测量原理，各个发射器之间的定位定向原理为光束法平差模型（Bundling Adjustment），每个 iGPS 发射器相当于一台具有无度盘测角功能的电子经纬仪，但它是通过旋转向四周发射红外光线信号，发出的信号被 iGPS 接收器接收，同时测量发射器到接收器的水平角和垂直角。iGPS 系统可实现高精度、无接触的自动化测量，测量效率高、动态性能好，测量范围可达几十米，测量精度为亚毫米，采样频率达到 20Hz，在 10m 范围内，如果采用 4 个发射器，其空间点位测量精度可以达到 ±0.1mm，在 30m 范围内单点精度可以达到 ±0.125mm（2σ），空间坐标测量精度随着发射器数量增加而提高。

（5）移动测量系统

移动测量系统（Mobile Surveying System，MSS）是把 GNSS 接收机、惯性导航装置（IMU）、三维激光扫描仪、全景式近景摄影测量相机等多种测量仪器集合在一个运动载体内，由计算机统一控制构成的综合测量系统。小型的可以由单人背载、三轮车搭载，大型的可由船舶、汽车或小型飞机搭载。能在移动状态下，对周围目标自动进行信息采集，快速获取带状区域内目标的空间位置数据和属性数据，点位精度一般在 0.1m 左右。国产的移动测量系统也已达到国际先进水平，与国外产品比较，毫不逊色。

移动测量系统主要有两大发展趋势：第一，高精度、小型化和集成化；第二，多功能、实时性和自动化。

（四）地下空间测量装备系列

地下空间测量使用较多的是全站仪和三维激光扫描仪，能够对测量的物体进行综合的观测和准确的定位。地下管线信息是城市建设的重要信息源，是城市规划、设计、建设、管理、应急以及地下管线运行维护的信息支撑，地下管线探测工作已在保障城市各种建设工程中成为重要的支撑手段。地下管线探测仪器分为电磁式探测仪和探地雷达两大类。

1. 探测仪器

（1）地下管线探测仪

地下管线探测仪经历了电子管和单一线圈时代、晶体管和双线圈时代，目前已经发展到微处理器和组合线圈时代和多元化时代等阶段。从地下管线探测仪器的发展历史看，国外起步较早，技术水平高，品种多，已有许多成熟的产品在不同测量领域得到广泛的应用。20 世纪 80 年代后，由于采用了新型磁敏元件、各种滤波技术及天线技术，使仪器的信噪比、精度和分辨率大为提高，并更加轻便和易于操作，实现了地下管线的高精度和高效率的探测。国内地下管线仪器的生产起步较晚，技术水平较低，发射频率单一，发射功率较小，稳定性、分辨率较差，因此生产的产品很难在实际工作中得以广泛的应用。

（2）探地雷达

探地雷达（ground pentrating/probing radar，GPR），是通过对地下目标物及地质状况进行高频电磁波扫描来确定其结构形态及位置的地球物理探测方法，用于探测电磁法不能探测的目标体。

探地雷达从 20 世纪初，随电子技术和数据处理技术的发展，其体积越来越小，从起初的肩扛手抬，到现在一个人就可以轻便的操作和检测；其功能从探测冰层厚度（当时的工作信号频率较低）到现在的“全面开花”，在军事和众多民用部门都可见到它的影子；其技术指标也得到极大的提高，如利用高频天线进行公路面层厚度检测时，垂向分辨率可达到毫米级，利用低频天线探侧深层目标时，探测深度可达到几十米。随现场检测指标要求的不断提高，探地雷达对付强衰减介质的本领、解决地下目标的复合反映及多解性的能力方面亟待提高，这也为探地雷达技术的发展指明了方向。

2. 数据处理软件

随着我国城镇化进程的不断深入，传统的城市地下管线二维管理模式，已根本无法满足当今人们对地下管网、管线大数据信息分析、表达、应用的实际需要。全新的地下管线数据资源汇集管理信息平台可有效地将各类地下管线资源融入系统之中，全面实现了地下管线数据信息的二三维一体化，以及动态更新与专业属性数据的整体同步。此外，还可融地理信息、业务办公和辅助决策等地上、地下建筑规划管理模块于一体，采用虚拟仿真技术一揽子解决地下管线管理中所发生的诸多问题。不仅有助于避免市政建设过程中道路的多次开挖，而且还可大大降低施工中地下设施的矛盾与事故隐患，提高管线工程规划设计、施工与管理的准确性和科学性。

（五）海洋测量装备系列

1. 水下地形测量仪器

（1）单波束测深仪

该类仪器是水深测量的传统仪器，目前仍然得到广泛应用。仪器的技术比较成熟，国外的产品有测深精度 1cm+0.1% 深度，测量范围 0.2 ~ 200m；我国的国产化水平也比较高。目前测深仪研发已重点向数字化发展，特别是采用最新数字信号处理技术，结合先进计算机图形显示技术，实现操作、监控与控制的高智能化。此外，由于声波发射波束角大小和换能器声学发射接收阵布设决定测量的精度和分辨率，因此进一步减小发射波束角和科学布设换能器，也成为未来的研究方向。

（2）多波束测深仪

与传统的单波束回声测深仪相比，多波速测深系统具有水深全覆盖无遗漏扫测，测量范围大、速度快，测深精度和分辨率高等优点，适用于 2 ~ 500m 海域的海底地形地貌测绘。多波束测深系统在高桩码头扫测中具有单波束无法比拟的优势，采用垂直地形模式波束导向技术解决高桩码头等。

多波束测深系统可以实现宽覆盖范围的高精度海底深度测量，是一种具有高测量效率、高测量精度、高分辨率的海底地形测量设备，特别适合于大面积的扫海测量作业，在海洋测绘等领域具有广泛的应用。目前多波束系统国内市场主要被国外厂商的产品所占据。为推动国内多波束测深设备产业化，打破国外产品的垄断地位，国内企业研发多波束测深仪面向高端水声设备技术发展趋势，开发出具有国际先进水平的多波束测量系统。

（3）侧扫声呐扫描仪

侧扫声呐技术运用海底地物对入射声波反向散射的原理来探测海底形态，侧扫声呐技术能直观地提供海底形态的声成像，在海底测绘、海底地质勘测、海底工程施工、海底障碍物和沉积物的探测，以及海底矿产勘测等方面得到广泛应用。根据声学探头安装位置的不同，侧扫声呐可以分为船载和拖体两类。

现在的侧扫声呐技术有两个缺点：首先它的横向分辨率取决于声呐阵的水平角宽，分辨率随距离的增加而线性增大；其次它给不出海底的准确深度。当前只有两种声呐可做海底三维成像，即等深线成像和反向散射声成像，前一种是多波束测深声呐（如 Multi-beam Sonar System），后一种是测深侧扫声呐。总体说来，前者适宜于安装在船上做大面积测量，后者适宜于安装在各类水下载体上，包括拖体、水下机器人（AUV）、遥控潜水器（ROV）和载人潜水器（HUV），进行细致的测量。侧扫声呐成像技术是一种重要的声成像技术。

侧扫声呐技术进一步发展的方向有两个，一个是发展测深侧扫声呐技术，它可以在获得海底形态的同时获得海底的深度；另一个是发展合成孔径声呐技术，它的横向分辨率理论上等于声呐阵物理长度的一半，不随距离的增加而增大。

（4）遥感测深系统

遥感测深的主要技术有 SAR、多光谱及高度计。SAR 的测深原理是根据水下地形 SAR 成像模式，建立水下地形与 SAR 影像的映射模型（数学物理正问题），然后根据求解数学物理反问题的方法，由 SAR 影像探测水下地形。对 SAR 影像需要进行图像增强和信息分离，通过海表面 SAR 影像的纹理特征分析，将反映多种海洋和大气动力过程的多尺度运动综合信息加以处理，把图像中的水深信息分离出来。多光谱的测深原理是根据可见光穿透海水的主要波段蓝绿波段的波谱特性，将遥感图像的像素灰度值，转化成光辐射强度，经过大气校正，把与大气的成分和厚度有关的天空和大气光辐射强度的影响除去，并利用统计方法滤掉随机变化的海面反射辐射强度，获取反映水体及水底光学性质的海面以下的向上辐射强度。然后根据水深定性分析方法，利用物理光学理论分析辐射传输过程，通过光谱反射率与水深的关系，建立水深遥感算法，把水深反演出来。

航空三维激光扫描探测（LIDAR）集激光测距技术、计算机技术、IMU/DGPS 技术于一体，是一种崭新的革命性的测量工具，在三维空间信息的实时获取方面产生了重大突破。LIDAR 综合运用连续运行参考站卫星定位综合服务系统以及数字计算机处理技术结合似大地水准面精化成果，实现直接利用 POS 机载系统精确定位定向数据制作各种比例尺 DEM、等高线、高程注记点图、DOM 和 DLG 产品，减少了基站布设工作，减轻了地面控制和外业测量工作，从而大大减少了测图外业工作量，并实现了无地面控制测图能力。

2. 水下定位测量仪器

人类探索和研究海洋的过程中，水下定位导航技术是一个重要的研究方向。随着人类对海洋开发工作的深入开展，载人潜器、水下机器人、海洋勘探、水下作业以及其他各种探测设备等都需要高精度的水下定位技术支持。目前，水声定位系统是水下定位的主流技术。水声定位系统指利用声学信号对水下目标进行定位的系统。水声定位系统主要用于局部区域的水下目标进行精确定位及导航。根据测量基线的长度不同，水声定位系统分为超短基线（USBL / SSBL）、短基线（SBL）和长基线（LBL）方式。随着技术的发展，未来的海洋测绘对水下定位系统提出了更高的要求，水下测绘作业需要达到分米甚至厘米级的定位精度。为实现对目标在水下工作时的精确定位，不同工作方式的水声定位系统之间协同工作以及声学定位系统与其他传感器协同作业成为一种趋势。随着潜艇技术的发展，融合惯性导航技术、声学导航技术和水面卫星导航技术，实现工作范围更广，精度更高的水下导航定位已经成为水下定位技术发展的一个重要研究方向。

3. 海洋测绘数据处理软件

目前，国内外的多尺度海洋测绘信息基础数据库、数字海图和海洋地理信息系统已成为海洋测绘的热点。多国已形成较完善的数字海图生产、管理和发布体系。未来海洋测量将发展到以水下机器人、船只、飞机和卫星为平台的立体测量框架。海洋测量仪器也出现了小型化、标准化化、数字化和智能化发展趋势。综合单波束、多波束、激光测量等多种技术的海洋测绘逐渐成为主要测量方式。海洋测绘数据处理软件也将发生相应的变化：地理信息系统和电子海图将成为基本的应用；测量数据的处理与成图将更加自动化、标准化和智能化；数字海图的生产体系、质量控制体系和发布体系将更加健全；海洋测绘数据库软件建设、发布和使用将更加安全、方便和快捷。

（六）重力测量装备系列

地球表面上任何一点的重力值都可以用仪器测量出来。从方法和原理上划分，重力测量可分为绝对重力测量和相对重力测量；从观测方式上划分，重力测量可分为地面、海洋和航空重力测量以及卫星重力测量。地面重力测量是比较重要的传统观测方法，海洋重力测量即用船搭载测量仪器进行重力测量，航空重力测量是指在飞机上搭载重力测量仪器所进行的测量，而卫星重力测量则是通过卫星上搭载的有关设备得到的观测值推算重力的方法。

1. 陆地重力仪

地面重力测量是比较重要的传统观测方法，也是重力测量应用范围最广、用途最多的一种重力测量方式。常用的陆地重力仪主要是美国 Micro-g LaCoste 公司生产的 FG5、FG5-X、A-10 和 FG5-L 等绝对重力仪，美国 Micro-g LaCoste 公司生产的 gPhone、加拿大 Scintrex 公司生产的 CG-5 和国产的 Z400 等相对重力仪。此外，还有美国 GWR 公司生产的 OSG 标准型超导重力仪和 iGrav 新型超导重力仪等超导重力仪。

2. 海洋重力仪

海洋重力测量即用船搭载测量仪器进行重力测量。船载重力测量的特殊性之一就是船体的摇摆与振动，它和测量的重力值混合在一起。但是由于船体的振动与摇摆具有特殊的周期与频率，适当的滤波处理便可以将其分离。由于无法在同一点上进行重复测量，所以要利用交叉点分析来评估精度。

船载重力测量与陆地种测量的不同在于：陆地上采用离散点测量，船载则是采用测线型连续点测量；陆地上可以在固定位置上埋设点位，海洋则无法固定点位；陆地上可对同一点进行重复测量，海洋上则无法保证。

常用的海洋重力仪有美国 Micro-g LaCoste 公司生产的 System II 型海洋 / 航空重力仪和 MGS-6 型海洋重力仪，加拿大 Scintrex 公司生产的 INO 型海底重力仪等。

3. 航空重力仪

从 20 世纪 90 年代开始，航空重力测量进入实用阶段。美国、加拿大、法国、丹麦等先后利用航空重力测量方法完成了北极、阿尔卑斯山、瑞士等国家和地区的局部重力场探测，分辨率和精度分别为 6 ~ 10km、2 ~ 10mGal。从 2005 年起，我国利用航空重力测量方法获取了海岸带的大量重力场数据，台湾省利用丹麦的航空重力测量系统于 2007 年完成了整个台湾岛的航空重力测量，分辨率和精度分别为 6 ~ 10km、2 ~ 6mGal。可以说，近 20 年来，航空重力测量得到了迅猛发展和广泛应用。除大地测量和地球物理等领域的需求推动，这些发展主要得益于三个方面：一是航空重力仪的持续发展，从海洋重力仪的改进、升级到新型航空重力仪的研发；二是基于 GPS 的飞机位置、速度、加速度确定精度的不断提高；三是航空重力测量数据处理算法的日臻完善。

国外航空重力仪的总体发展趋势是精度在不断提高，体积和重量更适用于多种运载平台，稳定性和可靠性更适宜于各种飞行作业条件。目前，我国还没有已经投入使用的国产航空重力仪，中科院测量与地球物理研究所正在改进和升级 20 世纪 80 年代的 CHZ 型海洋重力仪，以使其能够适用于海洋和航空应用。所以，加快研发国产航空重力仪是当务之急。

4. 卫星重力仪

在卫星大地测量出现以前，陆地、船载和机载重力测量是获取重力信息的基本手段，但这些方法均费时费力，且观测数据无法均匀覆盖全球。1957 年，第一颗人造地球卫星 Sputnik 发射成功，拉开了卫星大地测量的序幕。

卫星重力探测技术的发展与定轨技术密切相关。20 世纪 60 年代初期，主要探测手段为光学卫星三角测量法，该方法以恒星为背景，利用光学摄影仪或卫星摄影仪测定卫星在天球坐标系中的方向，以已知地心坐标的地面站为基线，利用方向交会法确定卫星的位置，利用该方法测量卫星方向的精度为 ±0.2 ~ ±2s，卫星轨道高度一般为 1000 ~ 4000km，定轨误差在几米到几十米的量级，由此解算的地球重力场模型一般低于 8 阶，如 1966 年史密松天体物理台发布的地球重力场模型 SE1，虽然其大地水准面的精度仅为几米甚至几十米，但这一时期的重力场模型在全球地心坐标系建立的初期起到了重要作用。

5. 井中重力仪

井中重力仪是测量地层体积密度变化的仪器。由于它的径向探测深度很大，在裸眼井中，不受泥饼、侵入带和井壁不规则等因素的影响；在套管井中，也不受套管和水泥环的影响。

井中重力仪主要有两种类型：一种设计原理与陆上重力仪相同，经缩小改装后装在常平架上，仪器外径从 10 ~ 15cm 不等，恒温温度 100 ~ 200℃，仪器灵敏度 0.03 ~ 0.05 重力单位，测量精度 0.1 重力单位，井斜不超过 14°时，仍可保持水平。另一种为振弦井中重力仪，这类仪器测量精度近 0.1 重力单位。如 ESS0 型振弦重力仪，在实际工作中，每个测点读 4 次数，所需总时间约 20 分钟，其外径 10.2cm，恒温温度保持在 125℃。井中重力仪已向全自动读数方向发展，灵敏系统在井中的调平、定向、开闭和读数都靠微机控制。井中重力仪所测定岩层的视密度精度达到 0.01g/cm^3，孔隙度精度可达 0.5%，已广泛应用在金属矿与油气田的勘探与开发中。

（七）测绘仪器计量检测装备系列

测绘计量是指对各类测绘仪器装备的检定、校准和测试，以确保测绘量值准确溯源和可靠传递。根据我国测绘法、计量法和测绘质量监督管理等法规和规章，用于测绘生产的仪器（装备）必须按要求，由法定计量或授权计量技术机构进行检测并且合格有效。因此，测绘仪器检测是保证测量数据准确性与可靠性，最终保证测绘成果质量的基础与前提。

1. 传统测绘仪器计量检测技术装备

对于传统测绘仪器，比如经纬仪、全站仪、测距仪、水准仪等列入国家法定计量器具管理目录的测绘仪器，所使用的法定计量检测设备（设施）主要包括室内角度检定装置（函多齿分度台）、室内检测平台、野外比长基线场和测尺频率检测装置以及经纬仪、水准仪综合检验仪等。

目前，位于芬兰首都赫尔辛基西北约 40km 的 Nummela 标准基线，是采用 Väisälä 光干涉测量法建立的野外标准长度基线，精度达到了 7×10^{-8}，50 年来变化不到 0.6mm，是世界上迄今为止精度最高的基线，能满足所有高精度光电测距仪等长度测量和测绘仪器检测的需要。此外，世界上很多国家或地区都建立了高精度 Väisälä，比如匈牙利的 Gödöllö 标准基线、立陶宛 Kyviškes 标准基线和我国台湾桃园标准基线等。而我国野外标准长度基线场则采用 24m 铟钢尺进行量值传递，其精度可以达到 1×10^{-6}（每千米相对精度）。

全球导航卫星系统（GNSS）接收机（以下简称“GNSS 接收机”）的检定 / 校准装置服务于 GNSS 接收机计量性能评定和量值传递工作，在检定 / 校准工作中宜采用实际卫星信号。法定的检定 / 校准装置包括：由超短基线、短基线和中长基线组成的 GNSS 接收机野外综合检定场，此外、随着检测技术的发展，环境适应性实验室、GNSS 信号转发器、GNSS 信号模拟器、GNSS 信号采集回放器、天线相位中心校准机器人等检测设施（装备），在 GNSS 接收机的检测中也逐步得以应用。

2. 新型测绘仪器计量检测技术装备

（1）航摄仪计量检定技术装备

近年来，随着航摄仪在测绘地理信息行业的广泛应用，航摄仪计量检定技术装备也在不断发展，为了对航摄仪的几何性能和影像质量进行检测，出现了航摄仪器、实验室几何检定装置、航摄仪影像质量场、航摄仪野外检测场等检测装备。

1）航摄仪实验室检定装置

航摄仪实验室检定装置主要由高精度的转台、平行光管、工控机等部分组成，可以用于对传统胶片航摄仪和单镜头面阵数字仪进行内方位元素和光学畸变差的检定，为摄影测量后续数据处理提供高精度的内方位和几何畸变参数，以保证摄影测量的精度。航摄仪检定设备检测精度应达到：主距误差不大于 5 μm（RMS）；主点位置误差不大于 5 μm（RMS）；径向畸变误差不大于 3 μm（RMS）。

2）航摄仪影像质量检定场

影像质量检定场可以用于对航摄仪的影像质量进行评定，结合太阳光度计、光谱仪等设备，可以测定航摄仪的动态摄影分辨率、系统调制传递函数（MTF）、线性度、动态范围、信噪比等参数。

航摄仪影像质量检定场通常布设有不同反射率的灰度比例尺和矩形反射目标、西门子星、高低对比度的反射率棒等各种目标，用来实施野外辐射检定和分辨率检定。

3）航摄仪摄影测量精度检定场

航摄仪摄影测量精度检定场可以为分析评估航摄仪的摄影测量精度提供高精度平台，其方法是将检测场内的大量控制点作为独立检查点，依据空中三角测量的结果，通过与已知检查点的坐标比对，从而评价航摄仪的摄影测量精度和单像对摄影测量精度。

摄影测量精度检测场检测法即在具有一定起伏的场地内布设有大量精确已知坐标的标志点（一般标志点的平面坐标精度应优于 5mm，高程精度应优于 1cm），用待检测的航摄仪对几何精度检测场进行航空摄影，从最终获取的影像上经过空三加密和网平差数据处理后，得到检查点的坐标，并将其与坐标的已知值进行比较，从而判断该航摄仪是否满足航空摄影测量作业的要求，是否达到该航摄仪的标称精度。这种方法采用实际航空摄影测量的作业条件，最具有通用性，且检测结果真实可靠。同时，几何精度检测场也提供了对机载 LiDAR、机载 SAR 等航空传感器进行检测的高精度平台，该方法的推广和使用是航空航天摄影传感器检测发展的必然趋势。

（2）移动测量系统计量检定技术装备

随着移动测量技术的快速发展，国内外的移动测量系统装备日趋成熟，其在测绘领域数据采集中发挥了越来越重要的作用。为了满足其检定的需要，必须依靠相应的检测装置以及检定场。移动测量系统的检定主要分为传感器检定和整体精度检定。

1）移动测量系统传感器检定

移动测量系统是兼有 GNSS、IMU、扫描仪、数字相机等多传感器集成系统，因此需要分别对各传感器进行检测。

① GNSS 检测。GNSS 检测主要分为 GNSS 后处理动态检测和 GNSS 时间精度检测，其检测装置主要是高精度的原子钟以及频谱仪。

② IMU 检测。IMU 的检测主要分为转台检测和比对检测，转台主要测量 IMU 的姿态精度，比对检测，可以利用高精度的 IMU 作为计量标准器，输出位置和姿态作为标准值与被检设备进行比对。

③ 扫描仪。扫描仪的检测主要分为测距精度和测角精度，测距检测主要依靠高精度的全站仪和长度标准平台，测角检测主要依靠全站仪和多齿分度台。

④ 数字相机。数字相机的检测主要是数字相机的主点、主距和畸变系数，主要通过航摄影检定装置进行检测。

2）移动测量系统整体精度检定

移动测量系统整体精度检定主要依靠室外三维检测场，该检测场位于丰台区大瓦窑中路和大瓦窑西一街交接处，该场地全长约 3km，有 200 左右的标靶点，其精度为 2cm，可以满足移动测量系统的整体精度检测要求。

随着集成了最新高科技成果的测量仪器不断涌现，用于运动载体姿态测量的惯性测量单元（IMU）、实现快速测量建模的三维激光扫描仪、机载激光雷达（LiDAR）、合成孔径雷达（SAR）等已有成熟的产品应用于测绘生产，但由于缺乏技术手段而无法计量检测。

三、本专业发展趋势及对策

随着测绘地理信息高速的发展，使得数据的迅速无缝交换成为了测绘仪器装备的重要特征。首先，智能化无线通信、移动互联网技术与现代测绘仪器的结合成为了未来测绘仪器的主要发展趋势。各种智能仪器、虚拟仪器及传感器，利用成熟的网络的设施，将最大幅度的实现资源共享。其次，全球定位、导航技术与通信技术相结合成为未来测绘仪器的又一发展趋势。全球定位系统作为全新的定位系统成为占据主要的定位功能，逐步取代了常规光学仪器和电子仪器。导航系统也与全球定位系统结合起来时卫星技术发展的主要方向。测量精确度通过导航及全球定位系统将精确到厘米、毫米级别。同时，通信技术的高度发展也将信息与技术快速准确的进入到数字系统中，对于测绘仪器的发展有极强的推动作用。最后，测量随着遥感技术的发展进入动态监测阶段。未来的测绘技术将会不满足与单纯的静态分析，卫星的无限增多可能、遥感技术的高分辨率的发展使多方位、多时段的检测成为可能，这样将测量范围扩展到每时每刻。

测绘仪器装备的自动化、数字化及智能化对于测绘地理信息行业来说是个质的飞跃，同时也能促进工业测量系统的发展，测绘仪器装备的发展也推动了测绘软件的发展。在测绘仪器的发展中，不仅存在着未来的发展空间，在发展中也存在着一系列问题与不足，如创新脚步缓慢、缺乏系统化生产、专业技术人员匮乏等问题。

—— 参考文献 ——

[1] 欧阳永忠，邓凯亮，陆秀平，等．多型航空重力仪同机测试及其数据分析［J］．海洋测绘，2013，33（4）：6-11.

[2] 朱广彬．利用GRACE位模型研究陆地水储量的时变特征［M］．北京：中国测绘科学研究院，2007.

[3] 孙中苗，翟振和，李迎春．航空重力仪发展现状和趋势［J］．地球物理学进展，2013，28（1）：1-8.

[4] 徐红星．论测绘仪器发展现状及建议［J］．中国城市经济，2011（1）：121.

[5] 中国第二代卫星导航系统专项管理办公室．北斗卫星导航系统发展计划［EB/OL］．http：//www.beidou.gov.cn/2011/12/06/201112065bdb0c0ee1e646bf87a39dc689f85602.html.

[6] 徐祖舰，王滋政，阳锋．机载激光雷达测量技术及工程应用实践［M］．武汉：武汉大学出版社，2009：5.

[7] 全海峰．浅谈矿山测绘新技术应用及发展［J］．中国科技纵横，2013（20）：101.

[8] 何书镜，姜建慧，连镇华．福建省海洋测绘学科发展研究报告［J］．海峡科学，2015（1）：3-9.

撰稿人：王　权　齐维君　马建平　文汉江　方爱平　付子傲　李　松
李宗春　吴海玲　张　锐　余　峰　郭志勇　廖定海

参考文献

ABSTRACTS IN ENGLISH

Comprehensive Report

Report on Advances in Surveying and Mapping

This report reviews the progress of surveying and mapping science to geomatics, a newly emerging discipline including GNSS, aerospace remote sensing, GIS, network communication and information technologies etc. The main achievements of surveying, mapping and geoinformatic science in 2014—2015 are summarized into two categories: the new theory & technology research, and their important applications and services.

The recent important achievements of new theory & technology research includes progresses on geodesy and satellite navigation positioning, gravity measurement and Earth gravity field, photogrammetry and space mapping, cartography and geographic information engineering, engineering surveying and deformation monitoring, ocean (including rivers and lakes) surveying, integration observation technology of air, space, land and ocean, the significant progress achieved in the construction and development of the Beidou global navigation satellite system, refining on the China geoid, high-resolution remote sensing, three-dimensional mobile measurement, mobile maps and network map services, large special project engineering survey, digital marine geographic information technology, etc. The progress of the major applications and services in surveying and mapping science &technology mainly includes progresses on national geographic conditions census and monitoring, the spatio-temporal information infrastructure construction of smart city, construction and upgrades of geospatial information resources, island reef surveying, GlobeLand30 Earth land-cover map, forecasting and early warning of global environmental change and natural disasters, applications in space science, location services, and "MAP WORLD" public geographic information service platform, etc.

Geodesy and Navigation have achieved remarkable achievements.National modern surveying and mapping reference system of infrastructure construction project worked smoothly, carried out the national standard station network overall adjustment calculation and obtained the precision geocentric coordinate space achievement of national unity under the reference. 2000 National Geodetic coordinate system are promoted by most national ministries department, which has contributed to further development of some related aspects in air and space integration benchmarks. The geoid surface refinement and land and sea and splicing are completed, and a new Chinese terrestrial gravity geoid CNGG2011 model has been proposed.

The new generation Beidou navigation satellite has launched, which has made a further development in the user terminal, research and application. Beidou navigation satellite system has the ability of navigation and positioning, and it will cover the global range of services in 2020. In data capture, modeling, inversion algorithm design and geophysical interpretation, geodetic inversion has made recent advances, and it has also got further expansion in the field of tectonic movement and crustal deformation. Photogrammetry and remote sensing is experiencing a blooming period of "triple X" (multi-sensor, multi-platform, multi-angle) observations and "four high" (high spatial, high spectral, high temporal, and high radiometric) resolutions. The research frontiers of photogrammetry and remote sensing include automated processing of data from multiple sources and intelligent applications of crowd-sourcing geographic data.

In addition, analysis in remote sensing is shifting from qualitative to quantitative. Aerospace remote sensing data have become the main data sources for topographic map revision and geographic condition monitoring. Moreover, remote sensing data products are produced from multispectral, hyperspectral and SAR sensors at various (high / medium / low) spatial resolutions. According to the development of cartography and technology of geographic information, the theory of modern cartography, digital mapping, the technique of GIS, the production and renewing of geographic information,mobile mapping and internet mapping,the application and service of geographic information, the production of mapand altas paper are described in this paper.Integrated digital cartography has been the main approach of map making and publication. Especially the integration of geographic information system, geo-database, and remote sensing improved greatly the efficiencies, contents, varieties and currency of digital map.Intelligent automated cartographic generalization, process control and quality assessment theory, method and technique became hot research subjects.

Supported with the technology plan of nation, many new projects were carried into execution so as to establish the cooperation mechanism under network, and build an open service environment to share the spatial geographic resources of different departments.The integration of virtual geographic environment and GIS becomes a new trend because the multi-dimensional animate representation of virtual geographic environment and the data process and spatial analysis of GIS can be combined primely in this case. The general process of engineering surveying in recent years is introduced, which mainly involves the theories and methods of engineering surveying such as setting up of the engineering control network, point cloud processing, multi-source data fusion theory, deformation analysis method with multi-model combination, GBSAR, indoor location and so on.

The application of Beidou Navigation Satellite System in the field of control surveying is introduced, as well as the effect on Beidou System positioning and service ability is discussed by using Ground Enhancement System. The rapidly growing technologies of terrestrial laser scanning、three-dimensional imaging and mobile measurement technology are introduced , mainly including the progress and application of three-dimensional technology on the feature extraction, surface reconstruction, standards setting, data fusion, model precision and the mobile mapping system of roads, etc. In the field of deformation monitoring, system testing, signal processing and system application of GBSAR is mainly introduced, and the cloud service technology of construction security monitoring based on the Internet of things is introduced as well.

The development of academic research of China's mine surveying major is reviewed, summarized and scientifically evaluated, which includes the deformation monitoring with InSAR, miningsubsidence monitoring with RS, spatial information integration of the digital mine, comprehensive subsidence monitoring, spatial information decision et al.In combination with the development and present situation of the modern technology adopted by cadastral and real estate surveying and mapping, the recent development of cadastral and real estate surveying and mapping from the perspectives of land investigation, real estate surveying and mapping, information construction and compares it with the international developmentwerereviewed. The recent development of Marine Surveying and Mapping were summarized from six aspects: Seafloor topography measurement, Integrated measure of land and sea, Airborne surveying and mapping, Studies on the data processing theory and measurement standard of shipborne gravity and magnetic, Electronic chart and Digital marine geographic information.

This report briefly introduces the progress of disciplinary construction and personal training in this subject, analyzes the international latest research, frontier and trend of the subject, evaluates on the development status of this subject both at home and abroad, compares the development between domestic and international surveying and mapping technology, analyzes the future five years development strategy of our mapping and geographic information subject, and proposes the focus development directions and strategies.

Written by Ning Jinsheng

Reports on Special Topics

Development Research of Geodesy and Navigation

Geodesy is a basic subject of geoscientific field, which mainly study the precision measurement of the earth's surface and the external space bit, shape and size of the earth, the earth gravity field and the theory and method of its changes over time, etc. Whether promoting the development of the discipline itself and applied research, or the crossed development of the related subjects and the expansion of new application fields, Geodesy and Navigation have achieved remarkable achievements, and made great influence on the social and economic development.

National modern surveying and mapping reference system of infrastructure construction project worked smoothly, carried out the national standard station network overall adjustment calculation and obtained the precision geocentric coordinate space achievement of national unity under the reference. 2000 National Geodetic coordinate system are promoted by most national ministries department, which has contributed to further development of some related aspects in air and space integration benchmarks. The geoid surface refinement and land and sea and splicing are completed, and a new Chinese terrestrial gravity geoid CNGG2011 model has been proposed. The development and introduction of gravity instruments such as aviation, marine has got strong support, and testing, engineering application and new theories and new methods of measurement have been developed quickly. The new generation Beidou navigation satellite has been launched, which has made a further development in the user terminal, research and application in some products like ships and industry development, etc. Meanwhile, it also plays an important role in Smart City, intelligent transportation, precision agriculture, city bus management. Beidou navigation satellite system has the ability of navigation and positioning, and it will cover the global range of services in 2020. At the same time, we start the international GNSS monitoring and evaluation system (iGMAS) construction work, and domestic provinces also launched an upgrade corresponding Compass CORS stations. In data capture, modeling, inversion algorithm design and geophysical interpretation, geodetic inversion has made recent advances, and it has also got further expansion in the field of tectonic movement and crustal deformation. We have made remarkable progress in geodesy, temporal and spatial reference, navigation and geodetic reference systems and data fusion, the earth's gravity field and other related areas of basic and applied basic research, which keep pace with international advanced level, or even surpass and lead the international level in some areas.

Next, we need to further develop the basic theory, fully tap the scientific information in the geodetic survey and navigation data, improve our country geodetic observation system, emphasize the subject application in the fields of geodesy geodynamics, natural disaster early warning and forecasting, in order to make it meet our country's major demand, such as environmental protection, economic development, disaster prevention and mitigation. At the same time, we should strengthen the disciplines establishment to ensure enough talent in the disciplines for the country's economic development and strategic services.

Written by Wang Wei

Development Research of Photogrammetry and Remote Sensing

Benefited from the rapid development in aerospace, computer, network communication and information technologies, photogrammetry and remote sensing is experiencing a blooming period of "triple X" (multi-sensor, multi-platform, multi-angle) observations and "four high" (high spatial, high spectral, high temporal, and high radiometric) resolutions. Emerging new types of sensors and well-developed remote sensing platforms have led to efficient, diverse, and fast data acquisition capabilities from space, air and ground, either separately or synergistically, yielding the characteristics of being multi-source (multi-platform, multi-sensor, multi-scale) and high resolution (spectral, spatial, temporal).

A great deal has been achieved in methods of processing high spatial resolution, high spectral resolution, Synthetic Aperture Radar (SAR), Light Detection And Ranging (LiDAR), and other thematic data. The research frontiers of photogrammetry and remote sensing include automated processing of data from multiple sources and intelligent applications of crowd-sourcing geographic data. In addition, analysis in remote sensing is shifting from qualitative to quantitative. Aerospace remote sensing data have become the main data sources for topographic map revision and geographic condition monitoring. Moreover, remote sensing data products are produced from multispectral, hyperspectral and SAR sensors at various (high / medium / low) spatial resolutions.

The report first reviews recent important progress in sensors and platforms for photogrammetry and remote sensing. It then summarizes the main achievements in data processing and applications of photogrammetry and remote sensing in terms of remote sensing thematic data processing, mobile mapping, crowdsourcing mapping, automated multi source data processing, and applications in major engineering projects. Academic development and achievements in photogrammetry and remote sensing are also addressed from the perspectives of institutional growth, personnel training, and basic research platform creation. Discussions are followed on the trend of photogrammetry and remote sensing in integrated, intelligent and automated aerospace remote sensing data processing, multi-core and cloud based data processing as well as distributed, collaborative mapping and real-time mapping. The report ends with a brief prospection to the future of photogrammetry and remote sensing.

Written by Shan Jie

Development Research of Cartography and Geographic Information Speciality

According to the development of cartography and technology of geographic information since 2013, the theory of modern cartography, digital mapping, the technique of GIS, the production and renewing of geographic information, mobile mapping and internet mapping, the application and service of geographic information, the production of mapand altas are described in this paper.

The trend and future direction of cartography and technology of geographic information are presented also in the article.

Since 2013, integrated digital cartography has been the main approach of map making and publication. Especially the integration of geographic information system, geo-database, and remote sensing improved greatly the efficiencies, contents, varieties and currency of digital map. It is a milestone that all of the national serial scale maps, national atlases, province atlases, and the professional atlases adopt the integrated digital cartography and publication techniques now. In 2015, the country has produced the 1 : 50000, 1 : 250000, 1 : 500000, 1 : 1000000 scale topographic maps of the whole land. The 1 : 10000 scale maps i.e. the basic maps of provinces has also covered all the cities and towns. A larger project that aimed to establish the 1 : 1000000, 1 : 500000, 1 : 250000, and 1 : 50000 scale geographic spatial databases, ocean surveying and map databases, ortho-image databases, and 1 : 10000 scale databases of provinces has accomplished, which will make greater progress to the development of digital earth, digital China, digital provinces, digital cities, digital rivers, digital oceans, and take contributions to the national and regional economic programming, disaster-prevention, water conservancy, rebuild after disaster, important project and national defence etc. Under this conditions, special application maps for example multimedia map, network map, navigation map of PDA were brought forward, and offered better services for populace. A huge integrated atlas termed "Province division Atlas of China" was published and became one of the breaking projects in China in the recent years.

Intelligent automated cartographic generalization, process control and quality assessment theory, method and technique became hot researches subjects. We also made great processes in the syntax, semantic and rule of map symbol. Supported with digital map, GIS, virtual geographic environment and spatial information transmission, new system info of map model, feeling, geo-ontology, spatial reasoning came into being, which illustrated the outstanding development and progress in cartography and geographic information engineering researches. The modules of qualitative and quantitative describing, model and algorithm-oriented automated generalization process, usability interaction, integrated intelligent cartographic generalization and process control system, and design for quality forms a new theory and technology system of automated cartographic generalization, which will promote effectively the theories, methods, and techniques of deriving and updating multi-scale spatial databases, multi-representation of GIS, establishment of spatial data warehouse and so on.

Supported with the technology plan of nation, many new projects were carried into execution so as to establish the cooperation mechanism under network, and build an open service environment to share the spatial geographic resources of different departments. We are glad to see that great progress comes into being these years. The integration of virtual geographic environment and GIS becomes a new trend because the multi-dimensional animate representation of virtual geographic environment and the data process and spatial analysis of GIS can be combined primely in this case. Now some virtual geographic information systems (VGIS) come into being and also a lot of theories of VGIS are also achieved at the same time. The new techniques of network service and grid offered strength supports to solve the faced problems of cartography and GIS. Geographic information share and cooperation based on gird service becomes the hot research topic, and is being or will being the main pattern of information geographic information services.

With the rapid development and wide use of GPS, RS and GIS, it became more and more easy to obtain spatial data. So we should put emphasis the research on in-depth information process so as to strength the functions of spatial analysis, data mining and knowledge discoverer and intelligent data process of GIS. In this kind, we can offer more effective geographic information productions for economic and national defence construction.

Written by Sun Qun

Development Research of Modern Engineering Survey

This research report, firstly introduces the general process of engineering surveying in recent years, which mainly involves the theories and methods of engineering surveying such as setting up of the engineering control network, point cloud processing, multi-source data fusion theory, deformation analysis method with multi-model combination, GBSAR , indoor location and so on. Secondly, it describes the relevant technologies and typical applications in the respects of engineering control surveying, three-dimensional measuring technology and deformation monitoring technology, etc. The application of Beidou Navigation Satellite System in the field of control surveying is introduced, as well as the effect on Beidou System positioning and service ability is discussed by using Ground Enhancement System. The rapidly growing technologies of terrestrial laser scanning, three-dimensional imaging and mobile measurement technology are introduced , mainly including the progress and application of three-dimensional technology on the feature extraction, surface reconstruction, standards setting, data fusion, model precision and the mobile mapping system of roads, etc. In the field of deformation monitoring, system testing, signal processing and system application of GB-SAR is mainly introduced, and the cloud service technology of construction security monitoring based on the Internet of things is introduced as well. Thirdly, the research platforms and the teams of the engineering surveying discipline are introduced, as well as the personnel training situation of the engineering surveying. Fourthly, the development situations at home and abroad are compared in the aspects of engineering network construction and lofting technology, mobile data acquisition system, automatic deformation monitoring and data processing, point cloud data processing, hardware equipment manufacturing and industrial measurement, etc. Finally, the development trend and strategy of engineering surveying are introduced, and it is pointed out that intense researches are required including the construction of the high precision three-dimensional engineering surveying reference frame and the theory and method of real-time dynamic transfer, intelligent information acquisition equipment with multi-sensor integration of engineering surveying, processing and visualization of engineering surveying information based on the heterogeneous multi-source data fusion, value-added service of engineering information based on the technology of cloud computing and Internet of things, safety monitoring and early warning services of major engineering based Beidou System and the standardization system establishment of engineering surveying , etc.

Written by Zou Jingui

Development Research of Mine Surveying

As an independent subject, mine surveying, whose development is closely related to the social requirement and progress of the scientific technology, manifests itself as different characteristics and connotations. Mine surveying in China develops rapidly during the past 60 years, and outstanding achievements are obtained in terms of academic research and mine surveying instruments, in addition, a series of theory and technology has formed, ranging from observing and percepting the whole life cycle of mine, geometric and physical properties and their spatial relation changes in mining area to handle and solve the mineral resources protection, safety of production environment , the mining subsidence control and ecological restoration of the mining area. Meanwhile, to meet the needs of mining and companies, many colleges and universities cultivate a large number of mine surveying graduates, and mine surveying is moving toward the direction of diversified, digital, automatic and intelligent. In this article, development of academic research of China's mine surveying major in the past 3 years is reviewd, summarized and scientifically evaluated, which includes the deformation monitoring with InSAR, mining subsidence monitoring with RS, spatial information integration of the digital mine, comprehensive subsidence monitoring , spatial information decision et al; improvements in academic organization, talent cultivation, research platform and important research group are introduced, for example, establishment of the comprehensive trial site and the "double creative team" of Jiangsu et al; the new research tendency of the mine surveying is studied, development status at home and abroad are reviewed and compared, major research plans, mine surveying instruments and mine surveying discipline construction are discussed and analyzed, and the rigorous situation of measuring instruments in China is pointed out, the development direction of China's mine surveying instruments and the new situations and tasks that will be faced are summarized, for example, measuring technical regulations are extremely needed, mineral resources and environment information system needs to be built, innovation in theory and technology et al; new strategy and key development direction of the mine survey over the next 5 years are analyzed, and the fact that we must keep pace with the international geomatics technology is pointed out; key issues of theory research are summarized, like modeling of complex stratigraphic body, design of multichannel fitter, coordination of the filling and production capacity et al, trends of the profession and development strategy in the next 5 years are put forward.

Written by Zhang Shubi

Development Research of Cadastral and Real Estate Surveying and Mapping Speciality

With the growing population, accelerating urbanization and the limited amount of land, human-land contradiction becomes intensifying and the value of land and housing is increasing, which brings forward new demand for higher precision and high quality on the technology of cadastral and real estate surveying and mapping. The theory and practice of cadastral and real estate surveying and mapping have undergone tremendous changes with the promulgation of the Real Estate Registration Interim Regulations and the renewal of modern technique and instrument of surveying and mapping. In combination with the development and present situation of the modern technology adopted by cadastral and real estate surveying and mapping, this paper reviews the recent development of cadastral and real estate surveying and mapping from the perspectives of land investigation, real estate surveying and mapping, information construction and compares it with the international development. Along with urbanization process accelerating and the enforcement of real estate registration, the management of cadastral and real estate remains to face new situation of more detail and more efficient, and the main future development trends of cadastral and real estate surveying and mapping are presented as follows. The first one is synergetic development between cadastral and real estate surveying and mapping and basic surveying and mapping. Further integrating modern techniques and methods of surveying and mapping and make more use of the results of basic surveying and mapping to achieve more efficient and more accurate of the technology of surveying and mapping. The second one is real estate property right surveying and mapping, real estate registration database construction and information system development and real estate data integration are the key issues to be addressed. What's more, three-dimensional real estate property right information management will be the future trend of information management of cadastral and real estate.

Written by Tang Fuping

Development Research of Marine Surveying and Mapping

The recent development of Marine Surveying and Mapping were summarized from seven aspects, (1) Seafloor topography measurement: the situation of three-dimensional acquisition of seabed topography and relief has been formed preliminarily, shallow water multi-beam sounding system has been successfully developed and the problem of high-resolution deep-sea topography information acquisition being solved gradually. (2) Integrated measure of land and sea: Marine seamless vertical reference theoretical system has been formed, independent tidal bathymetric survey have been standardized, the methods for determining shoreline and the technical route for implementing the measurement of coastal topography has been formed, unmanned surveying ship has been successfully developed. (3) Airborne surveying and mapping: developed the data processing theories of airborne gravity and airborne gravimeter, formed a relatively complete solutions for island-reef surveying and mapping and fulfilled the measurements of topographies of coastal zone and shallow water by airborne LIDAR. (4) Studies on the data processing theory and measurement standard of shipborne gravity and magnetic has made some progresses, the shipborne gravimeter and the magnetometer array are developed successfully, and the difficulties in the measurements of shipborne gravity and magnetic have been solved. (5) Electronic chart: researches of several keypoints on production and applications of electronic chart have made progress, e-Navigation framework has been put forward, and we also participated in the international standard setting. (6) Digital marine geographic information: the breakthroughs have been achieved on spatio-temporal data model, feature analysis, visualization, and other aspects, and a number of marine information integration service systems have been developed. (7) Academic institutions and personnel training: the scale is gradually expanding, and the research fields and level are gradually improved. Compared with the foreign, theoretical study and survey work in each branch are closed to international standard, but the construction of theoretical system and surveying specifications still need to be further improved. It's gratifying to see the self-developed mainstream hardware and software have been successfully applied, but the pattern of introducing, digesting and integrating the foreign system has not been broken, and larger forces still are needed to be poured into the self-system research and development. The quantity of manpower training is larger, but the training quality needs to be improved, besides, it is also urgent to open the subject of marine surveying and mapping.

Written by Zhao Jianhu

Development Research of National Geographic Conditions Monitoring

National geographic conditions is an important part of the basic national conditions. From the beginning of March 2009, the National Administration of Surveying, Mapping and Geoinformation (NASG) carried out a strategic study on the future trends, which clarified that geographic condition monitoring is one of the strategic direction in the next 20 years. The overall framework of 12th Five-Year Plan for surveying, mapping and geo-information development and 12th Five-Year Plan for fundamental surveying and mapping both listed geographic conditions monitoring as key tasks. In October 2012, the geographic conditions monitoring project got support from Ministry of Finance, and on February 28, 2013, the State Council announced the start of the first national geographic conditions census, which was to last from 2013 to 2015. Under the leadership of the first National Geographic Conditions Census Leading Group headed by the Deputy Prime Minister Zhang Gaoli, the national geographic conditions census work is progressing well. More than 40,000 people are occupied by the census. Under the guidance of technical specifications, using ortho-rectified high resolution remote-sensing imagery data, the project extracted wanted information by interpretation, field survey and checking, data editing, quality control and database construction. From April 1,2015， the project started change detection to align the freshness of result data to the census time point, which is June 30, 2015. From September 2015, the project has entered the stage of database construction, in the end of 2015 or early in 2016, based on the database, basic statistical work is to be finished and the census results is to be publish as planned. At the same time, in accordance with the requirements of the census, some key technology research and geographic conditions monitoring pilot applications have been conducted.

In the aspect of academic research and education of geographic conditions monitoring, Remote Sensing Information Engineering College of Wuhan University opened the first national geographic conditions monitoring speciality in 2012, which has more than 100 students by now. National Geo-informatics Center of China established a department specifically responsible for the implementation of the National Census and basic geographic conditions monitoring in 2011, including the development and implementation of technical specifications of various technical problems in the process. And in 2014 another department for geographic information analysis was established, which is in charge of database construction and comprehensive analysis. Institute of surveying and mapping in December 2012 set up a research center for national geographic conditions monitoring, which integrated the scientific and technological forces in different directions to carry out the research of geographic conditions monitoring technology.

In recent years, various sectors have carried out survey and monitoring on land resources, water, agricultural, forest resources, environmental etc. These work focus on the needs of individual government agency, the purpose is to help the agencies make better decisions on resources management. National geographic conditions monitoring is development and extent of the fundamental surveying and mapping, is a new work for geo-informatics sector, which needs innovation, creation and reformation based on the traditional systems, will help the users and the society make more progress in geo-information applications.

Written by Zhou Xu, Tao Shu

Development Research of Surveying and Mapping Instrument and Equipments

The industry of surveying, mapping, and geoinformation has been booming and kept high speed growth since recent years. The instruments and equipments of surveying and mapping, as the main tools of acquiring geographic information data, play a vital role in promoting the development of this field. The combination between modern surveying and mapping instruments and wireless communication, mobile Internet, positioning and navigation technology, etc., make the intension and extension of surveying and mapping equipment undergo profound changes, i.e., not only to obtain the discrete data, e.g., angle, distance, coordinates, or simulated images, but to complete the acquisition, processing, management and service system of all kinds of data and digital image based on continuous digital geographical location. It will be not only to access to measurement data from the ground based, but also with the aircraft based, satellite based, ship based, underground based and submarine based. This special report mainly focuses on the development trend and countermeasures of surveying instruments on satellite positioning and navigation, photogrammetry and remote sensing, ground and underground based measurement, marine and gravity measurement, measurement, testing equipment for surveying instrument.

Written by Yu Feng

索　引